浙江省哲学社会科学规划后期资助课题(23HQZZ22YB)

浙江省哲学社会科学规划
后期资助课题成果文库

信息不对称视角下
农药减量化监管路径研究

邵宜添 著

ZHEJIANG UNIVERSITY PRESS
浙江大学出版社
·杭州·

图书在版编目(CIP)数据

信息不对称视角下农药减量化监管路径研究 / 邵宜
添著. -- 杭州：浙江大学出版社，2024.4
　　ISBN 978-7-308-24815-0

　　Ⅰ.①信… Ⅱ.①邵… Ⅲ.①农药施用—研究 Ⅳ.
①S48

中国国家版本馆CIP数据核字(2024)第074587号

信息不对称视角下农药减量化监管路径研究

邵宜添　著

责任编辑　陈　宇
责任校对　张培洁
封面设计　雷建军
出版发行　浙江大学出版社
　　　　　（杭州市天目山路148号　　邮政编码　310007）
　　　　　（网址:http://www.zjupress.com）
排　　版　杭州林智广告有限公司
印　　刷　浙江新华印刷技术有限公司
开　　本　710mm×1000mm　1/16
印　　张　16.5
字　　数　320千
版 印 次　2024年4月第1版　2024年4月第1次印刷
书　　号　ISBN 978-7-308-24815-0
定　　价　78.00元

作者简介

邵宜添，浙江台州人，经济学博士，浙江农林大学生态文明研究院专职研究员，硕士生导师。主要研究领域为"生态粮仓"、食品安全监管、生态环境监管和农业经济管理。主持浙江省新型智库重点课题、浙江省哲学社会科学规划后期资助课题、浙江省哲学社会科学规划专项课题等10余项，作为主要成员参与国家社会科学基金重大项目、国家自然科学基金面上项目、教育部人文社会科学研究规划基金项目等。作为第一作者累计在 *Science of the Total Environment*、*Acta Alimentaria* 等期刊上发表研究论文30余篇，其中SCI收录4篇，SSCI收录2篇。13篇研究（咨政）报告获省级主要领导批示，合作成果获浙江省第二十二届哲学社会科学优秀成果奖。参与撰写专著2部。获国家发明专利3项。

前　言

　　近年来，中央一号文件多次强调要推进农药减量化和加强农产品安全监管。2021年中央农村工作会议再次提出要深入推进农业供给侧结构性改革，推动农产品标准化生产和品质提升。党的二十大报告指出，要强化食品药品安全监管、提升生态系统多样性以及推动绿色发展。作为保障型生产资料，农药在使用端、销售端及监管端普遍存在信息不对称问题，这也是导致农产品安全存在市场失灵的重要因素。因此，依靠政府力量强化监管等手段是实现农药减量化及确保农产品安全的必然选择。当前，全球气候变化风险增加及国际贸易壁垒增多等不利因素将加剧世界农产品供应链断裂的风险；在自然灾害频发以及水、耕地、劳动力资源压力增大的新背景下，未来一个时期我国农产品安全形势依然严峻；此外，大国小农等特殊国情、农情在客观上也增加了我国农药减量化监管的难度。如何以国内农产品安全的确定性来应对外部环境的不确定性？如何妥善处理农药使用的负外部性问题及保障农产品"质"与"量"安全正向作用之间的矛盾？如何探索农药减量化监管的有效路径以推进乡村振兴战略和加快构建双循环相互促进的新发展格局？这些问题皆亟待进一步探索和解决。

　　学界将信息不对称、监管不力以及公众对监管制度不信任列为农产品安全问题的主要引发机制，而农药是影响农产品安全的关键因素之一，农药信息不对称又是导致政府监管不力进而引发社会对监管制度不信任的根源。尽管政府监管可以弥补市场机制缺陷，但监管本身的有效性是决定控制效果的关键。因此，我国农药安全要实现从管理向治理的跨越，监管的现行体制仍需不断完善，而探索形成适合我国农情的农药减量化监管路径，核心在于创新监管方式以及构建农药信息共享机制。基于此，本书以农药信息不对称为研究主线，采用定性和定量相结合的研究方法，探索农药减量化监管路径。首先，分别从农产品安全视角和消费者效用视角分析农药减量化的监管需求，并实地调研以探析信息不对称背景下农药减量化的监管困境；其次，分别基于农产品生产端与消费端、生产端与监管端、监管端与消费端三大类信息不对称情境，探索农药减量化的监管路径；最后，基于农药使用量对农产品"质"与"量"进行安全实证分析，探索农药减量化监管的优化路径。本书主要研究内容和结论如下。

1. 基于农产品安全视角和消费者效用视角分析农药减量化的监管需求，并探析农药减量化监管实践中的困境。 本书立足理论和现实需求两个层面，利用事实数据、生产消费理论及 Stone-Geary 效用函数进行分析，探讨我国农药减量化监管需求；基于在浙江省的实地调研结果，分别从农药使用端、销售端及监管端探析农药减量化监管困境。结果表明：我国农药减量化政策契合理论和现实需要；农药减量化监管有利于提高农药残留达标农产品的均衡数量；农药使用、销售及监管环节的信息不对称是导致农药不规范使用的根本原因。因此，强化政府监管以实现农药信息对称是摆脱农药减量化监管困境的重要突破口。

2. 通过构建和推导农药减量化模型，比较不同农药信息条件下农户施药的成本收益并辅以典型案例分析，探索"政府监管＋市场机制"农药减量化监管路径。 以农产品生产端与消费端农药信息不对称为研究视角，本书尝试借鉴原子核衰变规律构建农药减量化理论模型，并结合农药损害控制模型，分析农药减量化关键指标的影响机制，比较不同信息条件下农户的施药利润，并深入剖析"丽水山耕"农药信息对称典型案例。研究发现，利用市场机制从消费端反向促进生产经营端规范农药使用是实现农药减量化的可行路径，该路径的关键在于充分确保农产品农药残留等信息对称。因此，政府监管策略的重点不仅在于对农药使用的具体监管，而且在于营造信息对称的市场环境。

3. 基于对单主体和多主体监管博弈的比较分析，探索"政府＋新型农业经营主体"农药减量化监管路径。 以农产品生产端与监管端农药信息不对称为研究视角，本书通过构建两个博弈模型，比较传统单一式政府监管和多元主体合作监管的异同点，探寻农药减量化的核心影响因素，并剖析宁波新型农业经营主体参与的"水稻＋"等种养结合的农药减量化典型案例。研究表明，有效利用农产品市场机制，加强农药减量化合作监管是降低农产品农药残留的重要举措；多渠道降低农场生产农药残留超标农产品的违规利润，合理设置新型农业经营主体参与监管的激励机制，提高新型农业经营主体参与监管的积极性，切实增强政府监管公信力等措施是实现农产品生产端与监管端农药信息对称和提高农药减量化监管效率的有效路径。

4. 基于对国内外农药最大残留限量（MRL）标准下果蔬农药残留数据的分析，探索"内提标＋外控源"农药减量化监管路径。 以农产品生产端与监管端农药信息不对称为研究视角，本书分析农药MRL标准下我国市售果蔬农药残留情况，并比较不同国家农药MRL标准下检出农药的频次比例、农药残留超标率、超标主要农药及超标主要农产品等。结果表明，我国市售果蔬尚存农药残留超标以及剧毒、高毒与禁用农药残留问题；我国农药MRL标准偏低以及覆盖面较窄是导致农产品农药残留隐患的重要因素。因此，提高我国农药MRL标准以及限制非标准内农药使用是实现标准信息对称和促进农药减量化监管的重要路径。

5. 基于消费信心对农产品供需均衡结构和政府监管效力的影响机制以及实践调查分析，探索"监管外部赋能＋信心内生驱动"农药减量化监管路径。 以农产品消费端与监管端农药信息不对称为研究视角，本书从理论角度分析消费信心对农产品市场供需均衡结构变化以及对政府监管效力的影响机制，通过田野调查进一步明确消费者对农产品质量安全和政府监管的信心，并以西湖龙井为典型案例进行分析。结果表明，提高消费信心有利于提高农药残留达标农产品的均衡数量，降低社会福利损失；政府监管效力抵消效应主要取决于消费信心；消费者对政府农产品监管以及农产品质量安全的信心仍有提升空间。因此，实现农产品消费端与监管端农药信息对称以提高消费信心应作为农药减量化监管的重要内容，营造良好消费环境并提振消费信心是实现农药减量化监管的关键路径。

6. 基于农药使用量对农产品产量、质量以及"质"与"量"安全耦合影响的实证分析，探索农药减量化监管优化路径。 本书实证分析农药使用量与农产品"质"与"量"间的影响关系，利用耦合模型测算农产品安全的综合评价指数、耦合度及协调度，并分析政府监管对上述指标的影响。结果显示：我国农产品产量与农药使用量早期表现为较强的正相关性，近期却表现为较弱的负相关性；农药使用量分别与果蔬农药残留超标及剧毒、禁用农药残留呈显著正相关性；我国农产品"质"与"量"的安全耦合度及协调度呈上升趋势，农产品安全指数整体提高；农药使用强度作为中介变量是政府监管实现农产品"质"与"量"协调发展的重要衡量因素；适当降低农药使用强度以提升农产品质量安全是扩大农产品安全可能性边界以及促进农药减量化的可行路径。因此，兼顾农产品"质"与"量"统筹发展以及注重政策制度和监管方式的创新有利于优化我国农药减量化监管。

相比于已有研究成果，本书可能的创新之处在于以下3个方面。

1. 尝试构建农药减量化理论模型并进行实证检验。 目前国内外从政府监管视角研究农药减量化路径的文献相对较少，也缺乏有效的理论模型。

鉴于此，本书对农药减量化关键影响因子进行深入分析，借鉴原子核衰变规律构建如下理论模型：

$$Q = Q_0 \left(\frac{1}{z}\right)^{\frac{t}{T}} \lambda/\theta$$

模型中，Q表示农药残留水平；Q_0表示农药使用强度；T表示农药安全间隔期；t表示农药实际间隔期；z表示规范配制的农药经z倍稀释后达到农药MRL国家标准（$z>1$）；λ表示农业生产环境如光照、温度、降雨、风力、微生物等自然条件对农药的降解系数；θ表示农药喷洒均匀系数（$\theta \leqslant 1$）。本书利用果蔬农药残留指标数据、农药使用强度测算数据以及其他控制变量进行实证检验，实证结果验证了农药减量化理论模型假设。

2. 基于农产品生产端—消费端—监管端农药信息不对称的视角，系统分析农药减量化监管路径。当前国内外农药减量化研究主要集中于农业技术领域，而从政府监管角度探讨农药减量化的研究相对较少，为数不多的文献也主要聚焦于农业生产者以及制度安排等方面。本书以农药信息不对称为研究主线，基于成本收益分析并辅以典型案例分析探索"政府监管＋市场机制"农药减量化监管路径；基于博弈模型分析探索"政府＋新型农业经营主体"农药减量化监管路径；基于农药标准分析探索"内提标＋外控源"农药减量化监管路径；基于消费信心的影响机制分析探索"监管外部赋能＋信心内生驱动"农药减量化监管路径。本书为拓展农药减量化监管路径提供了若干新思路。

3. 借鉴耦合模型分析我国农产品"质"与"量"的耦合协调指数，探讨以调节农药使用强度为作用机制的农药减量化监管优化路径。我国农业绿色可持续发展亟须妥善协调农产品质量安全和产量安全的关系，虽然这是与我国现代农业发展顶层设计相关的重大问题，但是该领域的研究目前仍比较缺乏。本书借鉴耦合模型，实证分析我国农产品"质"与"量"的耦合度、协调度及综合评价指数，并以农药使用强度为中介变量验证政府监管对各评价指数的间接传导机制，最后基于农产品安全可能性边界理论探讨农药减量化监管优化路径。本书为深入研究农药减量化监管路径提供了新方法和新视角。

目　录

第一章　导论

本章围绕信息不对称下农药减量化监管这一研究主题，首先，从农药使用现状和农药减量化监管政策两个方面阐述本书的研究背景，从理论价值和现实作用两个层面分析本书的研究意义。其次，对农药减量化、农药残留、农药监管以及农产品安全4个基本概念进行相应界定。再次，阐述了本书的研究内容、方法及逻辑框架。最后，提出本书可能的创新点和不足之处。

第一节　研究背景及意义

一、研究背景

（一）我国农药的过量使用

病虫害一直是农作物生长的主要威胁之一。根据联合国粮食及农业组织（Food and Agriculture Organization of the United Nations，以下简称FAO）的统计，农作物病虫害导致全球每年农作物减产10％到16％；根据我国多年的测报和统计，病虫害造成我国每年损失约4000万吨粮食[①]。随着全球气候变化及耕作制度变革，农作物病虫害灾变规律不断发生变化，而施用农药作为农民防治病虫害的重要手段之一，有效减少了病虫害造成的损失，有效保证了农作物的产量稳定。据统计，农药防治病虫害挽回农产品的损失占世界粮食总产量的30％左右，其中我国每年因施用农药挽回的粮食损失占总产量的7％左右（庞国芳等，2011）。

然而，我国农药存在过量使用的问题。FAO发布的《2021年世界粮食及农业统计年鉴》显示，2019年我国消费的农药量占全世界的42％，农药使用量位居世界第一（Sun et al.，2020），而我国种植面积仅占全世界总种植面积的8.64％（祝伟等，2022）。2019年我国农药使用量是1990年的

---

① 央视网. 病虫害每年造成粮食损失4千万吨[EB/OL]. (2017-2-11)[2019-2-11]. http://news.cctv.com/2017/02/11/ARTIPy3JBOkTuecw4r9lP7JF170211.shtml.

1.9倍[①]。但我国的农药利用率并不高（2020年三大粮食作物的农药利用率为40.6%，2015年为36.6%）[②]，与欧美发达国家的农药利用率（50%~60%）相比仍存在差距[③]。2013年前后，我国年均农药使用量维持在180万吨左右的高位。2015年农业部开展农药使用量零增长行动后，农药使用量开始逐年下降。2019年，我国农药使用量降至139万吨，按农作物总播种面积165931千公顷折算，农药使用强度高达8.38千克/公顷，高于国际公认的农药安全使用上限（7.5千克/公顷）。另据FAO的统计数据，2019年我国农业农药使用总量超177万吨，是美国的4.35倍，是巴西的4.7倍，居世界第一，如图1-1所示。

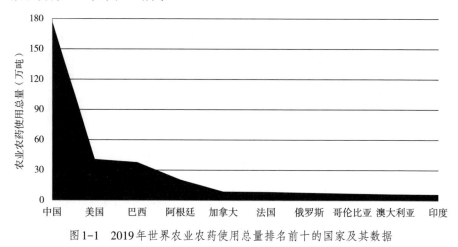

图1-1　2019年世界农业农药使用总量排名前十的国家及其数据

广大学者对我国农药使用情况进行了广泛的研究。结果显示，过量使用农药已成为我国农户用药行为的常态（Huang et al.，2013；Chen et al.，2013；于艳丽等，2019；邵宜添等，2020）。调研发现，我国桃主产县75.38%的样本果农存在过量施药现象（展进涛等，2020）；损害控制模型测算农药使用效率结果也表明农药普遍存在过量使用行为（姜健等，2017）；针对山东省的调查结果显示，农药的边际生产力为负，表明被调查地区严重过度使用农药（Yang et al.，2019）；对五省稻农的调研显示同样存在严重的过量施药行为（秦诗乐和吕新业，2020）；此外，我国各主要城市的水果、蔬菜、茶叶等仍普遍存在农药残留超标及剧毒、高毒和禁用农药检出等问题（庞国芳，2019），而农药残留是我国农产品质量安全

---

① 国家统计局农村社会经济调查司编. 中国农村统计年鉴(2020)[M]. 北京:中国统计出版社,2020.

② 高云才,郁静娴. 全国秋收进度已超八成 粮食生产将迎十八连丰[N]. 人民日报, 2021-10-30(1).

③ 王克. 中国亩均化肥用量是美国的2.6倍,农药利用率仅为35% 农资市场期待"大户时代"[J]. 中国经济周刊, 2017(34): 70-71.

最严重的问题之一（Zhao et al.，2018）。根据FAO的统计数据，2001—2019年我国农药使用强度呈先增后减趋势，近年来使用强度略高于日本，但却明显高于美国和英国，结果如表1-1所示。

表1-1　2001—2019年中、美、英、日四国农药使用强度比较

年份	农药使用强度（千克/公顷）			
	中国	美国	英国	日本
2001	9.76	2.31	5.77	16.43
2002	10.02	2.37	5.31	14.75
2003	10.07	2.41	5.39	14.33
2004	10.47	2.48	5.32	13.72
2005	10.98	2.30	5.44	13.60
2006	11.50	2.36	3.68	13.97
2007	12.09	2.43	3.64	13.15
2008	12.40	2.32	3.57	12.69
2009	12.61	2.22	3.50	13.23
2010	12.98	2.34	2.79	12.10
2011	13.20	2.46	2.69	11.36
2012	13.35	2.59	2.83	12.03
2013	13.32	2.58	2.80	11.63
2014	13.36	2.57	2.93	11.85
2015	13.05	2.56	3.05	12.05
2016	13.06	2.55	3.18	11.41
2017	13.07	2.54	3.12	11.76
2018	13.07	2.54	3.17	11.84
2019	13.07	2.54	3.16	11.90

（二）农药过量使用的危害

20世纪50年代，为了增加粮食生产，美国农业部放任化学工业界大量开发DDT等剧毒农药，并不顾后果地执行大规模空中喷洒行动，从而造成大量鸟类、鱼类和益虫等生物死亡，而害虫却因产生农药抗体而愈发猖獗。此外，剧毒农药通过食物链进入人体，诱发癌症和胎儿畸形等疾病。在此背景下，美国海洋生物学家蕾切尔·卡逊（Rachel Carson）首次对

"征服大自然"和"向大自然宣战"这些人类意识的绝对正确性提出了质疑，并于1962年出版了《寂静的春天》（Silent Spring）。该书讲述的是农药对人类生存环境的危害，描述了人类可能将面临一个没有鸟、蜜蜂和蝴蝶的世界。该书是近百年来全球最具影响力的著作之一，也正是这本不寻常的书，唤起了人们的环境保护意识，引发了公众对环境问题的关注，并将农药使用导致的环境问题摆在了各国政府面前。

农药过量使用的危害主要表现为两方面：第一，农药过量使用导致了严重的生态环境危机，农药残留亦是制约我国农业可持续发展和粮食安全的因素（Wu et al.，2018）。（1）农药过量使用会造成农业面源污染。现代农业生产中农药的大量使用是造成农业面源污染的主要因素之一（饶静和纪晓婷，2011；王建华等，2015），由于过量使用农药，农业生产中大量未分解的农药会以多种形式进入水、土壤和空气等环境介质，进而造成农业面源污染，如出现土壤板结等问题（王建华等，2014）。除正常使用产生的面源污染之外，农药污染物还包括以下两类，一是农药包装废弃物内残存的农药，二是施药作业后机车药箱或喷雾器内的农药残液。研究显示，全球64%的农业用地（约2450万平方千米）存在一种以上活性成分的农药污染风险，31%的农业用地污染风险较高（Tang et al.，2021）。（2）农药过量使用会破坏生物多样性。农药使用不仅会消灭靶标病虫害和杂草等，而且会危害非靶标生物，破坏农田动植物种群以及土壤微生物等结构，进而影响整个农田生物群落的功能（Diaconu et al.，2017）。生物多样性可以维持农田生态系统的平衡，打破生态平衡将提高农田对农药的依赖性。以杀虫剂为例，杀虫剂的大量使用将直接或间接杀死害虫天敌，而害虫天敌的减少客观上会增加农作物病虫害的概率，反而削弱了农药效果（吕振宁等，2009）。研究显示，全球34.1%的农药污染高风险地区与拥有较高生物多样性的区域重合，可能导致这些区域生物多样性的丧失（Tang et al.，2021）。（3）农药过量使用会导致害虫抗药性增强。农药的大量使用会强化农作物病虫害的抗药性，进而使得农药用量进一步增加甚至导致农药的失效。以抗生素类杀菌剂农药为例，药物反复使用之后，微生物会产生抗药基因（drug-resistance gene），从而出现超级细菌并导致农药失效（Trampari et al.，2021）。

第二，农药过量使用带来了巨大的农产品安全和人体健康隐患（Yang et al.，2019）。（1）化学类农药过量使用容易导致农产品中有毒化学物质残留超标。化学类农药具有控制农业生产的虫害，调节动植物生长等作用，化学类农药通过化学物质阻断或破坏生物正常代谢功能，通过引发生物代谢紊乱等多种途径达到杀虫、除菌、除草等目的，因此被广泛运用在农业生产之中。化学类农药不仅可以杀死害虫，对人体健康同样有毒副作用。（2）人体摄入大量生物类农药容易导致人体健康问题。按照FAO标准，生物类农药一般是天然化合物或遗传基因修饰剂，主要包括生物化学农药（昆虫生长调节剂、信息素、植物调节剂、激素）和微生物农药（真菌、原生动物、昆虫病毒、细菌，或经遗传改造的微生物）两类，不包括农用抗生素制剂。生物类农药相对化学类农药而言，毒性更低，对人体健康影响更小，因此也受到世界各国广泛重视。如古巴新建成两座生物类农药厂，其发酵能力将高达600万升，古巴2021年生物农药的生产能力将获得提升[①]。但是，长期摄入生物类农药也会导致人体菌群结构发生变化，造成人体健康问题。此外，农药使用不当会危害施药农户的身体健康。在农药配制和喷洒过程中，如果没有采取有效防护措施，农药会通过呼吸或接触皮肤进入人体，进而引发作业人员急性或慢性中毒。农药引致的人体主要疾病如表1-2所示。2016年，《中国卫生统计年鉴》在食源性疾病暴发报告中，开始单列农药这一致病因素。该年鉴数据显示，2016—2018年，我国因农药造成食源性疾病数占食源性疾病总数的1.13%。另据《科技日报》新闻，我国每年农药中毒统计人数有10万之众，致死率约20%[②]。

表1-2　农药引致的人体主要疾病的代表性研究

主要病症	研究地	主要研究结论	作者及时间
癌症	美国	农药（甲霜灵和林丹）使用与患甲状腺癌风险增加存在关联	Lerro et al., 2021
	巴基斯坦	农药暴露与肺癌之间存在很强的相关性	Luqman et al., 2014
生殖影响	希腊	长期接触有机磷和有机氯农药可能是诱发尿道下裂的潜在风险因素	Michalakis et al., 2014
	多个国家	有机磷农药会减少精子活动、抑制精子产生，通过减轻睾丸重量、破坏精子DNA以及增加异常精子数量等机制来影响男性生殖系统	Mehrpour et al., 2014
认知效应	中国	有机磷农药长期低剂量暴露会导致认知功能损伤	闫长会等, 2011
	韩国	长期接触有机氯农药（β-六氯环己烷和氧氯丹等）者的年龄与认知功能之间的关系发生了变化	Kim et al., 2015

① 世界农化网. 古巴兴建两座生物农药厂 增强生物农药的生产能力[EB/OL]. (2021-7-19)[2021-11-19]. http://cn.agropages.com/News/NewsDetail---23597.htm.

② 于紫月. 5G加持,民用无人机将飞得更"高"[N]. 科技日报, 2019-7-9(4).

续表

主要病症	研究地	主要研究结论	作者及时间
哮喘	中国	拟除虫菊酯类杀虫剂暴露可能会直接引起哮喘病症	汪霞等，2017
	美国	农药暴露所造成的呼吸道症状与哮喘具有一致性	Raanan et al.，2015
糖尿病	南非国家	有机氯农药及其代谢物暴露可导致患II型糖尿病及其并发症的风险增加	Azandjeme et al.，2013
	玻利维亚	61.1%的使用拟除虫菊酯人员存在异常葡萄糖调节情况，而非暴露对照人员的比例仅为7.9%	Hansen et al.，2014
帕金森病	法国	帕金森病及其亚型与农药暴露有关	Moisan et al.，2015
	美国	地下水中的农药浓度每增加 1.0 μg·L^{-1}，帕金森病的风险就会增加3%	James et al.，2015
白血病	中国	室内杀虫剂暴露有可能增加儿童患急性白血病的风险	陈迪迪等，2014
	伊朗	与其他工作相比，职业农民患急性白血病的风险显著增加	Maryam et al.，2015

（三）国家高度重视农药减量化及监管工作

农药过量等不规范使用导致的农产品质量安全问题以及农业面源污染问题愈发突出，我国政府也愈发重视农药减量化监管工作，并逐步加大了农药乱象整治力度。2015年，农业部印发的《到2020年农药使用量零增长行动方案》指出"农药减量化"对推进我国农业发展方式转变，有效控制农药使用量，保障农业生产安全、农产品质量安全和生态环境安全，促进农业可持续发展等至关重要。《农业部关于打好农业面源污染防治攻坚战的实施意见》（农科教发〔2015〕1号）明确了要减少农药使用量，实施农药零增长行动，到2020年实现农作物病虫害绿色防控覆盖率达30％以上、农药利用率达到40％以上的农业面源污染防治攻坚战的工作目标。《2020年农药管理工作要点》提出将按照5年内分期分批淘汰现存的10种高毒农药的目标要求，开展高毒高风险农药淘汰工作，并将组织制修订农药残留标准1000项，逐步完善农药标准体系。《关于创新体制机制推进农业绿色发展的意见》（2017年）、《乡村振兴战略规划（2018—2022年）》（2018年）、《"十四五"全国农业绿色发展规划》（2021年）、《"十四五"全国种植业发展规划》（2022年）都明确提及农药减量化问题。2022年11月，农业农村部印发的《到2025年化学农药减量化行动方案》明确了水稻、小麦、玉米等主要粮食作物化学农药的使用强度力争比"十三五"期间降低5%，果菜茶等经济作物化学农药的使用强度力争比"十三五"期间降低10%的目标任务。

2023年中央一号文件提出加快农业投入品减量增效技术推广应用，建立健全农药包装废弃物收集利用处理体系，加大食品安全、农产品质量安全监管力度。2022年中央一号文件要求深入推进农业投入品减量化，深化粮食购销领域监管体制机制改革，强化粮食库存动态监管。2021年中央一号文件将农药使用量持续减少作为2025年目标任务，并要求持续推进农药减量增效，推广农作物病虫害绿色防控产品和技术，强化农作物病虫害防治体系建设，提升防控能力；加强农产品质量和食品安全监管，发展绿色农产品、有机农产品和地理标志农产品，试行食用农产品达标合格证制度，推进国家农产品质量安全县的创建。2020年中央一号文件强调要深入开展农药减量行动，强化全过程农产品质量安全和食品安全监管，建立健全追溯体系，确保人民群众"舌尖上的安全"。2019年中央一号文件提出加大农业面源污染治理力度，开展农业节药行动，实现农药使用量负增长，并强调实施农产品质量安全保障工程，健全监管体系、监测体系、追溯体系。近5年中央一号文件对农药及监管的要求如表1-3所示。

表1-3　近5年中央一号文件对农药及监管的要求

年份	农药要求	监管要求
2023	加快农业投入品减量增效技术推广应用;建立健全农药包装废弃物收集利用处理体系	加大食品安全、农产品质量安全监管力度
2022	深入推进农业投入品减量化	深化粮食购销领域监管体制机制改革,强化粮食库存动态监管
2021	持续推进农药减量增效	加强农产品质量和食品安全监管
2020	深入开展农药减量行动	强化全过程农产品质量安全和食品安全监管
2019	开展农业节药行动,实现农药使用量负增长	实施农产品质量安全保障工程,健全监管体系

此外，近40年来国家不同阶段的规划及远景目标对农药赋予了不同的要求和意义。如表1-4所示，我国对农药的要求经历了从增量到控制再到减量的过程。在国家规划下，我国农药逐渐从管理向治理转变，且取得了显著的治理成效。

表1-4　近40年来国家不同阶段的规划/计划中的农药监管相关内容

规划/计划	农药监管相关内容
"十四五"规划(2021—2025年)	深入实施农药减量行动;强化全过程农产品质量安全监管,健全追溯体系
"十三五"规划(2016—2020年)	实施农药使用量零增长行动;加强农产品质量安全和农业投入品监管
"十二五"规划(2011—2015年)	治理农药等面源污染;加快健全农产品质量监管
"十一五"规划(2006—2010年)	防治农药等面源污染;控制农药总量,提高农药质量,发展高效、低毒、低残留农药
"十五"计划(2001—2005年)	防治不合理使用农药等带来的化学污染及其他面源污染
"九五"计划(1996—2000年)	主要发展农药等农用产品
"八五"计划(1991—1995年)	努力增加农药等的供应量
"七五"计划(1986—1990年)	增加农药的供应
"六五"计划(1981—1985年)	努力增加高效低毒低残留农药的生产,减少高残留农药的生产

　　2015年以来,我国农药使用量连续6年呈下降趋势,"十三五"期间年均农药使用量(折百量,下同)27万吨,相比"十二五"期间减少9.4%,2021年农药使用量24.8万吨,相比2015年减少16.8%。同时,农药品种结构不断优化,全国登记的低毒微毒农药占比85%以上[1]。经科学测算,2020年我国水稻、小麦、玉米三大粮食农药利用率为40.6%,比2015年提高4%[2]。2020年绿色防控面积近10亿亩,主要农作物病虫害绿色防控覆盖率为41.5%,比2015年提高18.5%[3]。2020年全国专业化统防统治服务组织达到9.3万个,三大粮食作物病虫害统防统治覆盖率达到41.9%,比2015年提高8.9%[4]。虽然我国农药减量化政策取得了显著成效,但仍有进一步提升空间,农药过量使用问题仍未得到根本解决,农业生产方式实现全面绿色转型仍然任重道远。当前我国单位播种面积农药使用量仍远超国际公认农药使用安全上限,农药利用率与发达国家仍存在较大差距;农产品中农药残留超标及禁用农药残留等问题仍普遍存在;新型

---

① 农业农村部. 到2025年化学农药减量化行动方案[EB/OL]. (2022-11-18)[2022-11-30]. http://www.moa.gov.cn/govpublic/ZZYGLS/202212/t20221201_6416398.htm.

② 颜旭. 双双超40%的背后[N]. 农民日报, 2021-1-19(1).

③ 龙新. 化肥农药使用量零增长行动目标顺利实现[N]. 农民日报, 2021-1-18(1).

④ 农业农村部. 我国三大粮食作物化肥农药利用率双双超40%[EB/OL]. (2021-1-19)[2022-11-30]. http://www.kjs.moa.gov.cn/gzdt/202101/t20210119_6360102.htm.

低毒低残留类生物农药使用比例仍有待进一步提高；过量等不规范施药行为仍有存在；农药使用和农产品农药残留监管仍有缺失。此外，未来15年，我国农业增长区域分化程度将加深，以粮食为代表的大宗农产品"总量不足、品种分化"格局将更加明显，农户兼业化、农民老龄化等问题将更加突出（叶兴庆，2021）。因此，对农药减量化的监管将成为未来我国农业绿色可持续发展的重要保障。

二、研究意义

农产品质量安全是农业高质量发展的基础，而农药残留是制约农产品质量安全的主要因素之一。近年来，我国农产品质量安全水平不断提升，但使用高毒禁用农药、过量使用农药、违反农药安全间隔期等不规范行为仍普遍存在。创新和完善农药政府监管体系，实现农药减量增效是深入贯彻落实习近平总书记关于农产品质量和食品安全"四个最严"指示精神，有效落实《中共中央 国务院关于深化改革加强食品安全工作的意见》和中共中央办公厅、国务院办公厅《关于创新体制机制推进农业绿色发展的意见》相关要求的重要内容，也是全面提升农产品质量安全治理能力和水平，实现农业绿色发展和生态环境保护的重要举措。另外，构建农药减量化监管体系还是推动农业供给侧结构性改革、加快农业现代化建设以及促进乡村振兴的有力支撑。本书基于农药流通各环节的田野调查，探寻农药在农业生产端、经营销售端、政府监管端存在的主要现实问题及背后逻辑，分析了我国农药减量化监管的需求，并基于信息不对称视角探索了我国农药减量化的监管路径。

（一）理论意义

1. 有助于丰富农业供给侧结构性改革的理论基础。我国农业供给侧结构性改革要处理好抓生产和保生态的关系、处理好调结构与稳粮食的关系、处理好稳产量与强产能的关系。农业供给侧结构性改革的主要目标是提高农业供给质量、保障有效供给；主攻方向是提高农业综合效益和竞争力；根本途径是深化农业农村领域的关键性改革，理顺政府和市场的关系。农药作为决定农业生产水平的重要因素之一，既是保障农产品产量和质量的"利端"，亦是带来生态环境和农产品安全隐患的"弊端"。因此，权衡农药利弊以更好指导农药规范使用是政府理顺和市场之间的关系的重要内容。叶兴庆（2020）认为，未来我国农业要继续经受住开放带来的挑战和压力，根本出路在于深化农业供给侧结构性改革，努力提高我国农业的产业素质和竞争力。研究表明，我国农药使用已进入边际报酬递减阶段，继续增加投入量已无法明显使粮食增产，即农药使用与农业增产呈一定的脱钩关系；此外，我国农产品仍广泛存在农药残留超标及禁用农药残留等问题。《广东统计年鉴》的数据显示，随着经济快速发展，我国农业增加值占GDP比重也逐渐下降，该比重接近中等收入国家水平，显著高于世界平均水平，如表1-5所示。数据反映出我国在努力发展经济的同时始终重视粮食安全，始终重视农业高质量发展，始终坚持"谷物基本自给、口粮绝对安全"战略。而加强农药减量化监管实现农药规范使用不仅有助于提高农产品"质"与"量"的安全水平，满足社会对农产品消费升级的需求，而且有利于优化农业资源配置，扩大农产品有效供给，使农产品供给更加契合消费需求，更加有利于发挥资源优势，更加有利于保护生态环境。

表1-5　农业增加值占GDP比重

单位：%

年份	中国	世界	高收入国家	中等收入国家	低收入国家
2013	10.00	3.10		9.90	27.40
2014	9.20	3.10		9.80	32.30
2015	9.00	3.90		8.40	30.50
2016	8.60	3.80		9.20	29.70
2017	7.90	3.50	1.30	8.40	26.30
2018	7.20	3.40	1.30	7.90	25.80
2019	7.10	4.00	1.30	7.90	23.30
2020	7.70	3.90	1.20	9.00	27.60
平均	8.94	3.48		9.14	29.24

2. 有助于为政府职能转变提供理论参考。政府职能转变是指国家机关在特定时期根据社会发展需要，对担负的职责和所发挥的功能及作用的范围、内容、方式的转移和改变。《中华人民共和国国民经济和社会发展第十四个五年规划和2035年远景目标纲要》对转变政府职能提出了新的要求，强调事中事后监管，对新产业新业态实行包容审慎监管。对于我国农药监管而言，从新中国成立至今，农药监管的导向发生了根本性改变，这与我国农业发展和粮食安全息息相关。从与农药相关的国家政策来看，我国农药经历了从无到有、从弱到强、从进口到出口、从短缺到过剩的重大转变，农药监管政策也经历了从宽泛到严格、从粗放到集约、从增量到减量、从效果导向到绿色导向的重大转折。当前，我国农药经营销售端、农

户使用端、政府监管端各环节皆存在普遍的信息不对称，自然环境和农产品中存在农药残留等负外部性问题制约了我国农业的健康发展。因此，通过农药减量化保障农产品质量安全，推动农药管理向农药治理方向转变，有助于更好发挥政府市场监管职能、保护生态环境和自然资源职能、调节社会分配和组织社会保障职能，这也是推进国家治理体系和治理能力现代化的重要内容。黄季焜（2020）研究认为，要通过制度创新、政策创新等转变政府职能。因此，尝试探索农药减量化监管路径，对于创新监管方式和推进农药治理现代化都具有一定的借鉴意义。

3. 有助于建立和完善农药减量化监管理论和研究方法。农药减量化一直是国外学界热衷的前沿理论。近年来，随着我国农产品农药残留等质量安全问题的凸显，涌现了诸多与农药减量化相关且颇具价值的研究成果。主要研究集中在农业生产者角度、制度安排相关角度以及农业科学技术研发应用角度，鲜有比较全面系统地从政府监管角度深入探讨的研究，也尚未形成比较完整的理论体系和研究方法。综合分析已有研究成果，农药减量化主要有4个解决路径：一是从农业生产端减少农药使用；二是改变农业相关制度安排；三是研发和应用新型农药；四是借助政府监管力量。如有研究认为，市场因素和政府监管都对农民的农药使用有显著影响（Yang et al.，2019），市场激励因素与政府监管相比，对菜农的农药使用行为的影响更大，而政府监管影响了与农产品质量安全相关的溢价感知，即政府监管为市场激励提供了一个更好的环境，因此必须创造政府监管和市场激励的协同效应，以规范农户使用农药的行为（Zhao et al.，2018）。然而，我国农情相对复杂，面对现阶段4.9亿乡村人口以及农药研发投入高、周期长等现状，完全依靠市场机制自发降低农药使用量不大具备可行性。因此，借助政府力量、强化农药有效监管、促进农药规范使用是实现农药减量化可持续的必然选择。在我国建立与完善社会主义市场经济体制的过程中，如何加强有效的政府监管已成为重要的改革内容（王俊豪，2021）。因此，探索农药减量化监管路径对于完善政府监管理论和创新农药减量化研究方法皆具有一定的参考意义。

4. 有助于形成较为完整的农药减量化监管理论体系。农药是农业生产的重要战略物资，农药规范使用可以提高农业产量和农产品营养水平，而不规范使用则导致了农药残留超标等诸多问题，降低了农产品质量安全水平，阻碍了我国农业供给侧结构性改革。那么，如何把握农药使用"度"的问题？如何更好发挥农药这把"双刃剑"的作用？如何协调农业生产和生态保护？这些都是政府必须审慎考虑的重大战略性问题。以欧盟重新授权草甘膦为例，对草甘膦的争议使欧盟的农药监管再次成为焦点。一方面，许多非政府组织专门针对农药监管，试图影响政府决策；另一方面，如果没有草甘膦控制杂草和终止覆盖作物，免耕耕作或保护农业将面临严重的问题（Kudsk and Mathiassen, 2020），因此政府对农药的监管决策可能显著影响农业的健康发展。邵宜添（2020a）研究认为，未来研究既需要从我国农业实践中提取宝贵经验，也要以国家农业经济政策为导向，为国家农业发展和改革提供理论指引。虽然我国政府颁布的一系列农药监管政策旨在规范农药使用，但从目前情况来看，农药过量使用问题、农药残留问题、生态环境污染问题等反映出我国农药监管仍有巨大提升空间。针对我国农药使用的复杂现状，政府实施农药减量化监管的深层次理论基础是什么？农药减量化监管面临的主要问题有哪些？农药减量化监管具备哪些可行路径？对这些问题的解答目前尚没有形成比较完整的理论体系，对与农药减量化监管相关的认识仍比较模糊。因此，为守护好人民群众"舌尖上的安全"，亟须建立和完善农药使用监管制度以进一步规范农药使用行为，农药减量化监管研究也可为政府制定和实施农药监管政策提供部分理论依据。

（二）现实意义

1. 有助于促进农作物病虫害可持续治理。 随着我国农业栽培方式以及环境气候的变化，农作物病虫害呈现多发、频发、重发的严重态势。《中国农业统计资料》的数据显示，2008—2017年我国农作物病虫害年均发生面积353314.7千公顷次，比2003年增加9600.6千公顷次；2008—2017年我国农作物病虫害防治年均面积441898.2千公顷次，比2003年增加52928.1千公顷次。2017年我国各地区农作物病虫害发生及防治面积如图1-2所示。可见，尽管农作物病虫害防治面积远高于发生面积，但农作物病虫害发生面积仍较大。当前，我国防治农作物病虫草鼠害主要依赖化学农药，而化学农药的大量使用容易造成病虫抗药性增强，导致防治效果下降，进而出现农药用量和品种越用越多、病虫害越防越难、农业生产可持续性越来越低的恶性循环。尽管当今世界植物保护科技发展日新月异，选育防病虫品种等非农药措施发挥了积极的作用，但农药依然是当今农作物病虫害防治的主要手段。近年来，我国加强了农作物病虫害的绿色防控实施力度。2020年全国农作物病虫害绿色防控覆盖率提升至41.5%，重点区域果菜茶绿色防控基本实现全覆盖①。因此，实施农药减量化监管政策，改变目前化学农药过量使用现状，倡导生物农药等绿色新型农药的研发和

---

① 芦晓春、颜旭. 谈起化肥农药就恐慌 如何看待听专家这么说[N]. 农民日报, 2021-1-28(3).

推广，恢复农田生态多样性，保护和利用病虫害自然天敌，并实施生物、物理防治等绿色防控措施，科学合理使用农药，有利于遏制病虫害加重发生的态势，促进农业病虫害可持续治理。

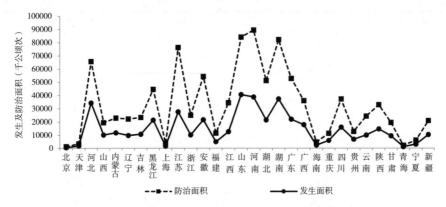

图1-2　2017年我国各地区农作物病虫害发生及防治面积

2. 有助于保障农产品"质"与"量"的安全。"十四五"规划强调，要提高农业质量效益和竞争力，强化绿色导向、标准引领和质量安全监管。目前，我国农作物病虫害防治手段仍以化学农药为主，但因农药使用不合理、病虫防治不科学，容易造成农产品农药残留超标以及禁用剧毒农药残留等问题（邵宜添和王依平，2021），影响农产品质量安全，而规范农药使用能够提升农产品质量安全水平（Popp et al.，2013）。《中国市售水果蔬菜农药残留报告2015—2019》的数据显示，根据中国农药MRL标准，我国多种类水果蔬菜农药残留超标，例如菜豆农药检出超标率为85.7%；我国多省份农产品农药残留超标，例如海南省农产品农药残留检出超标率为近11%。2002年7月，日本以"毒死蜱"农药残留超标为由，全面封杀我国出口日本的冷冻菠菜长达8个月，仅山东省出口损失就超300万美元[①]。近年来，我国农药使用量逐年下降，但粮食生产却实现"十七连丰"，说明部分农药是可替代生产要素。也有研究显示，近期和中长期中国口粮绝对安全，未来饲料粮（玉米和大豆等）进口将逐渐增长，以保障国内畜产品的供给安全（黄季焜，2021）。2018年，中国因进口大米、小麦、玉米、大豆四种粮食而节省的虚拟农药为43.4万吨，占当年中国农药使用总量的28.86%（奎国秀等，2021）。然而，世界粮食供应链断裂的风险依然存在，而我国大豆、玉米等农产品仍依赖于进口的现状短期内很难改变（如表1-6所示），且随着人口增长和消费升级，未来一段时间我国粮

---

① 王晓东. 日本再度封杀中国农产品[N]. 国际商报，2003-6-3(1).

食需求还会刚性增长。综上，农药减量化监管将有助于促进农产品"质"与"量"的协调发展以及保障我国农产品"质"与"量"的安全。

表1-6　近年我国主要农产品进出口量

农产品品种	年份	海关进口量(万吨)	海关出口量(万吨)
大豆	2019	8851	11
	2018	8803	13
	2017	9553	11
玉米	2019	479	3
	2018	352	1
	2017	283	9
稻谷和大米	2019	255	275
	2018	308	209
	2017	403	120
蔬菜	2019	50	1163
	2018	49	1125
水果	2019	729	492
	2018	593	510

数据来源:作者根据历年《中国农村统计年鉴》《中国统计年鉴》整理。

3. 有助于实现农业节本增收。我国农业生产效益相对第二、三产业仍然偏低，重要原因是生产成本比重增加较快，其中包括劳动力成本的增加，也包括物化成本的增加。《中国农村统计年鉴（2022）》的数据显示，2021年我国稻谷、大豆、油菜籽、苹果这几样主要农作物亩（1亩≈667平方米）均净利润不足100元，对应的成本利润率位于-11.1％至5.4％的区间，如表1-7所示。农业生产的低利润也导致农民生产积极性下降，甚至出现抛荒等现象。农业统计数据显示，2022年我国第一产业占GDP比重为7.3％，较2021年提高0.1％，总体比重保持稳定。农业部文件数据显示，2012年蔬菜、苹果农药使用成本均比2002年提高了90％左右[1]；此外，2022年我国农产品进口费额创下历史新高，为2360.6亿美元[2]。因此，亟须促进农药科学合理使用，优化病虫害防控技术，提高农药利用效率，

---

① 农业农村部. 到2020年农药使用量零增长行动方案[EB/OL]. (2015-3-18)[2019-2-17]. http://www.moa.gov.cn/xw/bmdt/201503/t20150318_4444765.htm.

② 农业农村部. 2022年1—12月我国农产品进出口情况[EB/OL]. (2023-1-18)[2023-1-30]. http://www.moa.gov.cn/ztzl/nybrl/rlxx/202301/t20230128_6419275.htm?eqid=d2ce308a0004132200000006642c2384.

并通过不断探索农药减量化监管路径，减少农药使用量，进而降低农药购买支出和节约劳动力成本，促进农业节本增收以及实现农业生产提质增效。

表1-7　全国种植业产品亩均成本与收益

主要农作物	年份	净利润（元）	现金成本（元）	现金收益（元）	成本利润率（%）
稻谷	2020	49.0	680.5	622.0	3.9
	2021	60.0	717.8	623.4	4.7
小麦	2020	-16.6	516.1	493.8	-1.6
	2021	129.1	538.9	631.1	12.4
玉米	2020	107.8	462.9	724.9	10.0
	2021	162.1	487.4	823.5	14.1
大豆	2020	-60.3	340.3	319.9	-8.4
	2021	42.2	350.6	472.4	5.4
花生	2020	457.1	557.0	1348.9	31.6
	2021	345.6	563.1	1240.9	23.7
油菜籽	2020	-138.9	287.7	502.5	-15.0
	2021	-103.2	292.0	531.7	-11.1
甘蔗	2020	264.5	1489.7	1200.8	10.9
	2021	265.9	1566.9	1211.0	10.6
甜菜	2020	163.5	951.0	929.1	9.5
	2021	381.0	1207.1	890.1	22.2
苹果	2020	1953.8	3771.5	4295.3	32.0
	2021	69.0	3023.1	2446.4	1.3

4. 有助于改善农业生态环境质量。 近年来，我国贯彻和践行"绿水青山就是金山银山"理念，大力提升生态环境质量水平，而农药残留是开展生态环境提升工程的重要障碍。因此，迫切需要转变过度依赖农药实现防虫治病的农业生产方式，大力推广新型绿色防控技术，加大病虫害综合防治技术推广，实现绿色可持续治理。我国"十四五"规划将农药减量化作为改善环境质量的重要内容，不断完善生态保护红线监管制度。农业农村部农产品质量安全中心的数据显示，2020年我国水稻、小麦、玉米三大粮食作物农药利用率为40.6%，比2015年提高4%，但与发达国家仍存在明显差距。大部分农药通过径流、渗漏、飘移等方式流失，进而污染土壤、空气以及水环境。农药引致的生态环境污染过程如图1-3所示。据推算，我国每年所需的农药包装物高达100亿个（件），其中被随意丢弃的农药包

装废弃物超过30亿个（件）[①]，农药包装废弃物的危害相较于一般农业生产废弃物更加严重（魏珣和杜志雄，2018）。农药等因素引致的环境污染和农产品质量安全问题已成为全球农业可持续发展的重要障碍（Ma and Abdulai，2019）。有研究显示，政府对农药的有效干预可以显著降低农药残留水平，如在西班牙东南部，有机氯农药的有害影响迫使当局禁止或限制其使用，2003—2004年当地有机氯农药检出率为100%，2005年下降到27%，2006年下降为7%，2007年下降到6%（Gómez-Ramírez et al.，2019）；政府制定的农药残留标准也会影响农户的种植行为（Jamshidi et al.，2016）。因此，探索农药减量化监管路径，有利于农药减量控害，减少农业面源污染，促进农业生产和生态环境协调发展。

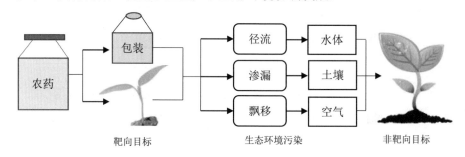

图1-3　农药引致的生态环境污染过程

第二节　基本概念及研究范畴

根据《农药管理条例》（2022年修订版），农药是指用于预防、控制危害农业、林业的病、虫、草、鼠和其他有害生物以及有目的地调节植物、昆虫生长的化学合成或者来源于生物、其他天然物质的一种物质或者几种物质的混合物及其制剂。本书的研究涉及几个在学术界和政府监管部门较为核心但尚未完全清晰界定的概念：一是农药减量化的概念；二是农药残留的概念；三是农药监管的概念；四是农产品安全的概念。区别和界定这些概念，对于厘清本书研究思路和范围具有重要的作用和意义。

一、农药减量化的概念和研究范畴

2015年农业部印发的《到2020年农药使用量零增长行动方案》（以下简称《行动方案》）明确提出要大力推进农药减量控害、促进农药减量增

[①]　江宜航．农药包装废弃物回收处理问题亟待解决[N]．中国经济时报，2014-10-10(1).

效。《行动方案》明确农药减量化行动是指借助于"控、替、精、统"技术路径，应用绿色防控技术，以生物农药替代高毒高残留农药，精准科学施药，推进病虫害统防统治，实现减少化学农药使用的目标。2018年中央一号文件提出"开展农业绿色发展行动，实现投入品减量化"；2021年中央一号文件再次强调持续推进农药减量增效。笔者查阅了相关资料，发现目前尚无农药减量化的明确定义，但不少文献和农业农村部的文件中都提到"农药减量化"，那么就有必要进一步厘清这个概念。笔者根据相关文件精神和前期研究成果，对农药减量化概念做如下界定：农药减量化是指社会多主体利用各种有效途径降低有毒有害化学农药在农业生产上的使用总量。其中，社会多主体主要包括政府相关部门（农业农村部门）、科研单位、农药生产企业、农药经营单位、农户等。多种途径主要包括三方面内容：一是通过技术进步，如低毒高效等新型农药研发、农药替代品研发、农药使用新技术推广等；二是通过调整农业生产方式，如改良农作物品种结构、改变农作物种植结构、调整农业生产规模等；三是通过政策规范，如政府实施农药监管、执行农药销售及使用标准规范、政府采用激励和处罚措施等。本书中的农药专指对自然界和人体有毒有害的化学类农药，而不包括以生物类农药为代表的环境友好型农药。

农药使用总量受农业生产环境因素（如气候、灌溉能力、土壤特性等）、农作物特性因素（如作物品种属性、耐病虫害水平、生长周期等）、病虫害特性因素（如耐药性水平、繁殖周期、基因突变等）、农药特性因素（农药毒性、安全间隔期、药效持续时间等）以及农户施药习惯（如预防型施药、治疗型施药、固定型施药等）等多种因素共同作用。为了简化，农药使用总量（Q）可以表示为农业种植面积（S）与单位面积加权平均农药用量（Y）的乘积，即$Q=SY$。其中，S是固定变量，即我国18亿亩耕地；单位面积加权平均农药用量（Y）与农作物的病虫害水平（D）、药效水平（E）、农民用药习惯（H）、种植环境（F）等因素相关。一般情况下，Y与D正相关、与E负相关，而H属于主观因素，F是客观因素，两者相对固定，不容易发生变化。因此，决定Q的关键因素是D和E，而影响D的主要因素是农作物品种与农业生长环境，影响E的主要因素是农药种类、施药技术等。

综上，农药减量化的研究范畴主要包括以下七方面：一是改变农作物的种植结构，如增加病虫害较少的农作物的种植比例；二是改变农作物的抗病虫害属性，如通过基因工程改良农作物基因结构（Shao et al., 2014），如种植抗虫棉等作物；三是提高农药药效水平，如生产药效持续时间长、低毒低残留的新型农药，添加农药助剂等；四是提高农药利用率，如增加农药喷洒均匀程度，形成有效雾滴包裹农作物；五是规范农药使用行为，如严格按照农药使用说明施药，保证施药量不超标以及严格保证农药安全间隔期等；六是选择合理的施药环境，如施药前后避开刮风、下雨等恶劣天气；七是推广化学农药替代技术，如采用农作物病虫害绿色防控技术（包括物理防控、生物防治、生态调控等）。

二、农药残留的概念和研究范畴

农药残留是指农药使用后一个时期内没有被分解而残留于生物体、收获物、土壤、水体、大气中的微量农药原体、代谢物、降解物和杂质的总称（祝文峰和李太平，2018）。《食品安全国家标准　食品中农药最大残留限量》（GB 2763—2021）将残留物定义为：由于使用农药而在食品、农产品和动物饲料中出现的任何特定物质，包括被认为具有毒理学意义的农药衍生物，如农药转化物、代谢物、反应产物及杂质等。使用于农作物上的农药，一部分附着于农作物上，另一部分散落在土壤、大气和水等环境中，残留在环境中的部分农药又会被植物吸收。残留的农药可以直接通过农作物或水、大气到达人、畜体内，或通过环境、食物链传递给人、畜。一般认为，农产品农药残留量不超过国家残留限量标准即为合格品，食用之后对人体没有健康隐患。而超过国家标准的农药残留量则会对身体健康造成一定的损害。因此，国家对农药残留限量标准有着严格的要求，近年来更是连续调整了食品中农药最大残留限量标准。

对农药残留的研究范畴包括农药残留的形成机制、农药残留的主要危害以及如何消除危害等。农药使用后一部分在安全间隔期内会被自然分解，另一部分则残留在农作物以及自然环境中。农药残留超标与否是衡量是否过量使用的重要依据，农药减量化的核心即是有效降低残留水平。残留水平主要受农药使用强度、安全间隔期、药品自身属性以及使用环境等的影响。农药在自然环境中通过外部光照、氧化、高温和刮风降雨等物理化学反应以及有微生物参与的生物化学反应实现自然降解。因此，在满足合理的剂量及规定的安全间隔期条件下，农药会自然降解到安全水平。规范使用农药既能保护农作物免遭病虫草害，又不会对人体和自然环境造成损害。导致农药残留的主要因素是农药的过量使用，而造成农药过量使用的主要原因包括农药错误使用以及不遵守农药安全间隔期规定等不规范行为。

农药残留超标不仅降低了农产品质量安全水平，还会对农业生态环境和人体健康造成严重威胁。农药残留超标已成为制约我国农业进一步发展的主要影响因素之一。具体危害主要表现为以下几个方面：一是造成农业面源污染。土壤、水和空气等环境介质中的农药残留是农业面源污染的重要因素，其危害包括造成土壤板结（王建华等，2014）及威胁生态环境（李红梅，2007）。二是带来农产品质量安全隐患。农产品中的农药残留会随着食物链进入人体，当农药残留量累积到一定水平时会发生机体病变，即农药中毒。三是害虫抗药性日趋严重。化学农药残留会强化害虫的抗药性，导致农药作用失效，出现农药越用越多的恶性循环。四是破坏农田生物多样性。环境中残留的农药对非靶向生物同样具有杀伤力，进而影响整个农田生物种群的结构（Moeckel et al.，2021）。综上，农药的不规范使用导致了农药残留超标，农药残留超标又引发了一系列安全隐患，而实施农药减量化是降低农药残留最直接的途径。

三、农药监管的概念和研究范畴

改革开放后，源自西方发达国家的监管（regulation）理论开始被引入中国，且通常被译为管制或规制，但与中国传统意义上的管制（规制）存在实质性区别。在中国的实际部门，管制（规制）更多地被称为监管，特别是在2002年中共十六大首次将市场监管作为政府的一个重要职能之后。政府监管，学术界一般称之为政府规制或管制，是市场经济条件下政府为实现某些公共政策目标，对微观经济主体进行的规范与制约。我们可参考王俊豪（2001）对政府管制的定义：具有法律地位的、相对独立的管制者（机构），依照一定的法规对被管制者所采取的一系列行政管理与监督行为。根据研究对象，可将管制分为经济性管制、社会性管制、反垄断管制三大领域。政府对农药的监管，涉及农药相关的领域，包括农药企业生产监管、农药经营销售监管、农药安全使用监管等。由于农药的生产、经营、使用过程存在信息不对称，因此农药监管具有经济性管制成分；此外，农药涉及农产品质量安全和人体健康等外部性问题，属于卫生健康管制范畴，因此农药监管又包含社会性管制成分。

中央一号文件中涉及农药监管的内容主要有加强对农资生产经营监管（2007年）、强化农业投入品监管（2008年）、建立健全农药行业生产监管系统（2017年），以及基本每年都提到的食品安全监管也被纳入农药这一质量安全因素的监管。根据2017年修订的《农药管理条例》，农业主管部门负责农药登记、农药生产、农药经营、农药使用以及监督管理。《农药管理条例》第六章对农药监管内容进行了详细说明，主要包括：定期调查统计农药生产、销售、使用情况；履行进入农药生产场所实施现场检查、对生产的农药实施抽查检测等监督管理职责；建立农药召回制度；组织负责农药检定工作的机构、植物保护机构对已登记农药的安全性和有效性进行监测；对假劣农药进行集中处置；等等。

根据农药监管内容可知，农药监管的研究范畴包括农药生产、销售、使用等方面，如监管农药企业，使之严格对标生产，保证农药产品的质量，杜绝生产假劣农药，依法打击非法农药生产行为，禁止违规使用农药登记证和农药生产许可证；监管农药经营销售单位，保证严格按农药使用说明出售农药，禁止出售假劣农药等违法行为，禁止伪造、变造、转让、出租、出借农药经营许可证等许可证明文件；监管不规范农药使用行为，包括过量使用、错误使用、不遵守农药安全间隔期规定等；此外，实施对监管部门的监管，明确农业主管部门及其工作人员和负责农药检定工作的机构及其工作人员，不得参与农药生产、经营活动。

四、农产品安全相关的概念和研究范畴

在农药减量化监管研究过程中，始终绕不开与农产品安全相关的问题。那么，农产品安全、食品安全以及粮食安全之间有什么样的关系？在研究过程中清晰界定这几个概念对于后续进行深入研究大有裨益。

根据《中华人民共和国农产品质量安全法》（2018年修正），农产品是指来源于农业的初级产品，即在农业活动中获得的植物、动物、微生物及其产品。农产品质量安全是指农产品质量符合保障人的健康、安全的要求。2013年，《国务院办公厅关于加强农产品质量安全监管工作的通知》强调要落实监管任务、提高监管能力，农产品安全已然上升到国家战略层面。十三届全国政协第52次双周协商座谈会上强调，要切实保障农产品数量安全和质量安全[①]。根据《关于加强食用农产品质量安全监督管理工作的意见》（2014）和《食用农产品市场销售质量安全监督管理办法》（2016），食用农产品是指来源于农业活动的初级产品，即在农业活动中获得的、供人食用的植物、动物、微生物及其产品。食品是指各种供人食用或者饮用的成品和原料以及按照传统既是食品又是药品的物品。根据《中华人民共和国食品安全法》（2018年修正），食品安全指食品无毒、无害，符合应当有的营养要求，对人体健康不造成任何急性、亚急性或者慢性危害。广义的食品安全还包括由于食品中某种人体必需营养成分的缺失或营养成分的比例失调，人们长期摄入这类食品后出现的健康损害。世界卫生

---

① 易舒冉. 全国政协召开双周协商座谈会[N]. 人民日报, 2021-7-10(1).

组织（World Health Organization，简称WHO）认为食品安全属于公共卫生问题，各国政府应将食品安全作为公共卫生优先事项，因为政府在制定政策和监管框架以及建立和实施有效的食品安全体系方面发挥着关键作用[①]。粮食是指各种主食食科植物果实的总称。根据FAO的定义，"food security"（食物安全）是指所有人在任何时候都可以获得充足、安全和有营养的食物。我国将"food security"普遍翻译为粮食安全。根据定义可知，粮食安全包括三层内涵：一是确保生产足够数量的粮食；二是最大限度地稳定粮食供应；三是确保所有需要粮食的人都能获得粮食。粮食既是关系国计民生和国家经济安全的重要战略物资，也是人民群众最基本的生活资料。

根据以上定义可知，食品概念涵盖范围较广，包括粮食在内的所有食用农产品。食品安全概念更侧重于质量安全，粮食安全概念则更侧重于数量安全，而农产品安全兼具食品质量安全属性以及粮食数量安全属性。食品安全、粮食安全、农产品安全三者既有区别又紧密联系。在具体研究过程中，在未限定具体研究范围和应用领域时，通常以食品安全为研究主题，如以"食品安全"为主题在中国知网上检索2017—2021年的核心期刊（SCI来源、EI来源、北大核心、CSSCI、CSCD），发现共有6030篇研究论文；当限定在粮食产量或生产等领域时，则侧重于以粮食安全为研究主题，如以"粮食安全"为主题在中国知网上检索2017—2021年的核心期刊，发现共有1729篇研究论文；当涉及农业生产、农产品质量等领域时，则主要以农产品安全为研究主题，如以"农产品安全"为主题在中国知网上检索2017—2021年的核心期刊，发现仅有281篇研究论文。农产品安全的主要研究范畴包括农产品质量安全标准（标准的制定、发布、执行等）、农产品产地（生产区域划定、生产条件改善、产地环境保护、农业投入品使用等）、农产品生产（生产指导、农业投入品许可、安全生产技能培训等）、农产品包装和标识（技术规范、检疫标志、转基因标识等）、农产品安全监管以及法律责任等。

本书主要探讨农药减量化监管路径，与农药使用密切相关的主要是食用农产品安全问题，包括农产品的数量安全和质量安全两部分。此外，在借鉴相关研究文献的过程中，也会涉及部分食品安全和粮食安全的概念。本书涉及的农产品安全问题也主要是与农药使用、农药残留等相关的食用

---

① WHO的原文为"Governments should make food safety a public health priority, as they play a pivotal role in developing policies and regulatory frameworks, and establishing and implementing effective food safety systems"。详见https://www.who.int/news-room/fact-sheets/detail/food-safety。

农产品数量安全以及质量安全问题，在不同情境下也会涉及食品安全和粮食安全问题。尽管这3个概念存在些许区别，但并不会显著影响本书的研究主题。

第三节　研究内容及方法

一、研究内容

第一部分是研究的理论框架，为本书的第二章。主要介绍信息不对称理论、农药外部性理论、农药减量化监管理论以及国内外农药减量化相关文献的研究情况。该部分为全文研究提供理论基础和逻辑框架，也确定了农药减量化监管路径研究的主要方向。

第二部分是农药减量化的监管需求及困境研究，为本书的第三章。首先从农产品安全视角分析我国农药减量化的政策背景以及理论依据，辅之以农药减量化相关的事实数据说明农药减量化监管需求；其次从消费者效用视角探讨农药减量化监管需求；最后通过田野调查探索农药减量化监管的困境以及背后逻辑。该部分回答了我国当前农情下为什么要实行农药减量化监管，也为后续探索农药减量化监管路径提供了问题导向。

第三部分是围绕生产端—消费端—监管端农药信息不对称主线探索农药减量化监管路径，包括本书的第四、五、六章。第四章从生产端和消费端农药信息对称角度探讨农药减量化监管路径；第五章从生产端和监管端农药信息不对称角度探讨农药减量化监管路径；第六章从消费端和监管端信息不对称角度探讨农药减量化监管的路径。该部分为我国创新农药减量化的监管路径提供了理论分析和实践参考，亦是本书的核心章节。

第四部分是围绕农药用量与农产品"质"与"量"信息不对称探讨农药减量化监管的优化路径，为本书的第七章。分别实证分析农药减量化对农产品产量安全和质量安全的影响，再基于农药视角分析农产品产量安全和质量安全的耦合度及协调度，并阐明对当前农药实施包容审慎监管、兼顾质与量统筹发展以及促进农药监管体系变革是我国农药减量化监管的优化路径。

第五部分也即本书的第八章，是全文的总结、政策建议与研究展望。这一部分对全文的研究内容和观点进行了系统性总结，针对研究的问题和发现提出相关的政策建议，并拓展今后的研究内容，展望未来如何进一步深化农药减量化监管研究。

二、研究方法

(一) 田野调查法

官方统计资料上很难找到完整的、连续的农药减量化相关统计数据，田野调查为本书取得第一手原始资料提供了前置条件。如本书第三章第三节关于农药减量化监管困境的实地调研；第四章第四节关于"丽水山耕"的田野调查；第五章第四节关于新型农业经营主体参与的农药减量化监管的研究；第六章第四节关于消费信心的问卷调查。由于新冠疫情的影响以及研究小组时间、人力、财力等限制因素，本书的田野调查局限于浙江省内。浙江作为我国农业经济改革和农药实名制改革先行省份，其实践经验对推进农药减量化具有一定的借鉴意义。

(二) 实证分析法

本书在探索农药减量化监管路径中，涉及诸多实证分析工具，实证分析为研究农药减量化监管提供了强有力的数据和方法支撑，有效对接了理论研究和实际需求。如第五章第三节关于果蔬农药残留数据指标与农药MRL标准的实证分析；第七章第二节借鉴Damage-Abatement生产函数构建的农业投入品和农业产值模型的实证分析；第七章第三节关于农药减量化与农产品质量安全的实证分析；第七章第四节关于农产品产量安全和质量安全耦合，以及农药使用强度作为中介变量的实证分析等。

(三) 案例分析法

案例分析法是可以得出事物一般性、普遍性的规律的方法。本书第四章第四节在研究信息对称如何促进农药减量化时，以"丽水山耕"农产品为典型案例，深入分析"丽水山耕"如何通过实现农药信息对称来优化农产品结构以及提升农产品比较收益，从而构建"政府监管＋市场机制"方式实现农药减量化农业增效目标；第五章第四节借鉴宁波"水稻＋"种养结合案例，探讨新型农业经营主体参与的农药减量化路径；第六章第四节以杭州龙井茶叶依靠技术手段实现产品信息对称为例，探讨从消费端提高消费信心促进农药减量化的路径。

(四) 理论模型推导法

构建理论模型便于将复杂的问题用比较简单的数学公式表达出来，虽然不能很好地反映事物的本质，但可以比较直观地体现不同变量之间的关系。本书第三章第二节在分析消费者效用视角时，借鉴消费者效用理论模型推导农药减量化监管均衡，通过比较政府监管与不监管时的均衡数量，为农药减量化监管提供参考路径；第四章在研究信息对称对农药减量化的影响时，构建了农药减量化理论模型，为分析农药减量化监管提供了理论参考路径；第六章第三节在研究消费信心对政府监管效力的影响时，借鉴抵消效应模型，尝试从消费信心视角探索农药减量化监管路径。

（五）博弈分析法

博弈分析不仅开辟了经济学一个新的研究领域，而且提供了一种分析问题的新工具。本书第五章第二节在农药减量化监管路径研究时发现，农药使用者是广大的农户，而政府监管者数量相对于农户数量而言很少，不管政府制定多么巧妙的政策来约束农户，总避不开监管的空白，即政策执行不到位问题。在处理这种以小博大的问题时，社会共治为解决这个问题提供了思路，博弈分析则为探讨这个思路的可行性提供了一种途径。第五章在多主体博弈分析中加入了新型农业经营主体这个三方监管主体，尝试构建"政府＋新型农业经营主体"农药减量化监管路径。

（六）比较分析法

比较分析法是通过实际数与基数的对比来揭示两者的差异，借以了解经济活动的成绩和问题的一种分析方法。本书在第三章第二节研究消费者效用视角下农药减量化及政府监管时，比较了政府监管与不监管时农产品的均衡数量；在第四章分析不同信息条件下的农药减量化模型时，比较了信息对称与信息不对称两种情况下的农药减量化关键因子的作用；第五章第二节在分析社会共治视角下农药减量化监管路径时，比较了政府和农场两者的博弈以及政府、农场、新型农业经营主体三者的博弈；第五章第三节探讨 MRL 视角下农药减量化监管路径时，比较了中国、日本、欧盟的农药 MRL 标准，以及我国农产品在不同标准下的超标情况，提出了改进我国农药减量化监管政策的路径。

第四节　可能创新点及不足

一、本书的可能创新点

相对于已有文献，本书可能存在以下 3 个方面的创新点。

1. 尝试构建农药减量化理论模型并进行实证检验。 目前国内外从政府监管视角研究农药减量化路径的文献相对较少，也缺乏有效的理论模型。鉴于此，本书对农药减量化关键影响因子进行深入分析，借鉴原子核衰变规律构建如下理论模型：

$$Q = Q_0 \left(\frac{1}{z} \right)^{\frac{t}{T}} \lambda / \theta$$

模型中，Q表示农药残留水平；Q_0表示农药使用强度；T表示农药安全间隔期；t表示农药实际间隔期；z表示规范配制的农药经z倍稀释后达到农药MRL国家标准（$z>1$）；λ表示农业生产环境如光照、温度、降雨、风力、微生物等自然条件对农药的降解系数；θ表示农药喷洒均匀系数（$\theta \leqslant 1$）。本书利用果蔬农药残留指标数据、农药使用强度测算数据以及其他控制变量进行实证检验，实证结果验证了农药减量化理论模型假设。

2. 基于农产品生产端—消费端—监管端农药信息不对称的视角，系统分析农药减量化监管路径。 当前国内外农药减量化研究主要集中于农业技术领域，而从政府监管角度探讨农药减量化的研究相对较少，为数不多的文献也主要聚焦于农业生产者以及制度安排等方面。本书以农药信息不对称为研究主线，基于成本收益分析并辅以典型案例分析探索"政府监管＋市场机制"农药减量化监管路径；基于博弈模型分析探索"政府＋新型农业经营主体"农药减量化监管路径；基于农药标准分析探索"内提标＋外控源"农药减量化监管路径；基于消费信心的影响机制分析探索"监管外部赋能＋信心内生驱动"农药减量化监管路径。本书为拓展农药减量化监管路径提供了若干新思路。

3. 借鉴耦合模型分析我国农产品"质"与"量"的耦合协调指数，探讨以调节农药使用强度为作用机制的农药减量化监管优化路径。 我国农业绿色可持续发展亟须妥善协调农产品质量安全和产量安全的关系，虽然这是与我国现代农业发展顶层设计相关的重大问题，但是该领域的研究目前仍比较缺乏。本书借鉴耦合模型，实证分析我国农产品"质"与"量"的耦合度、协调度及综合评价指数，并以农药使用强度为中介变量验证政府监管对各评价指数的间接传导机制，最后基于农产品安全可能性边界理论探讨农药减量化监管优化路径。本书为深入研究农药减量化监管路径提供了新方法和新视角。

二、本书的不足之处

1. 缺乏翔实数据支撑，实证研究有待进一步完善。 鉴于很难获得权威、翔实的微观数据（尤其是农产品质量安全相关数据以及农药流通环节数据）作为实证支撑，本研究实证方面有待进一步完善。本书数据方面主要存在两个方面的不足：一是田野调查数据量较少，调查范围较窄；二是源自统计年鉴等的数据不完整且数据连贯性不强。本书涉及的一部分数据来自田野调查，但受限于人力物力以及新冠疫情因素，调查范围仅限于浙江省。虽然调查数据数量不够庞大，但调研点覆盖全省各区域，且保证了每一个采集数据的真实性。另一部分数据来源于《中国统计年鉴》、《中国农村统计年鉴》、《中国环境年鉴》、《中国农药工业年鉴》、《中国生态环境状况公报》、浙大卡特-企研中国涉农企业数据库（CCAD）、国家统计局、生态环境部、中国政府网、中央一号文件、国民经济和社会发展五年规划纲要、农业农村部等，该部分统计数据较为宏观，缺乏微观统计数据，且各数据统计年限不一，很难作为一个比较完整的面板数据进行分析。

2. 局限于信息不对称研究视角，研究范围有待进一步拓宽。本书以农药信息不对称为研究主线，主要探讨为什么要实施农药减量化监管，如何实现农药减量化监管，以及农药减量化监管的优化路径。我国特殊农情决定了影响农药减量化的因素错综复杂，实现农药减量化除了监管路径以外，还主要包括农业技术升级、农业市场机制、全球农业环境等诸多因素，并涉及经济学、环境学、生物学、化学等多个研究领域。本书仅局限于信息不对称视角探讨农药减量化监管路径，研究范围相对狭窄，研究内容有待深入，如仅有粗浅涉及农业生产和组织上的特点、新药研发、绿色防控等农药减量化措施，未深入分析中央政府与地方政府在农药减量化监管中的关系，缺乏对政府监管和农药减量化政策的评估分析等。

第二章 理论基础和文献综述

　　我国农产品尚未建立相对完善的信息可追溯机制，农产品中农药信息不对称问题以及农药残留导致的外部性问题仍普遍存在，而农药信息不对称和外部性是直接导致农产品市场失灵和间接引发政府失灵的重要因素，市场失灵和政府失灵又反向致使农药残留等负外部性问题凸显。在我国当前相对复杂的农情下，厘清相关理论之间的关系尤为重要。因此，本书基于信息不对称理论、外部性理论以及政府监管理论分析农药减量化的研究概况，并简要评述当前主要文献以拓展农药减量化监管研究空间，以期为探索适合我国农情的农药减量化监管路径提供理论基础。

第一节 农药信息不对称理论及研究综述

一、信息不对称理论

（一）定义及根源

　　信息不对称（asymmetric information）理论是由美国诺贝尔经济学奖获得者约瑟夫·斯蒂格利茨（Joseph Stiglitz）、乔治·阿克尔洛夫（George Akerlof）、迈克尔·斯彭斯（Michael Spence）在1970年提出的。其中，乔治·阿克尔洛夫于1970年发表了名为《柠檬市场：质量不确定性和市场机制》（The Market for "Lemons": Quality Uncertainty and the Market Mechanism）的研究论文，该论文被认为是经济学中的最重要文献之一，亦开创了信息不对称研究领域。随着对该理论的拓展性研究的开展，相关理论如"逆向选择""市场信号""委托—代理"被相继提出。《伦理学大辞典》对信息不对称理论的定义为：经济活动中的利益相关人对有关信息的掌握程度不对等，一方可以利用信息优势损害对方利益。如在柠檬市场（产品市场）上，只有卖方知道柠檬的质量而买方不知道，出售低质柠檬者能够通过提高自己的产品价格而得到额外收益，这些收益实际上是来自出售高质柠檬者和买方的损失。该理论认为：市场中卖方比买方掌握更多有关商品的各种信息；掌握信息较多的一方可以通过向掌握信息较少的一方传递可靠信息而从中获益；买卖双方中处于信息劣势的一方会努力向处于信息优势的一方获取信息；市场信号可以弥补部分信息不对称的问题。

造成信息不对称问题的因素主要包括以下几个方面：一是搜寻信息的成本因素（蓝虹和穆争社，2004）。信息劣势方会通过搜寻信息来弥补不足，但是如果搜寻信息的边际成本超过边际收益，就会中止搜寻信息，即允许存在信息不对称。二是劳动分工精细化因素（曲延英，2003）。劳动分工的明确以及专业化程度的加深导致各专业领域存在知识结构的差异，不同行业之间的专业化因素必然导致信息不对称问题。三是信息优势方对信息的垄断（程旭和睢党臣，2021）。掌握信息多的优势方为保持竞争优势必然会产生垄断真实信息的动机，甚至发布虚假信息误导信息劣势方以掌握主动权。四是信息的公共产品属性（卢允照和刘树林，2016；崔晓芳，2016），容易产生搭便车效应，进而产生信息供给不足。五是部分信息的难以获得性。特殊商品存在信息保密机制，因此很难获得有效信息；此外，产品的产业链较长较复杂也制约了信息的可获得性，如对我国农产品多渠道来源以及多环节流通中的农药残留信息很难追溯。

（二）文献概况

信息不对称理论广泛存在于各个领域。2021年6月对CNKI数据库中重要期刊（SCI、EI、北大核心、CSSCI、CSCD）进行检索，发现以信息不对称为主题的研究文献总数高达6172篇，发文量自1994年开始呈快速上升趋势，至2006年达到年发表论文428篇的峰值，2006至2020年每年发表论文数保持在250篇左右；其中主要学科涉及金融、企业经济、投资、宏观经济管理与可持续发展、贸易经济、市场研究与信息、农业经济等；主要研究机构有中国人民大学、重庆大学、西安交通大学、武汉大学、北京大学等。此外，以农药和市场失灵为主题在 Web of Science 上进行检索，共检索到26344篇研究论文，主要集中在经济学、计算机科学、神经科学神经学、工程学、行为科学、心理学、物理学、科学技术、数学等研究领域。典型研究结论主要有：信息不对称导致的逆向选择和道德风险问题存在于信贷市场，从而引起债券融资溢价和导致信贷配给问题（Stiglitz and Weiss，1981）；信息不对称是导致企业融资约束的重要原因之一（Kaplan and Zingales，1997；姜付秀等，2016）；信息不对称是互联网金融法律规制的悖论（杨东，2015）；信息不对称水平是知识产权保护影响高科技企业资本结构的中介变量（李莉等，2014）。此外，有研究认为农产品安全的信息不对称存在于农产品流通的各个环节（王常伟等，2012），如信息不对称广泛存在于农产品质量安全管理方面，主要表现为生产经营者与消费者之间、生产经营者与管理者之间、下级管理者（代理人）与上级管理者（委托人）之间、政府与消费者之间的信息不对称等（周德翼和杨海娟，2002）。也有学者认为信息不对称是农产品质量安全问题在管理层面上的根源（龚强等，2013；汪鸿昌等，2013；孙艳香，2014）。陈汇才（2011）指出，农产品市场产生信息不对称的主要因素包括交易主体知识和信息获取能力的有限性、信息优势方对质量信息的故意垄断、信息流通渠道不畅、农产品的特性导致消费者处于信息劣势地位等。

（三）表现形式及后果

信息不对称主要表现为道德风险（moral hazard）和逆向选择（adverse selection），道德风险指"私人行动"（hidden action），而逆向选择通常指"私人信息"（hidden information）（臧文斌等，2013）。信息不对称的后果是导致了市场失灵和政府失灵（于伟咏，2018）。信息约束条件的变化会诱发监管中的道德风险和逆向选择（岳彩申，2013），而道德风险和逆向选择的共存降低了供应链的效率（程红等，2016），多重道德风险和逆向选择的叠加易致使市场机制运行缺乏效率而产生市场失灵。从理论上讲，完全克服道德风险和逆向选择几乎是不可能的，但以尽可能克服道德风险和逆向选择为目标的政策机制设计是产业政策制定实施中的重要环节（白雪洁和孟辉，2018）。在建立合同之后，信息不对称使得合同一方的行为难以观察，从而产生道德风险问题，并导致市场的低效。逆向选择则是在签订合同之前由信息不对称而导致的一种市场失灵现象（马费成和龙鹜，2003）。Antle（1996）认为，对食品安全信息不对称所导致的市场失灵的必然回应是，政府从公共利益出发进行食品安全规制以弥补市场机制的缺陷，从而减少社会无谓损失并实现社会福利最大化。然而由于政策在实施过程中常常面临"逆向选择"和"道德风险"问题，政策不仅无法纠正市场失灵，还容易造成政府失灵（白雪洁和孟辉，2018）。按照市场失灵理论，解决信息不对称型市场失灵问题的重要方法就是实施政府干预，而政府干预中的"规制不足"或者"规制不能"等往往会导致政府失灵（李俊生和姚东旻，2016）。

二、农药信息不对称的主要研究

（一）农药信息不对称的主要表现

我国农药流通环节存在农户与农药制、售商之间的信息不对称，导致农药过量等不规范使用情况，甚至出现高毒农药屡禁不止而高效低毒农药需求有限等问题，严重影响了农产品质量安全（孙艳香，2014）。从安全农药的供求实际来看，安全农药供给与安全农药购买之间存在明显的信息不对称（王永强和朱玉春，2012）。信息不对称问题在农药应用等领域普遍存在，主要表现为以下4个方面。

一是农药生产企业之间以及与农药经销商之间的信息不对称。莫欣莹（2018）分析了信息不对称对农药产品质量的影响机理，结果表明农药生产企业间的信息不对称会使得企业生产劣质农药，但在无限次重复博弈中受声誉机制的约束，企业有动机生产优质农药。农药生产企业按照国家标准进行农药生产，企业掌握农药的制备工艺、熟悉农药的特性和应用范围等。由于农药政策的变革，农药生产的标准也发生变化，农药制备工艺也随之调整。然而，农药经销商的农药知识专业技能培训是相对滞后的，经销商获取农药营业资格之后，主要根据农药使用说明以及实践经验来向农户推荐农药。因此，农药经销商未能及时、完全掌握农药特性，从而导致农药企业与经销商之间存在信息不对称。

二是农药经销商与农户之间的信息不对称。蔡键（2014）研究认为，农药信息不对称存在于农户和农药零售商之间。在信息不对称条件下，经销商受利益驱动会推荐和诱导农户多用能给他们带来更多经济利益的农药，甚至会向农户提供虚假的质量信息。近70%的经销商推荐给农户的用药量会高于农药的说明书标准（鲁柏祥等，2000），农药销售商所提供的农药使用建议往往高于标准，甚至提供禁用农药（Wang et al.，2015）。农药经销商在向农户推荐农药时主要考虑两方面因素，一是保证农药的药效水平以维持农药经销店良好的口碑。李昊等（2017）研究发现，农药销售收益和农户农业产出密切相关，农药经销商认为只有所售出的农药有效控制了农作物病虫害，才能吸引更多农户购药。二是获取农药经销的利润。农药零售商为了追求利益最大化而向农民提供不完全或者不对称的农药信息，是现阶段农民外部农药信息失效以及高度农药暴露行为的主要原因（蔡键，2014）。在这两方面因素下，农药经销商在推荐农药时偏向过量使用或多品种农药同时使用来保证药效和经济收益。而农户在购买农药时，对农药使用范围没有明确概念，对病虫害类型和农药靶向害虫也缺乏清楚认识，因此存在购买农药不能有效杀害靶向病虫害，反而会破坏农田生态系统以及造成农产品农药残留等问题。

三是农产品生产者、销售者与消费者之间的信息不对称。由于农产品的生产销售信息不对称，农产品生产经营者一般不会主动提供信息，而消费者也没有能力全面收集信息，信息不对称对农产品的生产经营及消费都可能造成危害（于华江和杨成，2010）。首先，农户作为农药使用的具体执行人，比较全面地掌握了农产品中使用的具体农药种类、农药剂量、农药毒性以及农药安全间隔期，但大部分农户不能很好地掌握农药的特性，使用剂量往往根据实践经验（邵宜添等，2020）；其次，农产品销售者向生产者咨询时可部分掌握农药使用的信息，但为了防治农产品霉变以及保持农产品的品相，销售者可能会使用部分防腐剂或者催熟剂；最后，消费者在购买农产品时，很难有效辨识农产品中农药残留的信息，即消费者做出购买决策前不能判定想购买的农产品是否安全（郑鹏，2009），农产品销售商也会趋利避害，以次充好。因此，农药信息不对称存在于农产品流通中的各个环节。

四是农药各相关主体与政府监管者之间的信息不对称。生产企业和规制机构间的信息不对称也会使得企业产生投机行为，影响农药产品质量（莫欣莹，2018）。首先，我国农药生产不规范情况仍然存在，地下加工厂生产假劣农药也时有发生，农业农村部2020年农药监督抽查结果显示，假农药占检测样品总数的1.5%。王全忠等（2018）在对农户进行访谈时发现，农户认为防治效果不好的原因在于经销商的农药有假。其次，农药经销点存在销售不规范、掺假售假行为，以牟取暴利。最后，农户在使用农药时存在过量使用、错误使用等情况，未严格执行农药安全间隔期的情况仍比较普遍（邵宜添等，2020）；王全忠等（2018）在对农药经销商进行访谈时发现，农药经销商认为农药防治效果不佳的原因不是农药有假，而是农户的用药行为不当。针对以上情况，政府监管者虽然可以逐一捣毁地下工厂，严查售假行为以及检测农产品农药残留情况，但要付出高昂的监管成本，而且周期很长。面对数量庞大的监管对象，政府缺乏健全有效的农药监管制度和可行路径，从而又加深了农药各主体与监管者之间的信息不对称。莫欣莹（2018）认为，农药产品质量问题本质上是由农药市场各利益相关者间的信息不对称造成的，规制不严、规制不力又加剧了质量问题。

（二）农药信息不对称产生的后果

从经济学视角分析，由于农产品具有经验品和信任品的属性，消费者获取农药残留等信息的成本较高，形成了信息沉没；生产经营者对于自身行为后果可能仅仅承担一小部分责任或不承担责任，所以他们易产生利己的行为，进而导致道德风险问题，如过量使用农药、未执行农药安全间隔期等。徐金海（2002）利用阿克尔洛夫的"柠檬市场"模型对信息不对称条件下的农产品质量问题做出了博弈分析，认为农产品市场存在激烈的竞争，高质量农产品生产企业会逐步退出市场，并造成产品质量低下。在农产品市场中，一般农业生产经营者掌握更多农产品的信息，而消费者处于信息的劣势。由于信息不对称，消费者势必会要求降低农产品的价格来弥补信息的不足，而过低的价格使生产经营者不愿意提供质量合格的农产品。同时，信息不对称可能使生产经营者欺诈行为不易被发现，尤其是在对生产经营者的监督不力，对生产劣质农产品没有严格惩罚时，将会给生产经营者提供一种欺骗性的追求自利的机会，从而出现逆向选择，导致以次充好的行为，最终的结果是农产品优汰劣胜。假如农药残留信息是对称的，消费者将根据自身收入和消费偏好选择性购买农产品，生产者将根据市场需求和成本分析提供多种类、不同数量的农产品，那么道德风险将得以避免。因此，需要政府提供一定的制度安排，比如法律法规约束、商品标签管理、市场准入规定、产品检测检验等，来避免由信息不对称导致的道德风险问题。

从农药危害视角分析，农药信息不对称问题容易导致农户过量施药等不规范行为，进而产生农产品和农业环境的农药残留问题，最终残留的农药会转移进入人体和自然环境，造成人体健康问题和农业环境污染问题。农户农药使用行为不规范导致农产品农药残留现象普遍，不仅影响农产品质量安全，而且还由于国际贸易问题诱发更多和更复杂的纠纷（童霞等，2011）。农药的大量使用，既带来健康危害以及生态环境和质量安全隐患，也增加了生产成本，且由于农药利用率不高，相当一部分农药成为环境污染的来源（金书秦和方菁，2016）。农药不当使用可能会造成农业生产环境污染、生态系统平衡破坏等环境负外部性问题，使得农业可持续发展面临重要挑战（麻丽平和霍学喜，2015）。研究表明，农药使用导致的农药暴露不仅会增加急性农药中毒风险，而且会对人体的健康造成慢性和长期的损害（张超等，2016）。同时，在农药使用过程中，不当的使用方式直接威胁农产品生产者自身健康，农药不当使用也可能会造成农产品农药残留，引起农产品质量安全问题，给消费者健康带来风险（麻丽平和霍学喜，2015）。

（三）农药信息不对称的对策研究

如何解决农药信息不对称导致的负外部性问题是广大研究工作者的主要目标。对已有文献的统计分析显示，对策主要分为依靠市场机制和依靠政府力量两大类。

从依靠市场机制视角看，实现农产品农药信息对称就可以解决"柠檬市场"困境，但在当前我国农业技术水平下，农产品市场很难有效解决农药信息对称问题。王秀清和孙云峰（2002）认为，对于农产品农药残留等因素，消费者在消费之后也没有能力了解（信任品属性），市场机制在调节信任品、搜寻品和经验品特性时存在巨大的能力差异。尹志洁和钱永忠（2008）认为由农产品市场信息不对称导致的逆向选择和道德风险，可通过声誉机制和质量安全体系来矫正和调整。孙艳香（2014）建议提高我国生物类农药的市场可及度，减少农药信息不对称带来的败德行为与逆选择等市场效率损失。

从依靠政府力量视角看，农药信息不对称造成的市场失灵问题需要政府力量的参与。王永强和朱玉春（2012）认为，相关主管部门应该加强农药监管，强化对基层农药经销商和农民的培训、宣传，全面提升农民对不安全农药的认知水平，从而达到加强农民购买安全农药的目的。邵宜添和王依平（2021）研究认为，政府应强化农药最大残留限量标准建设，实现国内外农药标准信息对称；耿安静等（2016）认为应该加强对农药的监管，一方面加强对农药经销商的监管，确保其不销售禁用农药、假农药等，监督其合法经营；另一方面，要加强农药成分的检测，以防农药中含有隐性成分。此外，加强对农药监管，特别是高毒农药监管工作，对社会民生、生态环境、经济贸易有重要作用。

第二节　农药外部性理论及研究综述

一、外部性理论

（一）定义及分类

马歇尔（Alfred Marshall）在1890年的《经济学原理》一书中首先提出了"外部经济"（external economies）概念（马歇尔，1964）。一般认为，最早的外部性的概念源于马歇尔的研究（Hart，1996）。1920年，马歇尔的门徒庇古（Arthur Cecil Pigou）在《福利经济学》一书中首次用现代经济学的方法研究外部性问题，并在"外部经济"基础上拓展了"外部不经济"（external diseconomies）概念（Pigou，1920）。有学者认为外部性是经济学中最难以捉摸的概念（Scitovsky，1954）；也有学者认为，广义上经济学曾经面临的和正在面临的问题都是外部性问题（盛洪，1995）。

外部性主要有以下几个定义：

（1）当一个行为个体的行动不是通过影响价格而影响到另一个行为个体的环境时（Varian，1992）；（2）当一个人或一家厂商实施某种直接影响他人的行为，且不用赔偿或得到赔偿时（斯蒂格利茨，1997）；（3）当一个经济主体的行为对另一经济主体的福利产生影响，而这种影响并没有从货币上或市场交易中反映出来时（萨缪尔森和诺德豪斯，1996）；（4）将可察觉的利益（或损害）加于某个（些）人，而这个（些）人并没有完全赞同，并且直接或间接影响了事件的决策（Meade，1973）；（5）某个经济主体生产和消费物品及服务的行为不以市场为媒介而导致其他经济主体产生附加效应的现象（植草益，1992）；（6）当某个（些）人的行动所引起的个人成本（个人收益）不等于社会成本（社会收益）时（North and Thomas，1973）。（7）某经济主体的福利函数的自变量中包含了他人的行为，而该经济主体又没有向他人提供报酬或索取补偿，数学表达为 $U^A = U^A(X_1, X_2, \cdots, X_m, Y_1)$，$U^A$ 表示 A 的个人效用，它依赖于一系列的"活动"（$X_1, X_2, \cdots, X_m, Y_1$），这些活动是 A 自身控制或授权范围内的，但是 Y_1 是由另外一个人 B 所控制的行为，B 被假定为同一社会成员之一（Buchanan and Stubblebine，1962）。

综合上述定义可见，外部性的本质是私人边际成本与社会边际成本、私人边际收益与社会边际收益相偏离，外部性主要有 3 个基本特征：（1）外部性是发生在市场交易机制之外的一种经济利益关系；（2）外部性包括正外部性和负外部性两个方面；（3）外部性既包括消费领域又包括生产领域。因此，外部性具有两种分类方式：（1）正外部性（positive）和负外部性（negative）。正外部性是某个经济行为活动使他人或社会受益，而受益者无须花费代价，即无法向受益者收费的现象，此时边际社会收益大于边际私人收益。负外部性则是某个经济行为活动使他人或社会受损，而造成负外部性的行为主体却没有为此承担成本，此时边际社会成本大于边际私人成本。根据经济活动主体的不同，负外部性可分为生产的负外部性和消费的负外部性。（2）消费外部性和生产外部性。消费外部性是指消费行为所带来的外部性，生产外部性则表示因生产活动所产生的外部性。

（二）文献概况

外部性理论广泛存在于各个领域。2021 年 10 月对 CNKI 数据库中重要期刊（SCI、EI、北大核心、CSSCI、CSCD）进行检索，发现以外部性为主题的研究文献总数高达 10436 篇，发文量自 1992 年开始呈快速上升趋势，至 2010 年达到年发表论文 708 篇的峰值，2010 至 2020 年发文数逐渐下滑，至 2020 年降至 435 篇；其中主要学科涉及宏观经济管理与可持续发展、企业经济、经济理论与经济思想史、环境科学与资源利用、经济体制改革、农业经济等；主要研究机构有中国人民大学、北京大学、南开大学、南京大学、上海交通大学、武汉大学等。此外，以农药和外部性为主题在 Web of Science 上进行检索，共检索到 220 篇研究论文，其中主要集中在环境科学生态学、农学、商业经济学、化学、植物科学、公共环境健康、传染病等研究领域。典型研究结论主要有：相晨曦等（2021）认为，对环境外部性的忽视会刺激高耗能产业的生产和出口，阻碍出口结构的优化升级；贾鹏飞等（2021）发现无政策干预下借款人的过度借贷行为会产生严重的负外部性问题，最终加剧金融危机的发生；王奇等（2020）研究认为，生态正外部性的价值可以通过生态要素的直接市场、包含于生态商品的间接价值以及基于成本—收益的生态补偿标准来确定；陆军和毛文峰（2020）研究认为，网络外部性通过降低匹配和交易成本、强化知识扩散和技术溢出、高效推动产业分工与合作、实施城市间"借用规模"行为等促进区域一体化；赵丹丹和周宏（2019）认为，农业生产同样具有外部性特征。

二、农药外部性特征及在农产品生产中的表现

（一）农药使用外部性的特征

农药使用外部性的特征概括为 3 个方面：（1）农药使用外部性是农业经济活动中的一种溢出效应，对于被损害方（消费者）来说，该溢出效应并非出于自愿，而是被强加的。例如农产品中的农药残留超标导致了人体一系列的健康损害，但消费者往往是被动接受的，尽管消费者都希望购买到农药残留达标的农产品（邵宜添，2021a）。（2）农药使用外部性对他人的影响并没有反映在农产品市场机制运行过程中，而是在运行机制之外。市场经济的基本特征是，如果一个经济主体的活动对其他经济主体的活动产生了影响（收益增减），这一经济主体必须以价格形式向对方索要或支付赔偿，而如果发生了外部性，那么就不会表现为价格形式的货币支付。例如，市场上农药残留超标农产品的存在导致了农药残留达标农产品的价格下降，而消费者对两者无法有效辨识，造成了农药残留达标农产品的经济损失（胡卫中和华淑芳，2008）。因此，农药使用的外部性发生在市场机制之外。（3）农药使用外部性往往是农业经济活动伴随的效应而并非完全出于原本的效应或故意制造的效应。例如农药使用导致的农药残留是正常农业生产活动伴随的产物，农药使用的初衷是确保农产品免受病虫草害影响，农药残留并非出于故意制造的行为结果（童霞等，2014）。

（二）农药使用外部性的表现

农药使用在农产品生产中存在普遍的外部性，其中涉及化学农药和生物农药的外部性（郭利京和赵瑾，2017）。正外部性包括确保农业产量稳定和提高农作物质量水平，如农药使用可以有效防治农作物病虫草害，确保农作物的产量稳定，同时农药还可以有效杀灭农作物上含有对人体有害的微生物，提高农作物生产的质量（张乃明，2007）。已有文献主要侧重于负外部性研究，负外部性主要包括农药残留引起的农作物质量安全隐患、人体疾病以及生态环境污染问题，如导致虫害暴发，对人类和畜禽形成健康威胁（Shao et al.，2021；何安华等，2012）、对植物的毒害（杨志武和钟甫宁，2010）以及农药使用过量导致农药残留超标引致的一系列人体病变（夏缘青等，2018）；另外，农药使用对农业生态系统产生了破坏，农药大部分被残留在自然环境之中，导致非靶向生物被杀害和水体、土壤等源污染问题（曹玲等，2021；石凯含等，2020；Moeckel et al.，2021）。然而，外部性成本使用农药造成的外部负效用很难内部化，因为这种效用需经历较长的时期才会表现出来，并且受到这种外部负效用影响的是公共产权资源（范存会和黄季焜，2004）。农户在选择农药时，会考虑农药的外部性，但是当该外部性不能内部化为农户成本时，只会在道义上影响农户的购买意愿，而当外部性能通过制度约束转化为农户成本时，则会对其购买行为产生显著影响（姜利娜和赵霞，2017）。因此，黄祖辉等（2016）认为，政府行为是解决农业生产外部性最适宜的方法。

三、农药使用外部性经济学表述

（一）农药残留达标农产品生产具有明显的外部经济

农药残留达标农产品除了可以给生产者带来经济收益之外，还可以产生诸多社会效益，如提高农产品质量安全水平、保障人民生命和健康水平、促进农业可持续发展、推动农业供给侧结构性改革、打破国际贸易壁垒等。但该外部经济的存在意味着市场需求未能完全反映农产品生产者的所有收益，即仅反映私人收益的市场需求。为了直观说明这个问题，我们假设市场需求曲线下农业生产者的私人收益为 $D1 = (P - C)Q$，其中 P 为市场价格，C 为生产成本，Q 为销售量，市场需求曲线下农业生产者和社会的外部收益为 $D2 = (P + \varepsilon - C)Q$，$\varepsilon > 0$。因此，市场需求曲线与市场供给曲线 S 将决定生产者获取实际收益（私人收益）的产量 $Q1$ 以及理论收益（公共收益）的产量 $Q2$，$Q1 < Q2$，如图 2-1 所示。因此，市场就不能使农药残留达标农产品生产者的全部收益获得社会认可，即农业生产者没

有得到足够的资源分配，这样就出现了市场失灵情况。如果这个状态长期存在，将降低农业生产者主动提供农药残留达标农产品的积极性，农药残留超标农产品将逐步扩大市场占比。

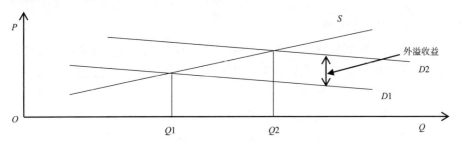

图2-1 农药残留达标农产品生产未认可的外溢收益

（二）农药残留超标农产品生产具有明显的外部不经济

外部不经济主要包括农药残留超标对生态环境的污染以及对人体健康的影响。然而，农业生产者并没有为此支付赔偿这种危害的成本。为直观说明这个问题，假设农药残留超标农产品边际收益曲线为MR，私人边际成本曲线为MC，农业生产者会选择在私人边际成本等于边际收益的条件下进行生产，此时对应的产量为$Q2$。由于生产的外部不经济，社会边际成本将高于私人边际成本，社会边际成本为$MC+\lambda$，此时对应的产量为$Q1$。可见，$Q1<Q2$，如图2-2所示。综上，农药残留达标或超标农产品生产的外部性都容易产生市场失灵，需要政府采取监管措施加以纠正。

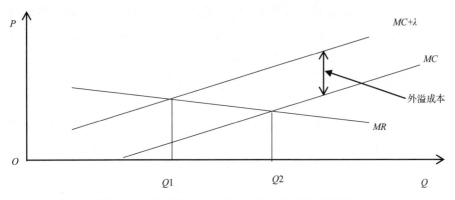

图2-2 农药残留超标农产品生产未支付的外溢成本

第三节 农药减量化监管理论及研究综述

一、政府监管理论

(一)定义及根源

监管又称管制和规制,自2002年中共十六大首次将市场监管作为政府的一个重要职能以来,党和国家的有关文件中普遍使用"监管"一词。无论是规制还是监管,都强调了政府以经济手段和法律手段为主、行政手段为辅,通过法律等正式制度来约束和规范经济主体的行为,它与市场经济对政府的期待较为符合。日本学者植草益(1992)认为,政府规制是社会公共机构(政府)依照一定的规则对企业活动进行限制的行为。美国学者史普博(1999)认为,政府管制是行政机构指定并执行的直接干预市场机制或间接改变企业和消费者供需决策的一般规则或特殊行为。也有学者认为,政府监管是政府以制裁手段,对个人或组织的自由决策的一种强制性限制(Viscusi et al., 2018)。王俊豪(2001)认为,政府管制是一种特殊公共产品,它不是针对某一经济主体,而是针对众多经济主体,同时在运用中不具有排他性,可以同时作用于所有的被管制对象。政府管制与一般公共物品的区别在于:政府管制是无形的,只表现为法律法规等形式;政府管制的供应权具有垄断性,只能由政府独家供应;政府管制具有"地域专用性",即在一国认为成功的政府管制,不一定适用于另一国。

公共利益理论认为,制定和实施监管政策的目的在于提高社会整体利益。其中,私人利益理论(对监管机构公正性持怀疑态度)认为,监管政策受政府和企业个人利益最大化动机的影响,监管政策产生于多个利益集团的不断竞争与妥协中(Stigler, 1971)。从政治学视角看,监管已成为社会科学中最独特和最重要的研究领域之一,监管具有实现社会价值的功能,并且重视建立不同利益集团有效对话的公共平台(Morgan and Yeung, 2007)。从经济学视角看,福利经济学将公共利益界定为社会福利最大化,监管是纠正市场固有缺陷的基本工具(刘鹏和王力,2016)。此外,刘庆丽(2012)认为,政府监管起源于市场和政府关系的处理方式的转变。由于市场经济不是完美的,市场失灵常常需要政府的介入,以保证经济的正常运行。孙克进(2016)认为,政府监管起源于政府干预市场的现实需要,主要针对微观经济中的低效率和不公平等问题。林毅夫(2020)认为,有效市场的发育需要有为政府的正确干预,政府干预应该遵循一国比较优势原则,实施因势利导的"顺势而为"干预策略。

　　然而，政府不是万能的，政府对市场失灵的弥补作用是有限的，因此政府也存在失灵的可能。即在现实的经济运行中，人们期望政府能办好市场办不好的事。然而，政府在参与微观经济活动、配置资源的过程中，不仅不能补救市场的失灵，反而降低了社会效益，同样会偏离（最优）帕累托效率，这种现象被称为政府失灵。钱贵霞等（2010）认为，政府失灵是指政府的经济职能在实施过程中所呈现出的无效或负效运行状态，表现为政府的无效干预，即政府宏观调控的范围和力度不足或方式选择失当，不能够弥补"市场失灵"、满足维持市场机制正常运行的合理需要。《现代领导百科全书：经济与管理卷》中认为，政府失灵表现为政府的政策偏差、政府政策的低效率、政府机构工作的低效率、政府部门的自我扩张以及政府的寻租活动。从实践上看，政府在依据市场失灵理论干预市场的过程中，往往由于存在扭曲激励、技术能力有限等不足，进而引发"规制不能"和"规制不足"等"政府失灵"问题（李俊生和姚东旻，2016）。2001年获得诺贝尔经济学奖的约瑟夫•斯蒂格利茨认为，政府失灵主要有7个来源：①政府的受委托责任对就业政策产生的压力；②受委托责任对支出政策产生的压力；③不完善信息和不完全市场问题普遍存在于公共部门里；④政府相关的再分配会导致不公平和产生寻租活动；⑤当前政府带给未来政府的有效合同的局限性会产生巨大的经济费用；⑥公共部门里产权让渡的缺陷会限制构建有效的激励结构；⑦公共部门里缺乏竞争会削弱人们的积极性，这也是政府经济活动普遍的特征之一。

（二）文献概况

　　政府监管和政府失灵理论广泛存在于各个领域。2021年6月对CNKI数据库中重要期刊（SCI、EI、北大核心、CSSCI、CSCD）进行检索，发现以政府监管或政府失灵为主题的研究文献总数高达3569篇，1993年（5篇）至2007年开始呈快速上升趋势，2007年至2017年期间发文量最多，年均发文量为203篇，其中2014年达到年发表论文231篇的峰值，2017之后发文数逐渐下滑，至2020年仅有149篇。其中主要学科涉及宏观经济管理与可持续发展、金融、行政学与国家行政管理、投资、企业经济、市场研究与信息、工业经济、农业经济等；主要期刊有《会计研究》《农业经济问题》《管理世界》《南京社会科学》等；主要研究机构有中国人民大学、北京大学、武汉大学、吉林大学、南京大学、清华大学等。此外，以农药（pesticide）和监管（regulation）为主题在Web of Science上进行检索，共检索到37901篇研究论文，其中主要集中在环境科学生态学、化学、生物化学、分子生物学、基因遗传学、药学、农学、植物科学、毒理学、传染病学、生理学等研究领域。典型研究结论主要有：王俊豪等（2021a）对中国特色政府监管理论体系的需求分析、构建导向及整体框架进行了深入解读，认为加强政府监管是加快完善社会主义市场经济体制，实现国家治理体系和治理能力现代化的重要内容。茅铭晨（2007）对政府管制理论进行了全面的理论研究综述，指出关于政府管制制度产生、存在的理论主要有市场失灵理论、自然垄断理论、信息不对称理论、外部性理论以及公共利益理论；关于政府管制制度演变、发展的理论主要有政府失灵理论、可竞争市场理论、运用市场机制理论以及公共利益批判理论。肖星等（2004）通过分析蓝田股份事件，认为仅仅有形式上与国际接轨的证券市场监管机制是远远不够的，重要的是完善与之相配合的各种制度，"看不见的手"是由于"看得见的手"太强而失灵，而"看得见的手"太强是因为部门和地区利益的驱动。此外，政府监管广泛应用于核电（王俊豪和胡飞，2021）、天然气（王俊豪等，2021a）、电网（王俊豪等，2021b）、数字产业（王俊豪和周晟佳，2021）、医疗卫生（王俊豪和贾婉文，2021）以及电商平台（王俊豪等，2021c）等诸多领域。

政府监管在农业领域也有广泛研究。黄季焜（2018）研究认为，农业供给侧存在问题的主要原因是政府对市场过度干预、对市场失灵解决力度不大和农业公共物品供给不足。周洁红等（2020）研究发现，政府不合格信息公示对农产品生产者的认证行为有显著的激励作用，且相比于蔬菜类产品的生产者，政府不合格质量信息公示对肉类产品生产者认证行为的激励效果更为明显。邵宜添等（2020）调查发现，农村初级农产品存在的安全隐患与政府监管部分缺失有关，加强政府监管有利于优化产品结构、提升农村农产品整体质量安全水平。徐金海（2007）认为，食品质量属性决定了买卖双方对安全食品信息拥有上的不对称，强化政府监管是解决由此导致的市场失灵问题的重要途径。周德翼和杨海娟（2002）认为，政府监管是食品质量安全保证的关键，政府监管本质上是使用食品安全信息揭示策略，以减少食品质量安全管理上的信息不对称，激励生产者和管理者的行为。也有学者认为在市场机制条件下，信息制度的设计决定食品安全规制的政策效能，必须由政府或其他可以信任的中介组织提供信用品的产品质量信息（Caswell and Mojduszka，1996）。汤敏（2017）认为，政府适当干预（如农业补贴政策）对促进农业发展、调动农民生产积极性发挥了重要作用。政府的倾向性政策会影响农业经营者、农产品生产结构和农药使用行为（Hruska and Corriols，2002）。有学者基于荷兰政府对经济作物的政策研究，发现补贴和征税政策不能改善农户高毒农药的使用行为，而农药配额政策可以显著降低高毒农药的使用（Skevas et al.，2012）。也有学者基于法国农药的政策研究，发现政府对农户进行技术培训能有效减少农药使用量，辅之有效的激励政策能取得更好的效果（Jacquet et al.，2011）。还有学者对东南亚农户进行研究，发现农户受教育水平可以影响农药使用的动机，农户受教育水平越高，农药使用量越小（Migheli，2017）。资料显示，欧盟发达国家早在20世纪80年代末就立法开展农药减量化行动，2006年农药减量化计划成为欧盟的强制性政策。此外，荷兰的农药使用量从1985年的2万多吨下降到2012年的5778吨；瑞典、丹麦通过实施农药税控制农药使用量增长；韩国1999年颁布"环境友好农业支持法案"，提出到2010年农药使用量减少50％[①]。

二、农药减量化监管的经济学理由

《食品安全法》及《农产品质量安全法》规定，食用农产品生产者应当按照国家有关规定使用农药，严格执行农药使用安全间隔期规定，不得使用国家明令禁止的农药。在我国当前农药过量使用的背景下，合理配置农药使用强度、执行安全间隔期以及精准施药是农药减量化监管的重要内容。从经济学视角看，农药减量化监管主要包括以下5个方面的理由：

（一）农药信息不对称

如果农产品市场农药信息是对称的，那么市场将会对资源进行最优配置，也就无需政府干预。然而，当前我国农产品市场农药信息获取相对困难，消费者很难甄别农产品质量安全信息。而市场环境缺乏为消费者提供足够信息的可能，消费者无法做出正确的选择，亦即市场无法对资源进行有效配置。因此，如果交易双方占有不对称的信息，市场机制就不能充分发挥作用，而农产品市场农药信息不对称也要求政府介入并实施有效监管来保障农产品质量安全。因此，在信息不对称下，政府可通过许可证或发布信息等方式对农药及农产品市场进行适当干预。我国农药信息不对称问题普遍存在，如王永强和朱玉春（2012）通过对苹果种植户的访谈，发现安全农药供给与安全农药购买之间存在明显的信息不对称，农民处于信息弱势。黄炎忠和罗小锋（2018）发现稻农使用生物农药时存在信息不对称的问题。郑少锋（2016）发现，一些农户可能通过使用禁用农药等非法手段增加产量或改善农产品外观，从而获得更高收益，农产品质量安全市场存在信息不对称。

① 新华社. 农业部启动"农药零增长"课题研究 绘制我国农药减量路线图[EB/OL]. (2015-7-19)[2019-7-20]. https://www.gov.cn/xinwen/2015-07/19/content_2899621.htm.

（二）高昂的交易成本

交易成本主要包括：一是谈判中可能有一些效果不大的投入，如花在交流及提供交易信息之上的成本；二是对交易双方而言，讨价还价占用的时间所对应的机会成本；三是如果不能如期获得交易所得，交易方预期的效用将会减少，这也是一种成本。农药引致的农产品质量安全涉及每一个消费者的切身利益，如果广大消费者花费大量的时间和精力与生产经营者进行广泛的谈判以获取农产品农药残留等信息，产生的社会成本是不可估量的，对于整个社会而言亦是不经济的，即信息不对称越严重，交易费用就越高。此时作为公共利益代表的政府干预对资源配置的作用就显得非常重要。经济学理论认为，政府监管是一种特殊的公共产品，监管均衡受成本和收益的共同作用，如图2-3所示，在Q^*处监管净收益最大，此时边际收益等于边际成本。另外，交易成本理论认为政府交易成本包括信息搜集、监督、制度运行、决策等过程中所产生的成本（宁国良等，2015）。虽然政府监管也存在成本，但政府的主要职能是完善市场价格形成机制，解决食品安全、食物安全、资源安全等领域的市场失灵问题（黄季焜，2018），从而通过降低广大消费者的交易成本来降低社会总成本。

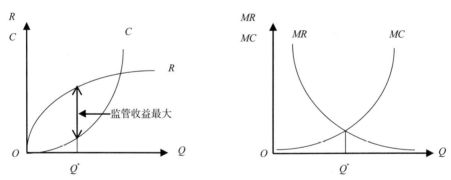

图2-3　农药减量化监管的成本与收益、边际成本和边际收益

（三）逆向选择和道德风险

从经济学原理角度看，如果没有一定的约束条件，自利的"经济人"就具备逆向选择和道德风险的趋向。信息不对称为那些拥有信息优势的生产经营者通过提供农药残留超标的农产品谋取利润提供了空间和机会。受利益的驱使，一些生产者可能对提供不完全甚至虚假信息更感兴趣，于是出现农药残留超标等现象就不足为奇了，而处于信息劣势的消费者就会受到巨大的损失。因此，政府对生产经营者行为的监管就显得十分有必要。于伟咏（2018）研究认为，政府规制对农药安全使用的影响主要包括约束规制和激励机制两个方面。由于信息不对称造成农产品安全出现"柠檬效

应",进而导致市场失灵问题,因此需要政府监管来弥补市场失灵的缺陷(李功奎等,2004)。张露和罗必良(2020)研究认为,农业减量化面临的核心难题是化学品质量信息的隐蔽性以及由此衍生出的生产要素市场和农产品市场的双重败德行为与逆向选择问题。

(四)市场主体目标差异

仅仅依靠市场机制很难有效实现农药生产经营质量与消费质量之间的均衡,原因在于生产经营质量目标与消费质量需求目标的不一致。农药生产企业更在意生产利润,农产品生产者(农民)更在意农产品的产量和外观,而消费者更在意农产品质量安全水平以及价格(邵宜添等,2020)。因此,农药生产经营者很难达到"理性",其中总有些人会采取各种措施,从事不法活动,借以牟取暴利,从而加速市场失灵。此时,政府必须通过立法和法制管理,制定技术质量标准和产品质量标准,采取严格的质量检测、检验检疫、市场准入、质量认证等措施,以强制的手段迫使生产经营者达到"理性",实现生产经营质量与消费质量的均衡。政府配置资源的优越性在于宏观规划性、总体平衡性、发展可持续性、分配公正性等,能够有效地弥补"市场失灵"(张新宁,2021),从而使市场各主体目标朝着社会福利最大化方向推进。

(五)实现社会福利最大化

政府监管可以解决由于市场机制不完善导致资源配置的非效率性和分配的不公平性,最终实现增进社会福利的目的。农药残留超标农产品是由信息不对称和生产经营者的机会主义行为造成的,它不仅对我国广大的消费者造成了严重的伤害,而且还极大地制约着市场经济的健康发展以及国际贸易关系,同时也是导致农产品质量安全和生态环境污染的重要因素(李柯瑶,2016)。其中,农产品质量安全关系到每一个人的健康水平与生命安全,具有公共物品的属性,因此需要政府进行适当干预,而政府对农产品质量安全的管制效率的提高可以直接带来社会效率和人民福利水平的提高,这与克服市场失灵、充分发挥市场优化配置社会资源的自组织功能,以实现社会福利最大化的政府监管基本目标一致(王俊豪,2021)。

三、公共利益、部门利益及农药减量化监管

政府监管的公共利益理论认为政府监管应是从公共利益立场出发对市场失灵的回应,而部门利益理论认为确立政府监管的立法机关或监管组织仅代表了某一特殊集团的利益,而非一般公众利益。那么,此处有必要探讨一下农药监管政策与两种利益理论的关系。

（一）公共利益理论与农药减量化监管

政府监管的公共利益理论是为抑制市场的不完全性缺陷，维护公众利益，由政府对经济主体实施监管政策以达到促进社会整体利益的目的（刘鹏和王力，2016）。该理论主张政府监管是从公共利益的立场出发对市场失灵的回应（郝旭光，2011），如果放任市场自由发展，就可能导致不公正或低效率。政府对市场做出一种理性的计算和预期，使政府监管过程符合帕累托最优原则。因此，政府监管是从公共利益出发制定和实施监管措施的过程，目的是限制被监管者侵害公共利益的行为。从公共利益出发，政府通常会实施一系列规章制度来保障农产品农药残留达标。

农药经营和使用者往往是农产品质量安全信息的发出者和操纵者，消费者作为信息的被动接受者不能掌握充分的信息以进行最佳选择。尤其是生产经营者为了实现利润最大化，有可能隐蔽农药残留超标等信息或者通过信息误导来欺骗消费者。消费者不能买到能给他们带来最大满足的农产品，甚至可能面临健康安全威胁，从而资源配置效率也就难以达到帕累托最优。为了解决农药信息不对称造成的问题，政府必须对存在信息不对称的农药市场进行监管，确保消费者的知情权并要求生产经营者履行提供适当信息的义务，使公众利益有所保障，将信息不对称给消费者带来的损害降到最低。

（二）部门利益理论和农药减量化监管

具有相同利益的个人和组织会形成利益集团，各种利益集团都会对政府监管产生或多或少的影响。如政府监管者在规定质量安全的农产品的价格时面临各方面的压力，生产者要求制定尽可能高的价格，而消费者要求制定尽可能低的价格，甚至还可能出现更复杂的情况。由于政府监管的权限实际上是模糊的，监管者有相当大的自由裁决权，这就为各种利益集团的游说活动提供了绝好的机会。一般而言，某一利益集团的组织性越强，与政府监管者的联系越紧密，政府监管者就越容易接受其意见（孙亚忠，2007）。具体而言，为特殊利益集团服务的政府监管，比为公共利益服务的政府监管更容易产生。对社会公众而言，众多的、分散的个人要在促成政府实施为公众服务的监管政策中采取联合行动是极其困难的，即使能采取联合行动，其成本也会大大高于特殊利益集团的行动成本。这样，公众就会倾向于个别地、分散地参与寻求政府监管，以至于他们的共同偏好不能得到集中的表达（华民，1995）。

此外，政府在进行监管时，也会有"经济人"的动机——追求私利。具体而言，政府监管者追求的直接目标是收入和效用最大化，政府能理性地选择可使其效用最大化的行动。政府监管者追求的间接目标是利用其基本资源——权力来获取金钱和非金钱的利益。政府监管者会运用多种手段，与被监管者或特殊利益集团分享收益。政府监管者既然成为收益的受益者，就会为被监管者或特殊集团所"俘虏"（杨明，2017）。我国原先的农药监管工作涉及多个部门的共同监管，监管环节过多，易造成部门间管理工作脱节以及职责交叉，从而出现农药监管空白以及农药残留超标等问题。这也正是政府监管职能转变举步维艰的原因，从而难以使政府职能及时转变到经济调节、社会管理、市场监管以及公共服务的定位上来（刘厚金，2009）。为此，2017年《农药管理条例》修订后，农药从生产到使用全部被划入农业管理部门，避免政出多门等问题，也为有效推进农药减量化监管提供了重要保障。

四、农药减量化监管的政府失灵

政府通过制定和实施公共政策对经济活动进行干预，以制定政策、法规等手段弥补市场缺陷及纠正市场失灵。而制定公共政策是一个复杂、综合的过程，其中存在种种阻碍和制约因素，使得难以制定完善的政策以及政策难以执行到位，从而导致公共政策失效（陈振明，1998）。因此，公共政策不仅不能起到弥补市场机制的作用，反而加剧了市场失灵，导致更大的资源浪费，这是政府失灵的一个基本表现。

农药减量化政策失效的主要原因有以下4个方面：一是农药市场很难准确衡量政府公共政策追求目标的公共利益，公共利益既要追求农业产量又要求农业质量，而从长期来看，农药的使用有利于提高农业产量，但农药的过量使用造成了农药残留等诸多质量安全问题（邵宜添，2021a），即农药的规范使用可以促进农业的发展，而不规范使用则会阻碍农业的进步。如何兼顾和协调产量和质量的关系以实现可持续发展，是一个亟待回答的重要议题。二是即使存在农药政策符合公共利益一致的情况，现有的各种公共决策体制及方式具有各自的缺陷，也很难制定出最优化和最理想的政策。如2015年我国实行农药零增长方案后，农产品（水稻）生产过程中的滥用农药现象一直普遍存在（王全忠等，2018）。三是由于农药信息的不对称、公共决策偏差、投票人"用脚投票"、沉淀成本等对制定合理政策的制约（鲁篱和马力路遥，2017）。四是农药政策在执行上存在诸多障碍，如农户未参与政策制定且政策执行不透明使农户感到不公平（李昊等，2018）、农户农药购买实名制登记管理办法难以落实等（王全忠等，2018）。

第四节　农药减量化研究及简要评述

学界将信息不对称、监管不力以及公众对监管制度不信任列为农产品安全问题的三大引发机制（Ortega et al.，2011；谢康等，2016）。农药是影响农产品安全的关键因素之一，农药在销售端、使用端及监管端存在普遍的信息不对称又是导致市场失灵以及政府监管不力进而引发社会对监管制度不信任的根源之一。信息不对称、市场失灵以及政府失灵是逐层递进、相互作用的3个理论，也是农药减量化研究的理论基础。

一、国内外农药减量化研究的整体情况

2021年8月对CNKI数据库中重要期刊（SCI、EI、北大核心、CSSCI、CSCD）进行检索，发现以我国农药减量化为主题的研究文献总数仅为142篇，1993—2014年均发文量仅为2篇，2015年快速上升至15篇，至2019年达到年发表论文20篇的峰值。从年发文量可以看出，近年来对农药减量化的重视程度逐渐加深，这可能与国家政策导向有关，如2015年农业部发布《到2020年农药使用量零增长行动方案》；其中主体分布由高至低分别为农药减量控害、农药减量化、减量增效、农药使用量、减量化等；主要期刊有《农药》《农药学学报》《中国人口·资源与环境》《中国生态农业学报》《中国农村观察》等；主要涉及学科为植物保护、园艺、环境科学与资源利用、农业经济等；主要研究机构有农业部农技推广中心、农业类大学、各省农科院、各省植保站等。此外，以农药减量化为检索主题在Web of Science上进行检索，共检索到85285篇研究论文，文献数量自1997年开始呈逐年递增趋势，至2019年达到年发表论文量4800篇，研究主要集中在环境科学生态学、化学、传染病学、药理学、农学、作物科学、毒理学、微生物学、生物化学分子生物学、公共环境卫生等研究领域。

综上，农药减量化研究涉及领域广泛，涉及内容丰富。比较国内外农药减量化研究情况，可见我国农药减量化研究起步相对较晚，研究文献数量也相对较少，且主要集中在农业技术领域，人文社科领域研究相对缺乏。而农药减量化不仅需要技术领域的重大突破，也需要如政府监管、知识宣传、农民教育、农业结构、生产模式、环境保护等多个领域的共同参与。

二、国内外农药减量化研究的主要方向

国内外学者对农药减量化问题开展了广泛研究。农业技术层面，认为农药助剂有利于延长药物有效期，提高农药利用率，降低农药使用量（Fine et al.，2017）；可使用农药喷洒设备回收未附着在葡萄藤叶的农药液体以减少农药使用量（Diaconu et al.，2017）；企业和政府施药技术提升可促进农户减少施药量（李立朋和李桦，2020）。非农业科技层面，总体认为农药使用主要受农户特征、农业环境、政府介入等三类因素影响（张军伟等，2018）。梳理近年相关文献，大致可将农药减量化研究分为以下3个方面。

一是分析农户自身特征对农药使用的影响。农户生产性特征对农药用量存在显著影响（吕新业等，2018；高晶晶和史清华，2019；张露，2020；崔亚飞和周荣，2019）；农户加入合作社或产业链组织等能够促进农药减量化使用并提高安全生产行为（蔡荣等，2019；王雨濛等，2020；刘景政等，2021）；农户风险偏好、风险感知（陈超等，2019；Jin et al.，2015；齐琦等，2020）、农技知识水平（黄炎忠等，2020；Chen et al.，2013）、农民农药属性认知及安全责任意识（马玉申等，2016）与农药使用量存在显著关系；农户参与电商或与收购商交易也会影响农药使用行为（秦诗乐和吕新业，2020；李晓静等，2020）。

二是探讨制度安排等间接因素对农药使用的影响。社会规范、社会学习、社会化服务组织等会影响农户农药减量化措施（赵秋倩和夏显力，2020；郭清卉等，2020；杨高第等，2020）；土地耕种规模对农药使用行为具有显著的正向影响（罗小锋等，2020；高晶晶和史清华，2019；张露和罗必良，2020）；农业生产商品化程度、农户参保、合作社管理模式等都影响用药强度（高晶晶和史清华，2019；李琴英等，2020；周洁红等，2019）；其他社会环境变化如城镇化（祝伟等，2021）、农地确权（郑淋议等，2021）、农药替代技术、施药成本、劳动力成本、城乡收入差距以及土壤环境等也影响农药的使用（张倩等，2019；张利国等，2020；张超等，2019；王娜娜等，2019）。

三是基于政府监管视角探索农药减量化路径。直接的施药监管会降低过量施药概率（展进涛等，2020；罗小锋等，2020）；间接的农业环境管制（Chatzimichasel et al.，2014）、种植监管（王常伟和顾海英，2013）、农业补贴政策及农业财政支出（庄天慧等，2021；Chatzimichasel et al.，2014；Liu and Xie，2019）、税收政策等都会影响绿色生产行为和农药使用水平；政府提供的农业技能培训、风险认知培训、宣传指导、教育水平等

对农户使用农药量也有不同影响（于艳丽和李桦，2020；王常伟和顾海英，2013；崔亚飞和周荣，2019）；此外，农产品出口标准、法律标准、农药残留检测标准、农药包装废弃物回收补偿标准等影响农药类型的选择（魏佳容，2019；李昊等，2018；刘霁瑶等，2021；赵艺华和周宏，2021）。

三、国内外研究的简要评述

综上，国内外诸多的农药减量化问题研究，为我国农药减量化提供了丰富的理论基础和政策建议。那么，在中国当前农情背景下，农药减量化是否具备理论和实践的可行性？针对前沿研究的主要结论，简要评述如下。

首先，农户不规范农药使用行为是造成农药减量化困境的直接原因，但其很难在短期内得到根本性改变。农户施药行为受制于农作物病虫害情况、农药品质、生产经验及习惯等诸多因素，且与农作物产量及农户的经济收益直接相关。因此，要从根本上改变农户的用药习惯、转变用药的思维来降低农药使用量或变换农药品种，需要保证农业的产出不受影响以及农户的生产利润不会降低。该路径理论上具备一定的可行性，但面对我国现阶段较大规模的乡村人口及相对复杂的农情，实际执行仍较为困难，也很难在短期内达到预期的理想效果。

其次，农药相关制度安排等间接因素是影响农药使用水平的深层原因，也是一个循序渐进和相对缓慢的演变过程。研究认为，扩大土地耕种规模有助于减少农药用量，而我国广大农户已经适应了家庭经营模式，虽然国家倡导推进土地流转和适度规模经营，但碎片化经营状况未发生根本性改变。也有研究表明，社会规范可以促进农药减量化，但社会规范是通过提高农户社会道德和责任感来约束施药行为，在巨大经济利益面前，道德责任往往容易被摒弃，进而出现"理性犯罪"，因此社会规范很难具备可持续性。此外，社会化服务组织具有阶段性和时效性；农业生产商品化程度在大市场条件下保持基本稳定状态；劳动力成本、城乡收入差距、土壤环境等短期内也不易发生根本性改变。因此，转变农药相关制度安排是一个循序渐进的演变过程，从长远看对农药减量化有着积极的促进作用，但实施效果并不会立竿见影。

最后，依靠政府监管是实现农药减量化不可或缺的外部力量，也是对农药技术革新减量方式的一个有效补充。农药减量化监管执行障碍的主要因素不在于农药本身，而在于农药的不规范使用，政府监管的缺失则是造成农药不规范使用的重要因素之一。因此，农药减量化离不开政府监管的有效干预。政府对农药使用的直接监管、奖惩机制、市场规制以及法律约束在很大程度上规范了农药的使用，而这些监管方式存在一定的局限性，如直接监管受众面较小、奖惩机制实际操作较为复杂、法律和标准对小农户约束力较差等。因此，监管的现行体制仍需不断完善，监管方式也亟须积极探索和大胆创新。

可见，尽管有不少文献基于政府监管方向研究农药减量化路径，但鲜有从农药信息不对称视角出发关注农药减量化的主要影响因素的系统研究。那么，面对分散小农"力不从心"的现实困境，以及面对我国基本农情难以在短期内改变的现实背景，实现农药减量化的主要路径仍有进一步拓展的空间。因此，如何能够在当前农药减量化监管的基础上，探索适合我国农情的可持续农药减量化路径？如何克服单纯依靠政府监管作用的局限性，寻找监管之外的驱动力？本书正是基于这样的考虑，尝试从信息不对称视角探索当前农情下我国农药减量化监管的优化路径。

第三章 农药减量化监管需求及困境

本章立足我国农产品安全及农药减量化基本现状，分析我国农药监管政策的演进、农药减量化监管的理论和现实背景，以及影响农药减量化监管的主要内外因素，并借助农产品生产效率分析模型及 Stone-Geary 效用函数探讨农药减量化的监管需求。最后基于浙江省各地区实地调研，明确农药在使用端、销售端、监管端存在普遍的信息不对称，这也是导致农药减量化监管困境的根本原因所在。本章为探索适合我国农情的农药减量化监管路径做了前期的理论与实践铺垫。

第一节 基于政策导向及农产品安全分析的农药减量化监管需求

一、我国农产品安全及农药减量化现状

改革开放以来，我国在"谷物基本自给，口粮绝对安全"的战略背景下，推进农业供给侧结构性改革，粮食产能不断增强、粮食安全保障更加有力。而粮食生产具有的天然弱质性决定了其需要政府的支持和保护（许庆等，2020），如政府对农业的补贴政策对农资投入产生积极影响，不仅改变了农药等农业投入要素的数量和结构，而且影响了农业产值（Huang et al.，2013；钱加荣和赵芝俊，2015）。2015—2019 年，我国年人均粮食产量为 476 千克，明显高于原定 400 千克的安全线[①]。农药等现代要素投入实现高产增产是我国农业发展的传统动能（李国祥，2017）。由于我国农业劳动力向城市转移，农药等生产要素便成为劳动力的替代，这也是农业环境污染的历史渊源（李昊，2020），农民通过增施农药来规避病虫害风险，既增加了成本又污染了环境，同时也对食品安全造成威胁（黄季焜，2008）。

---

① 数据来源于《2019 年国民经济和社会发展统计公报》和《中国统计年鉴(2016—2020)》。

　　我国多样化的资源禀赋决定了农业发展需要以高密度的现代要素投入来弥补耕地本体的不足。迫于14亿人口粮绝对安全的压力，我国逐渐形成了以提高单位耕地产能为重点的增产模式。我国仅用9%的耕地养活了近20%的人口，这一伟大成就背后会不会次生出一些问题？如农业产量和质量安全的关系问题？农业发展和生态环境的关系问题？短期效益和可持续发展的关系问题等？我国农业产能增加伴随着大量的农药使用，而农药等农业投入品的持续过量使用引致严重的资源环境危机（魏后凯，2017），环境的恶化反向威胁农产品的产量和质量安全，并形成负反馈循环（叶兴庆，2016）。

　　研究发现，伴随着农业结构调整，农药使用产生的环境问题可能越来越突出，农业环境绩效将越来越低（杜江等，2016），而现代农业中农药的大量使用也是造成农业面源污染的主要因素之一（饶静和纪晓婷，2011）。因此，政府部门须对农药实施相应的监管政策。从一定意义上看，政府监管是政府向社会提供的一种特殊公共产品，是对被监管者采取的一系列行政管理和监督行为（王俊豪，2017）。针对我国农药使用现状，2015年，农业部印发了《到2020年农药使用量零增长行动方案》，对农业生产端的农药使用采取了命令性监管政策。2017年，国务院修订《农药管理条例》，为加强农药使用监管提供了强有力的法制保障。2017年，全国17个省（市）的48个市（县）建立12万亩以上的蔬菜、果树、茶叶等农药残留控制示范区[①]。近年来，各地纷纷出台农药监管政策，浙江、山东、江苏、湖南、广东等多地实行高毒、剧毒农药购买实名制，其中浙江已于2019年基本实现农药实名制购买全覆盖[②]。2021年9月实施的《食品安全国家标准 食品中农药最大残留限量》（GB 2763—2021）新标准规定了564种农药10092项最大残留限量。

二、我国农药监管政策的演进

　　通过梳理近年来中央一号文件关于农药和政府监管的不同表述，可以看出国家于不同阶段对农药及相关的监管政策有不同的要求，如表3-1所示。显而易见，近年来的农药政策愈加严格，而农药减量化已成为我国农业政策改革的重要方向。政府对农药的监管已从基础的农药生产经营监管转向农产品的质量安全全过程监管，监管方式和内容已发生根本性改变。

---

① 中国农药工业协会. 中国农药工业年鉴2017版[M]. 北京:中国农业出版社,2012.

② 新华社. 浙江深化"农药购买实名制、化肥使用定额制"发展绿色农业[EB/OL]. (2019-11-11)[2019-11-21]. http://www.gov.cn/xinwen/2019-11/11/content_5450918.htm.

表3-1　历年中央一号文件关于农药及政府监管的不同表述

年份	一号文件涉及农药的表述	年份	一号文件涉及政府监管的表述
2023	加快农业投入品减量增效技术推广应用;建立健全农药包装废弃物收集利用处理体系	2023	加大食品安全、农产品质量安全监管力度
2022	深入推进农业投入品减量化	2022	深化粮食购销领域监管体制机制改革,强化粮食库存动态监管
2021	持续推进农药减量增效	2021	加强农产品质量和食品安全监管
2020	深入开展农药减量行动	2020	强化全过程农产品质量安全和食品安全监管
2019	开展农业节药行动,实现农药使用量负增长	2019	实施农产品质量安全保障工程,健全监管体系
2018	实现投入品减量化、生产清洁化	2018	健全农产品、食品安全监管体制,提高基层监管能力
2017	深入推进农药零增长行动	2017	健全农药行业生产监管系统及食品安全监管规范
2016	实施农药零增长行动;推广高效低毒低残留农药	2016	加强农业转基因技术监管;健全从农田到餐桌的安全监管体系
2015	大力推广低毒低残留农药	2015	加强县乡农产品、食品安全监管;健全食品安全监管综合协调制度
2014	支持低残留农药使用	2014	建立最严格、全过程的食品安全监管制度;推进县乡农产品质量监管
2013	启动低毒低残留农药使用补助试点	2013	改革健全食品安全监管体制;落实全程监管责任
2012	大力推广低毒低残留农药	2012	强化食品质量安全监管综合协调;普遍健全乡镇农产品质量监管
2009	坚决制止违法使用农药行为	2010	加快农产品质量安全监管体系建设;加强农村食品监管
2008	加快研制高效安全农药	2009	探索更有效的食品安全监管体制;健全乡镇农产品质量监管
2007	发展低毒高效农药;加大对新农药创制支持力度	2008	强化农业投入品监管
2005	禁止生产、销售和使用高毒、高残留农药	2007	提高农产品质量安全监管能力;加强对农资生产经营监管

　　为加强对农药的监管，保障农产品质量安全和生态环境安全，根据《食品安全法》和《农药管理条例》相关规定，国家陆续出台了一系列涉及农药监管的公告，逐渐撤销高毒农药的登记和生产许可，禁止高毒、高残留农药的生产、销售和使用，并限制部分农药的使用范围，如表3-2所示。2017—2018年，农业农村部集中出台了农药登记、生产许可、经营许可、登记试验、标签和说明书等管理规定。2021年5月，农业农村部、国家市场监督管理总局等7部门联合发布《食用农产品"治违禁 控药残 促提升"三年行动方案》，明确2024年底前分期分批淘汰现存10种高毒农药。

表3-2　近年国家出台的农药监管主要公告

公告	涉及农药	公告	涉及农药
2019年农业农村部公告第148号	氟虫胺	2011年农业部、工业和信息化部、环境保护部、国家工商行政管理总局、国家质量监督检验检疫总局联合公告第1586号	苯线磷、地虫硫磷、甲基硫环磷、磷化钙、磷化镁、磷化锌、硫线磷、蝇毒磷、治螟磷、特丁硫磷
2017年农业部公告第2567号	限制使用农药名录（甲拌磷等32种）	2009年农业部公告第1157号	氟虫腈
2016年农业部公告第2445号	2,4-滴丁酯、百草枯、三氯杀螨醇、氟苯虫酰胺、克百威、甲拌磷、甲基异柳磷、磷化铝	2006年农业部公告第747号	八氯二丙醚
2015年农业部公告第2289号	杀扑磷、溴甲烷、氯化苦	2006年农业部公告第671号	甲磺隆、氯磺隆、胺苯磺隆
2013年农业部公告第2032号	氯磺隆、胺苯磺隆、甲磺隆、福美胂、福美甲胂、毒死蜱、三唑磷	2003年农业部公告第322号	甲胺磷、对硫磷、甲基对硫磷、久效磷、磷胺
2012年农业部、工业和信息化部、国家质量监督检验检疫总局公告第1745号	百草枯	2002年农业部公告第199号	明令禁止使用的农药和不得在蔬菜、果树、茶叶、中草药材上使用的高毒农药品种清单

　　农药的使用与生态环境、农业发展、农田保护、面源污染等方面皆息息相关。我国长期以来一直重视对农药的监管，历年来陆续发布了一系列针对农药使用、农药污染、农药残留、农药监管等的政策，如表3-3所示。可以看出，我国农药监管具有很长的历史沿革，农药监管涉及多个政府部

门，目前已形成了比较健全的农药监管办法。

表3-3　我国主要农药监管政策

年份	监管政策	发布单位	要点
2022	《到2025年化学农药减量化行动方案》	农业农村部	主要粮食作物和果菜茶等经济作物化学农药使用强度力争比"十三五"期间分别降低5%和10%
2020	《中华人民共和国固体废物污染环境防治法》	农业农村部	农药包装废弃物回收率达到80%以上
2020	《农药包装废弃物回收处理管理办法》	农业农村部、生态环境部	明确了农药生产者、经营者、使用者相应的回收处理义务及要求
2017	《农药管理条例》修订	国务院	明确规定农药登记、生产、经营、使用、监管、法律责任等内容
2017	《农用地土壤环境管理办法》	环境保护部、农业部	提高农用地土壤环境保护意识，引导农业生产者合理使用农药等农业投入品
2016	《培育发展农业面源污染治理、农村污水垃圾处理市场主体的方案》	环境保护部、农业部、住房和城乡建设部	通过政府购买服务方式提升农药减量化
2015	《关于打好农业面源污染防治攻坚战的实施意见》	农业部	减少农药使用量，实施农药零增长行动
2015	《到2020年农药使用量零增长行动方案》	农业部	实现农药使用量零增长；构建病虫监测预警体系，推进科学用药、绿色防控、统防统治
1998	《中华人民共和国基本农田保护条例》	国务院	国家提倡和鼓励农业生产者对其经营的基本农田合理使用农药
1997	《农药管理条例》	国务院	我国第一部农药管理条例，要求加强对农药生产、经营和使用的监督管理
1997	《关于进一步加强对农药生产单位废水排放监督管理的通知》	国家环境保护局、农业部、化工部	强化农药生产单位废水排放监管
1993	《中华人民共和国农业法》	第八届全国人大常委会	合理使用农药，防止土地的污染、破坏和地力衰退
1990	《国务院关于进一步加强环境保护工作的决定》	国务院	加强农业环境的保护和管理，控制农药等对环境的污染
1989	《农药安全使用标准》	国家环境保护局	明确农药安全使用的标准
1989	《中华人民共和国环境保护法》	第七届全国人大常委会	推广植物病虫害综合防治，合理使用农药和植物生长激素

续表

年份	监管政策	发布单位	要点
1982	《农药安全使用规定》	农牧渔业部、卫生部	农药分类、适用范围、购买和运输、使用注意事项等
1979	《中共中央关于加快农业发展若干问题的决定》（试行）	十一届中央委员会第四次全体会议	认真研究农药对作物、水面、环境造成污染的有效方法
1979	《中华人民共和国环境保护法》（试行）	第五届全国人大常委会	积极发展高效、低毒、低残留农药，推广综合防治和生物防治
1979	《农药安全使用试行标准》	农林部	控制农副产品中农药残留、防治污染
1974	《国务院环境保护机构及有关部门的环境保护职责范围和工作要点》	国务院环境保护领导小组	组织制定安全、合理使用农药的规定

资料来源：作者收集整理。

综上所述，我国农药政策和政府监管政策的演进过程，大致都可概况为4个主要阶段。我国农药政策演进过程：一阶段为禁止高毒、高残留农药；二阶段为推广高效、低毒、低残留农药；三阶段为农药零增长；四阶段为农药负增长。我国农药监管政策变迁过程：一阶段是农药等投入品监管；二阶段是基层农产品安全监管；三阶段是食品安全监管体制改革；四阶段是全过程食品安全监管。

三、农药减量化监管的理论和现实背景

习近平总书记在2017年中央农村工作会议上指出，要走质量兴农之路，实施质量兴农战略，加快实现由农业大国向农业强国的转变。而农药是影响农业质量的一个重要因素，规范的农药使用可以提升农产品的产量和品质，否则可能直接或间接导致农产品质量安全问题，对人民生命健康和资源环境造成严重影响。然而，长期以来，由于我国资源环境因素很难成为市场经济中微观主体发展农业的驱动力，农业生产经营主体缺乏保护资源环境的动力，因而保护和改善资源环境似乎只是政府的责任和行为（李国祥，2017）。王常伟和顾海英（2013）研究表明，宣传指导、种植监管等政府介入措施，并没有起到抑制菜农超量使用农药的作用，且超量使用农药的菜农在政策诉求方面存在一定的逆向选择。2015年以来，农业农村部和各省市陆续出台了农药零增长、农药减量化政策。那么，农药监管政策的背景是什么？以下从理论需求和现实要求两方面进行简要分析。

（一）农药减量化监管政策的理论需求

1. 农药使用负外部性问题导致的市场失灵理论。 农药的不规范使用是指未遵守农药使用说明，存在过量使用、错误使用、未遵守安全间隔期等情况。农药过量使用对水体、土壤以及周边生态环境造成了直接危害（宋洪远等，2016；丛晓男和单菁菁，2019）。农药规范化滞后和过密化使用导致农产品不安全生产现象频发，不仅严重影响农产品质量安全，损害消费者身体健康，更对生态环境造成巨大压力（赵佳佳等，2017）。另据估算，我国每年废弃的农药包装物有32亿多个，包装废弃物重量超过10万吨，包装中残留的农药量占总质量的2%～5%（焦少俊等，2012）。王洪丽和杨印生（2016）调查吉林省稻农的结果显示，只有49.5%的农户能够做到销毁农药包装物处理。此外，农药的不规范使用直接加剧了食品安全风险，根据《中国卫生统计年鉴》数据推算，2011—2018年，我国农药因素致食源性疾病发病事件数年均33件，患病人数年均203人次，而该统计数值多为农药急性中毒事件，绝大部分的慢性或轻微中毒事件并未统计在内。随着我国经济社会的不断发展，人民物质生活水平得到明显改善，食品安全的意识也普遍提高（Shao et al.，2020），消费者对农药残留也更为敏感，食品安全问题造成的影响也愈发严重（Shao，2013）。如2015年，北京昌平被媒体曝光"草莓农药残留超标"后，仅半个月时间，果农损失2683万元，采摘游客骤降21.33万人[①]。虽然我国粮食产量和储量短期内有效保障了人民群众的口粮安全，但是从长远来看，今天的粮食安全水平是以严重的环境污染和资源消耗为代价的，其中一些做法有违市场配置资源的原则（何秀荣，2020）。此外，农产品市场良莠不齐的质量水平及消费者缺乏质量鉴别能力导致了规范使用农药农户的经济损失，并容易形成"劣币驱逐良币"现象。因此，农药的不规范使用阻碍了农业生产的长远进步，其负外部性问题更是加剧了农产品市场失灵。

2. 监管缺失及执行障碍导致的政府失灵理论。 首先，农药使用标准缺失是导致农药不规范使用的重要原因。我国在农药使用减量控制、农药登记制度、使用全过程管理等方面仍缺乏明确的法律规定和具备可操作的规章制度，存在相关标准的缺失，未来仍亟待细化、补充和完善（丛晓男和单菁菁，2019）。有学者借鉴发达国家农药标准，发现中国稻米质量安全与现实需求因法律空缺、监管不足等存在差距，需要建立和完善相应的标准体系（李英和张越杰，2013）。标准缺失加剧了农户对农药的认知缺位，

[①] 观察者网. 北京种植户因毒草莓谣言损失2683万元[EB/OL]. (2015-5-13) [2019-11-21]. http://www.guancha.cn/society/2015_05_13_319391.shtml.

而认知缺位又是造成农药滥用的重要原因之一（Stadlinger et al.，2020）。例如，农村农户对农药缺乏足够的认知，使用主要凭借实践经验和病虫害情况而定（邵宜添等，2020）；另有研究表明，在农药使用时间、类型和剂量方面，35.26％、30.10％和28.52％的样品分别依赖于农民"经验"决策，其中农民基于生产经验的农药类型和剂量决策是农药过度使用的关键原因（Huang et al.，2020）。其次，农药监管体系不完善加剧了农药减量化政策的执行障碍。我国农药减量化仍然存在法律法规体系不完善、监督执法力度不足等薄弱环节（丛晓男和单菁菁，2019）。王全忠等（2018）基于农户实名制的态度与执行障碍对农药购买追溯进行研究，发现近80％的农户认同农药实名制，执行障碍集中在农药经销商和监管部门。当前我国农资经销站点数量多、分布散、形态各异以及缺乏有效管理的行业现状，为推行农药购买实名制管理办法带来了一系列可预见的执行障碍（李想和石磊，2014）。由于农产品市场存在无数供给者和需求者，农产品价格自发形成，因此，无法克服农产品市场剧烈波动和"柠檬市场"效应等弊端，这给农药减量化监管政策带来了市场竞争上的执行障碍（李国祥，2017）。因此，政府有必要制定可执行的农药监管政策并健全农药监管体系，弥补监管的缺失以及突破农药减量化的执行障碍。

3. 具备可行条件的农药减量化监管理论。第一，农药使用未实现最优生产函数理论，表现为农药使用与农业增产呈一定的脱钩关系。有研究表明，2001—2014年，华东6省1市农药出现了从扩张性负脱钩到相对脱钩，再到绝对脱钩的转变（杨建辉，2017）。相似研究表明，我国仅少数省域表现出农药使用和农业经济增长扩张绝对脱钩的理想状态（于伟和张鹏，2018）。丛晓男和单菁菁（2019）研究显示，我国农药使用已进入边际报酬递减阶段，继续增加投入量不仅无法明显使粮食增产，还将产生严重的土壤污染和土地退化问题。第二，农药减量化监管具备政策标准和使用主体的可行条件。江东坡和姚清仿（2019）对欧盟生鲜水果进口进行了实证分析，发现欧盟农药残留最高限量标准加快了高质量产品的质量提升速度，减缓了低质量产品的质量提升速度。齐琦等（2020）对辽宁省菜农数据的实证检验，表明农户风险感知潜变量正向影响农户的施药行为响应。王全忠等（2018）对农户实名制态度的研究显示，近80％的农户认同农药实名制。第三，农药减量化监管政策已初显成效。随着《食品安全法》《农产品质量安全法》《农药管理条例》的修订，国家不断制定和完善食品中农药残留限量标准，严格农药的管理规定。各地方也出台相应的农药减量化管理细则，我国农药总用量2014年后逐渐呈下降趋势。此外，一批新烟碱类、拟除虫菊酯类、杂环类等高效、安全、环境友好的杀虫剂得到进一步发展，市场占有率超过97％；杂环类、三唑类和甲氧基丙烯酸酯类杀菌剂品种得到快速发展，在杀菌剂市场中的覆盖面已经超过70％；有机磷类、磺酰脲、磺酰胺和杂环类除草剂市场占有率达到除草剂的产量的70％以上[①]。

（二）农药减量化监管的现实要求

1. 实施农药减量化监管的主要外因有以下几点。

（1）农药使用不规范的普遍性及农药监管的局限性。现阶段，中国农户在安全农药品种选择、农药使用频率和农药使用量三方面普遍存在不规范施药行为（黄祖辉等，2016；王建华等，2014）。邵宜添等（2020）对浙江农村进行的调查显示，50％的受访农民没有严格遵守农药使用说明；童霞等（2014）针对江苏、浙江473个农户的调研显示，90.1％的农户认为农药的使用不会或不知道是否会残留在农作物上，农户对农药残留完全不了解和了解一点的占55％。田云等（2015）针对湖北的调查显示，只有3.36％的农户选择低于标准使用农药，仅59.69％按标准使用。也有研究表明，中国水稻生产户农药使用超过最佳经济使用量（Huang et al.，2001；Zhang et al.，2015）。王洪丽和杨印生（2016）调查吉林省293户稻农后发现，农户在购买农药时最关注农药的杀虫治病效果，只有23.7％的农户关注农药毒性高低和安全性，52.6％的农户使用农药和除草剂时完全凭经验。农村甚至出现很多"新自留地"现象，农户将大田里施过化肥、洒过农药的蔬果粮食卖到城市，而小块"新自留地"里的"土菜""笨果"则自己食用[②]。姜健等（2017）对396户菜农进行调查，发现38.4％的菜农施药时会超过农药说明书规定使用量；而对于政府监管，售前检测环节中67.2％为"从不检测"；种植监管环节中47.5％为"无监管"、38.4％为"偶尔监管"；农药知识宣传培训环节中50.3％为"从不培训"。王建华等（2015）认为政府宣传、培训活动缺失以及制度不完善是农户农药使用行为的外在因素；朱淀等（2014）也认为，参加过政府（组织）举办的农药知识培训的农户，其过量使用农药的可能性较低。此外，由于我国农地碎片化分布、农产品涉及面大、家庭式农业生产和销售随机性强以及监管力量有限等，政府很难对农业生产农药不规范使用行为进行有效监管。而农业生产端是保障农产品安全的源头，农产品中农药残留又是造成质量安全

---

① 数据来源于《农药工业"十三五"发展规划》，详见http://www.ccpia.com.cn/ewebeditor/uploadfile/20170224144203148.pdf。

② 中国政府网．"新自留地"现象警示食品安全[EB/OL]．(2013-6-18)[2019-11-21]．http://www.gov.cn/jrzg/2013-06/18/content_2428590.htm.

问题的一个重要原因。因此，实施农药减量化监管政策，从农药使用源头来控制农产品的质量安全，是标本兼治的可行途径，也是实现政府对食品安全有效监管的措施之一。

（2）农药残留导致消费者产生恐慌心理。我国农药工业存在企业规模小、竞争力弱、自主创新能力低、缺乏有效污染处理手段等问题。此外，因超量使用农药或未遵守安全间隔期造成农产品农药残留超标的事件时有发生。农药使用量不断增长造成的食品安全问题与环境问题等受到人们越来越多的关注（王常伟和顾海英，2013），农药过量使用导致的生态污染问题及人体健康损害问题也引起了广泛担忧（张超等，2016）。农业生态环境恶化导致的农产品安全问题层出不穷，经过媒体的放大之后，引起社会公众的恐慌，让很多人谈食色变（张慧鹏，2020）。王洪丽和杨印生（2016）对吉林稻农进行调查后发现，尽管有87.1％的农户认为农药残留对水稻质量安全有影响，但并不能显著影响农户在生产中执行质量安全控制行为。农产品作为人民群众生活的必需品，对于消费者而言，农产品质量安全状况和生产过程中化学物投入状况难以辨别（李国祥，2017），尤其是可直接食用的果蔬类农产品。虽然我国各大综合农贸市场多设有农产品农药残留免费检测室，但执行一次最简易的检测就要花费半小时左右，高昂的时间成本和烦琐的维权过程致使检测室形同虚设。《中国家庭农场发展报告（2018年）》显示，2017年在粮食类家庭农场中，农药使用强度小于、等于、大于周边农户的农场分别占43.52％、47.22％和9.26％，说明非粮类农产品农药使用强度可能更高。类似研究也显示，蔬菜等经济作物对农药的需求量更大（杜江等，2016）。因此，2019年，农业农村部、国家卫健委及国家市场监管总局联合发布《食品安全国家标准 食品中农药最大残留限量》（GB 2763—2019），规定了食品中7107项残留限量，不断强化农药监管措施。

（3）假劣农药市场渗透及农户较弱维权意识要求加强政府监管。假农药是指不符合国家规定，没有正规批准文号的农业用药，包括以非农药冒充农药，以此种农药冒充他种农药，农药所含有效成分种类与农药的标签、说明书标注的有效成分不符等情形；劣质农药指不符合农药产品质量标准、混有导致药害等有害成分的农药[①]。王全忠等（2018）调查发现，部分农户反映自己一次或多次购买到假农药，在认同购药实名制办法的理由中，可减少买到假药的这一理由占60.45％。赵祥云（2020）针对西安

---

① 中国政府网．农药管理条例[EB/OL]．(2017-4-1)[2019-11-21]. http://www.gov.cn/zhengce/content/2017-04/01/content_5182681.htm.

市的调研显示，种地的农户经常买到假农药。假、劣农药非但对农业病虫害没有防治作用，反而可能会对农作物的正常生长起到反向抑制的副作用。假、劣农药严重扰乱了正常的农业生产秩序，虽然2017年修订的《农药管理条例》明确规定了农药登记、生产、经营、使用、监管以及法律责任等内容，市场监管部门也加大了对假、劣农药的检查和处罚力度，但违法现象仍屡禁不止。在暴利的诱惑下，不法农药生产厂家和经营者罔顾法律和道德底线，铤而走险，通过制假售假等途径进行非法牟利。此外，由于我国农业生产主要集中在农村，而真正从事田间劳作的农民整体年龄偏大，学历普遍较低（邵宜添等，2020），因而农民很难辨别农药的真伪，再加上维权意识不强，即使购买到假、劣农药也没有进行正常的维权，这也减缓了假、劣农药的消亡。因此，弱势的农民群体更需要能更购买到保证质量合格的农药等投入品，政府也有必要采取有效的监管措施维护农药市场的正常秩序。

2. 实施农药减量化监管的主要内因有以下几点。

（1）农药减量化监管是农业绿色可持续发展的内在需要。农业绿色可持续发展已经成为农业政策的新目标（蔡颖萍和杜志雄，2016），而部分地区一味追求农业产量，过度使用农药等农业投入品，从而抑制了我国农业的可持续发展（张利国等，2019）。农药减量化监管政策可以助推我国农业绿色可持续发展进程。第一，农药减量化有利于保障农产品质量安全。农药使用不规范、病虫防治不科学，容易造成农药残留，从而降低农产品品质。第二，农药减量化有利于促进病虫可持续治理。目前，防治病虫害仍主要依赖化学农药，长期施药容易造成病虫抗药性增强，导致农药效果不显著。因此，更需要实施物理或生物等绿色防治措施，实现可持续治理。第三，农药减量化有利于保护农业生态安全。目前，我国农药平均利用率偏低（2017年仅为38.8%），大部分农药排入水体、土壤等农业生产环境。因此，农药减量化及精准使用有助于减轻农业面源污染，保护生态环境的安全。第四，农药减量化有利于促进农业生产降本增效。我国农业效益偏低的重要原因是生产成本增加较快，其中既包括劳动力成本，又包括物化成本。如果规范农药使用以及提高农药利用率，在保障病虫害防治得当的前提下，既能实现农药减量化，又能控制农业生产成本，提高生产效益。因此，农药减量化监管和提质增效是我国实现"藏粮于地""藏粮于技"的重要途径。

（2）农药使用对农业产量和质量的内在影响。虽然我国农业产值占国民经济总产值的比例逐渐下降（第一产业从1978年占比27.7%降至2018

年占比7.2%），但农业的基础性地位一直不可撼动。在2004—2015年国家粮食产量"十二连增"后，2016年开始全国粮食库存爆满，导致国家财政负担沉重，而这引发了人们对粮食产量适度安全和过度安全的深度思考，也加速了国家从追求粮食产量到要求产量与质量并重的转变。农药作为保障型生产资料，对农业的稳产高产起着重要的"保驾护航"作用（高晶晶和史清华，2019）。然而，农药使用量既可以影响农产品的产量，又可以制约农产品的质量。农药等工业投入品的广泛应用在提高生产效率的同时，也威胁着职业农民的健康安全，农药中毒事故、产品农药残留超标等屡见不鲜（刘家富等，2019）。因此，农药使用量是农业生产的关键因素之一，农药减量化监管可以极大降低农药使用的随意性，减少剧毒、高毒农药的使用量，农药使用也更加趋向科学化和规范化，可以更好地促进农业产量和质量的双提升。如农药实名制购买政策实施后，农药的使用去向更加透明，更有利于从宏观层面把握农药的供给水平。

四、基于农药减量化监管需求的事实数据分析

（一）从农药投入和粮食产出角度审视农药减量化监管需求

参考浙大卡特-企研中国涉农企业数据库（CCAD）农村与农业生产条件数据，我国农药使用从1991年的76.5万吨增长到2014年的180.7万吨峰值，2014年开始，农药使用量开始下降。根据现有数据进行最佳方程数值拟合，最佳回归方程为：$y=-0.0986x^2+399.29x-404111$，拟合优度 R^2 $=0.969$，其中 y 表示农药使用量（万吨），x 表示时间变量（年份）。根据这个回归方程，可以估计到2025年左右，农药使用量会出现一个较大的拐点。中国社科院魏后凯教授指出，2016年我国农药使用强度为10.4千克/公顷，比2000年提高了27.5%，比国际警戒线（7千克/公顷）高出48.6%。分地区看，2016年全国有20个省份农药使用强度超过国际警戒线[①]。此外，参考FAO数据库，我国农田杀虫剂使用强度1990—2014年一直呈明显上升趋势，2014年后才有回落，但基数仍维持在较高水平，如图3-1所示。

---

① 中国社会科学网. 魏后凯:对实现高质量发展的几点建议[EB/OL]. (2018-3-9)[2021-11-21]. http://sky.cssn.cn/jjx/xk/jjx_yyjjx/jjx_nyyfzjjx/201803/t20180309_3871135.shtml.

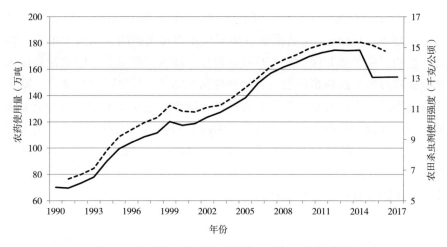

图3-1　农药使用量(虚线)及杀虫剂使用强度(实线)

参考FAO数据库资料，我国杀虫剂从1993年开始一直保持贸易顺差，年进口量基本保持稳定，年出口量呈明显上升趋势，如图3-2所示。海关总署统计数据显示，2016年我国累计进出口贸易总额43.9亿美元，同比增长2.2%，贸易顺差为30.43亿美元，同比增长8.8%。另据国家统计局数据，全国农药行业主营收入3308.67亿元，同比增长5.2%，利润总额245.87亿元，同比增长6.2%，其中化学原药利润同比增长4.7%，生物化学及微生物农药同比增长17.9%。我国已然是农药生产大国，2015年全国农药产量达到374.1万吨，可生产500多个品种，常年生产300多个品种[①]。

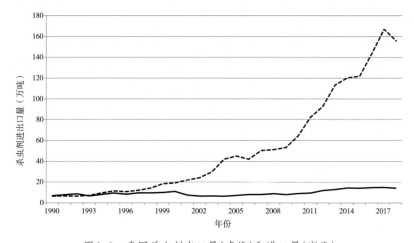

图3-2　我国杀虫剂出口量(虚线)和进口量(实线)

① 数据来源于《农药工业"十三五"发展规划》，详见http://www.ccpia.com.cn/ewebeditor/uploadfile/20170224144203148.pdf。

　　FAO统计数据显示，1961年我国粮食产量不到1.1亿吨，到2018年粮食产量超过6.1亿吨。在有限的耕地面积和相对充裕的劳动力水平下，粮食产量的突破主要归因于农业科技的进步，而各类新型农药的研发和投入是农业科技进步的典型代表。农药的使用保障了农作物的生长条件，减少了病虫害的发生，有效促进了粮食稳产、增产，是保障粮食产量的重要因素之一。我国历年粮食产量及其趋势如图3-3所示，粮食产量（y）关于时间变量（x）的最佳拟合方程为 $y=-0.00009x^2+0.4374x-510.86$，其中 $R^2=0.9524$。假设外界因素保持基本不变，通过该方程可以估算出今后若干年我国的粮食产量仍有上升的空间。

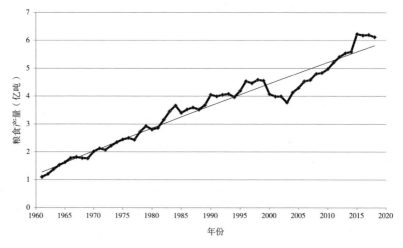

图3-3　我国历年粮食产量及其趋势

　　FAO数据显示，我国居民营养不良率如图3-4所示。可以看出，在不到20年时间里，我国居民营养不良率下降趋势非常显著，尤其是2005—2014年这10年间，我国居民营养状况得到明显改善。对照图3-3，2005—2014年也是我国粮食产量增长最快的时间段，粮食产量的不断提高为居民营养不良率的大幅降低创造了有利条件。粮食产量是保障我国居民营养的最基本要求，也是实现我国粮食安全完成从"吃得饱"到"吃得好"以及"吃得营养健康"根本转变的基础条件。

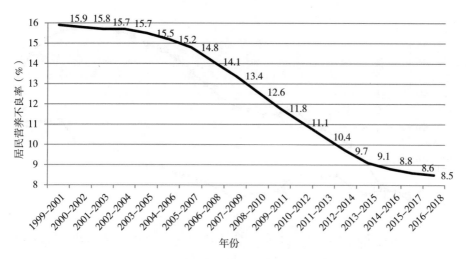

图3-4　历年我国居民营养不良率趋势

在对农药用量的理论进行分析时，已有研究常借鉴damage-abatement生产函数，即认为在理想情况下，农药的投入强度与农作物（粮食）的单位产量呈正相关（Hall and Norgaard，1973）。这一理论在特定的假设条件下是适用的，国内学者也在此生产函数基础上做了深入研究（高晶晶和史清华，2019；王常伟和顾海英，2013）。然而，粮食的单位产量具有上限，产量受农业投入品和自然环境的多重影响。2018年，我国粮食播种面积为117038.2千公顷，占总面积的70.55%，相对固定的粮食播种面积是维持稳定粮食产量的重要保障，因此农药投入与粮食产量有着密不可分的联系。对历年农药投入和粮食产出的数据进行比较（为方便直观比较，将粮食产量放大20倍），结果如图3-5所示。可以看出，1991—2014年间，粮食产量与农药投入产量具有相似的增长趋势；2015—2018年间，粮食产量基本保持稳定，而农药使用量却已大幅度下降。数据表明，近几年农药使用量对粮食产量并没有表现出如damage-abatement生产函数所示的正相关性，其中具备错综复杂的原因，除了存在农业科技进步因素之外，国家2015年开始实施的农药零增长方案也是农药使用量降低的重要因素。更重要的是，数据说明我国现阶段粮食产量并没有完全依赖农药的投入，即部分农药是可以被替代的，也反映出近年来我国农药使用存在过量的可能。

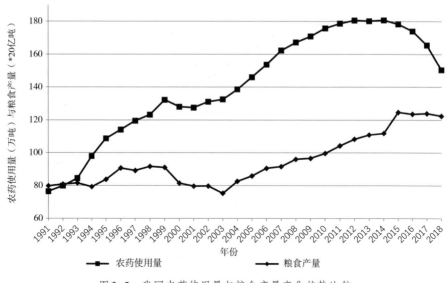

图3-5　我国农药使用量与粮食产量变化趋势比较

（二）从农药残留及农药致病角度审视农药减量化监管需求

农药对农产品（尤其是蔬菜类）的安全性影响较为显著，受到了消费者和政府的高度关注（王常伟和顾海英，2013），农药残留问题是造成农产品质量安全隐患的一个主要因素。农药除了可造成人体的急性中毒之外，绝大多数对人体产生慢性危害，甚至对人和动物的遗传和生殖造成影响，产生畸形和引起癌症等（张乃明，2007）。

借鉴《中国市售水果蔬菜农药残留报告（2012～2015）》和《中国市售水果蔬菜农药残留报告（2015～2019）》（庞国芳等，2018；庞国芳等，2019），比较不同阶段农药残留平均数据，结果如图3-6所示。采用液相色谱-四级杆飞行时间质谱（LC-Q-TOF/MS）检测法，我国32个城市2012—2015年均超标农药检出率为2.61%，2015—2019年为2.13%；采用气相色谱-四级杆飞行时间质谱（GC-Q-TOF/MS）检测法，我国32个城市2012—2015年均超标农药检出率为2.89%，2015—2019年为1.99%。另外，采用LC-Q-TOF/MS检测法，我国32个城市2012—2015年均剧毒和高毒或禁用农药检出率为7.35%，2015—2019年为5.76%；采用GC-Q-TOF/MS检测法，2012—2015年均剧毒和高毒或禁用农药检出率为16.57%，2015—2019年为8.86%。此外，2015—2019年通过两种检测方法得到我国32个主要城市果蔬中平均农药残留检出率为近70%。如此高的农药残留率说明提高我国农产品质量安全水平仍是任重道远，农业质量尚有较大的提升空间，也说明农药减量化政策确有其必要性。

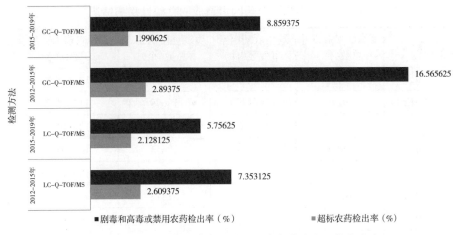

图3-6　我国32个主要城市两阶段果蔬农药残留平均检出率

据世界卫生组织统计数据，全球每年至少发生50万例农药中毒事件，死亡11.5万人，数十种疾病与农药残留有关。《2018中国卫生健康统计年鉴》在各类致病因素食源性疾病暴发报告情况中，开始单列农药这一致病因素。随着近年来农药技术的不断革新，剧毒、高毒农药已逐渐退出历史舞台，生物农药、低毒低残留农药往往使人体慢性中毒，农药残留能造成食源性疾病的概率已大大降低。然而，即使在农药技术革新的背景下，我国农药致病事件仍时有发生。据《中国卫生健康统计年鉴》，2016—2018年期间，我国因农药造成食源性疾病事件数年均近59件，占食源性疾病总数的1.13％；年均患者人数304人次，占食源性疾病患者总数的0.87％；据此推算，2011—2018年均农药因素造成的食源性疾病事件数为33件，农药因素造成的患者人数为203个，如表3-4所示。此外，央广网报道，我国每年农药中毒人数有10万之众[①]。在新中国成立70周年院士访谈中，陈君石院士推算我国每年有高达2亿～3亿人次发生食源性疾病。按照这个推算的基数和统计年鉴中农药致病的概率，我国每年农药因素造成的食源性疾病将高达174万～261万人次。尽管推算的数据难以很好地反映农药致病的真实情况，但一定程度上有助于建立农药安全预警机制及防范农药致病隐患，为有效落实和加快推进农药减量化政策提供了数据支撑。

① 央广网．每年农药中毒达10万人　植保无人机叫好不叫座[EB/OL]．(2016-4-21) [2021-11-30]．http://country.cnr.cn/mantan/20160421/t20160421_521942059.shtml．

表3-4　历年我国农药因素造成的食源性疾病情况

年份	食源性疾病事件总数(件)	其中农药因素事件数(件)	食源性疾病患者总数(个)	其中农药因素患者数(个)
2011	809	11(测算)	14057	122(测算)
2012	917	12(测算)	13679	119(测算)
2013	1001	13(测算)	14413	125(测算)
2014	1480	19(测算)	17651	154(测算)
2015	2401	31(测算)	21374	186(测算)
2016	4056	53	32812	318
2017	5142	57	34981	299
2018	6537	66	41750	297
历年均值	2793	33	23840	203

数据来源:根据《中国卫生统计年鉴》《中国卫生和计划生育统计年鉴》《中国卫生健康统计年鉴》及作者推算。

综上,纵观我国农药政策的演进,农药的监管日趋严格,农药减量化政策契合理论和现实需要。事实数据表明,尽管我国口粮安全有了"量"的保障,但农药残留等"质"的问题仍需足够重视。从农产品安全视角来看,我国农药在使用过程中存在过量的可能,导致农产品农药残留等质量安全隐患,制约了我国农业可持续发展。因此,亟须规范农药使用,加快实施和推进农药减量化监管政策,切实保障农产品安全。

五、主要结论及政策启示

(一)研究结论

农药是一柄双刃剑,它不仅可以提高农产品的产量和质量,同时也存在着农药残留等安全隐患。长期以来,我国始终重视对农药的监管并颁布了一系列农药相关的政策法规,农药监管政策经历了由宽泛到严格,由局部监管到系统监管等日趋完善的过程。对农药减量化政策的背景进行分析,可知我国农药减量化监管政策具备理论的需求和现实的要求,当前农药减量化监管已成为我国农业政策改革的重要方向。

随着我国农药使用量的攀升,农药使用强度远超国际警戒线,虽然农业产量随之得到了大幅提高,但是伴生的质量安全问题必须引起高度警惕。从农药投入和粮食产出角度来看,现阶段我国粮食产量并没有完全依赖农药的投入,存在农药的替代因素,说明农药减量化有一定的可行空间。对果蔬农药残留和农药致病的数据进行分析,可知我国果蔬农药残留问题较为突出，农药致病情况应引起足够重视。事实数据表明，我国农药在使用过程中存在过量的可能，也存在着安全隐患，亟须规范农药使用，加快实施和推进农药减量化监管政策，切实保障农产品的质量安全。

（二）政策启示

1. 制定农药减量化监管政策时应充分重视农药的正向作用。从农业发展历史沿革来看，农药的产生和使用极大保障了粮食产量的安全，积极促进了世界农业的发展。虽然农药在使用中尚存在不合理、不规范等情况，但不能因为部分的"弊端"而全盘否定了大局的"利好"。应严格农药使用规范条例，促进农药合理、规范使用；加快低毒、低残留等新型农药的研究进度，发挥农药对农业生产的正向推动作用。

2. 农药减量化监管政策应协调农业"量"和"质"发展。我国稳定的粮食产量保证了中国人的饭碗牢牢地端在自己手中，粮食安全也保障了基本的民生。但是，在注重农业产量的同时，更要兼顾农业质量的提升，防止农药过量使用、不当使用等造成的农药残留等问题。应及时协调农业产量与质量的关系，不断推进农业高质量发展，努力实现农业"量"和"质"的双安全。

3. 细化、实施和推进农药减量化监管政策符合当前我国农业可持续发展需求。国家农药政策为农药监管提供了方向，但针对我国复杂的地域环境和农业结构，各地区要根据当地农业产业特色，制定更加具体化的配套政策，因地制宜实施差异化农药减量化措施。对不同种类和属性的农产品，应实施有差别的农药减量化执行标准，如适当控制生长周期短、上市快的果蔬农药使用强度，严格执行农药安全间隔期规定等，实现政府对农药的有效监管。

第二节　基于不同农药残留产品均衡数量分析的农药减量化监管需求

一、消费者效用视角下农药减量化监管的研究背景

当前农药减量化监管研究主要集中在以下3个方面：第一，政府对农药直接监管会降低农药过量使用概率以及提高农户生物农药使用比例。如研究表明，政府施药监管对于抑制纯化学农药防治下的过量投入影响显著，过量施药概率下降14.26％（展进涛等，2020）；激励性市场规制与约

束性市场规制对不同规模农户生物农药使用行为的影响存在差异，激励性市场规制能够明显促进规模农户使用生物农药，而约束性市场规制对小农户生物农药使用行为有显著影响（罗小锋等，2020）；增加生物农药补贴力度可降低农户技术与市场风险感知（杜三峡等，2021）。第二，政府对农药的间接监管也会促进农药减量化。如研究表明，农业环境管制（Chatzimichael et al.，2014）、种植监管（王常伟和顾海英，2013）、农业补贴政策及农业财政支出（Skevas et al.，2012；Chatzimichael et al.，2014）、税收政策（Skevas et al.，2012）都会影响绿色生产行为和农药使用水平。第三，政府提供的农业技能培训、宣传指导、教育水平等对农户使用农药量也有不同影响（Jacquet et al.，2011；崔亚飞和周荣，2019；王常伟和顾海英，2013）。此外，农产品出口标准、法律标准、农药残留检测标准等会影响农药类型的选择（魏佳容，2019；李昊等，2018）。

有学者探讨了农业环境污染跨学科治理，并提出以强制性政策规制点源污染排放，虽然这在经济学意义上缺乏效率，但却是目前实践层面可行的制度安排（李昊，2020）。研究者比较认同的一个观点是，导致农产品农药残留安全隐患的主要因素不在于农药本身，而在于农药的不规范使用。面对农业生产大环境难以在短期内改变的现实大背景，农药减量化不仅要依托市场机制，更需要政府监管的有效干预。那么，从消费者效用角度看，农药减量化监管是否有存在的必要？针对农药减量化监管，哪些制约因素应该交给市场解决，哪些应该由政府进行干预？厘清这些问题是处理好市场和政府之间关系的重要基础。政府监管部分是由政府职责决定的，政府通过颁发相关法律法规落实农药减量化政策，而市场主要是由消费者决定的，消费导向决定了市场方向。在传统经济理论中，消费者购买商品和服务时的选择主要取决于对消费偏好（用效用来衡量）及价格的权衡，商品（或服务）的需求量也与消费效用程度呈正相关。那么，从消费效用角度出发可以研究农药减量化监管中市场与政府的关系。然而，已有文献鲜有从消费者效用视角探讨农药减量化监管需求的。因此，本书在前人研究的基础上，尝试结合生产消费理论并结合Stone-Geary效用函数分析农药减量化的政府监管需求，以期为农药减量化监管提供理论支持。

二、农药减量化监管均衡模型

本章尝试从消费者效用角度分析不同监管条件下农药残留的均衡数量变化以及主要因素对均衡结构的作用机制。根据农药残留达标情况可以将农产品分为三类，一是农药残留全部达标（standard，S类），二是农药残留全部超标（nonstandard，N类），三是农药残留部分达标（S&N类），其中S&N类最为普遍。假设三类产量分别是Y_1，Y_2，Y_3，其中Y_3中S类占比为θ，则农产品总量为：$\sum Y = Y_1 + Y_2 + Y_3 = Y_1 + Y_2 + \theta Y_3 + (1-\theta)Y_3 = (Y_1 + \theta Y_3) + [Y_2 + (1-\theta)Y_3]$。

观察上式，$Y_1 + \theta Y_3$全部为S类，$Y_2 + (1-\theta)Y_3$全部为N类。为直观分析，假定农药残留仅分为达标和超标两类，且两类之间有互补性。本书借鉴Burton的理论模型（Burton et al.，2001），假定农产品生产效率仅由生产单位成本（C）、产品单价（P）以及产量（Q）共同决定，即：

$$\frac{\mathrm{d}Q}{\mathrm{d}t} = \gamma\left(1 - \frac{C}{P}\right)Q \tag{3.1}$$

其中，γ是调整系数，t是时间变量，本书仅考虑$C<P$且γ、C、Q都严格为正的情况。

消费者的效用U参考Stone-Geary效用函数（Dharmaratna et al.，2012）。

$$U = \sum_{i=1}^{n} \beta_i \ln(Q_i - \alpha_i) \tag{3.2}$$

其中，β_i是I类产品给消费者的效用比重，满足$0<\beta_i<1$，$\sum_{i=1}^{n}\beta_i = 1$。$\alpha_i$是消费者对I类产品的最低需求量，满足$Q_i \geqslant \alpha_i > 0$。效用函数$U$是二阶可微的凹函数，边际效用呈递减规律。为直观分析，将消费者分为两类，一是对农药残留风险不敏感（I类），二是对农药残留风险敏感（T类）。两类消费者的农产品消费支出分别是E_I和E_T，总支出$E = E_I + E_T$。方便起见，将农产品简单划分两部分，一是在政府监管下Q_r，二是政府监管缺失下Q_n，设$\Omega = Q_r/(Q_r + Q_n) = 1/(1 + Q_n/Q_r)$。$\Omega$即为政府监管比例，$\Omega$值仅取决于$Q_n/Q_r$，$\Omega$也是政府监管的关键指标。

三、农药减量化监管均衡比较分析

为探讨政府监管对农药减量化的作用机制，本书分政府不监管和政府监管两种极端情况进行比较分析。

（一）　政府不监管时农产品均衡数量

情况一：政府不监管时，I类消费者对农药残留风险不敏感，所以对S类和N类消费无显著差别，在消费支出约束下最大化效用模型为：

$$\begin{cases} \max U_I(\underline{Q}_{IS}, \underline{Q}_{IN}) = \beta_S \ln(\underline{Q}_{IS} - \alpha_{IS}) + \beta_N \ln(\underline{Q}_{IN} - \alpha_{IN}) \\ \text{s.t.} \quad P_S \underline{Q}_{IS} + P_N \underline{Q}_{IN} = E_I \end{cases} \tag{3.3}$$

其中，$\underline{Q}_{IS}$ 和 $\underline{Q}_{IN}$ 分别是 I 类消费者在不监管下对 S 类和 N 类的需求量。建立拉格朗日函数得：

$$L = \beta_S \ln\left(\underline{Q}_{IS} - \alpha_{IS}\right) + \beta_N \ln\left(\underline{Q}_{IN} - \alpha_{IN}\right) + \lambda\left(E_I - P_S \underline{Q}_{IS} - P_N \underline{Q}_{IN}\right) \quad (3.4)$$

对（3.4）式分别求偏导得：

$$\begin{cases} L_{Q_{IS}} = \dfrac{\beta_S}{\left(\underline{Q}_{IS} - \alpha_{IS}\right)} - \lambda P_S = 0 \\[3mm] L_{Q_{IN}} = \dfrac{\beta_N}{\left(\underline{Q}_{IN} - \alpha_{IN}\right)} - \lambda P_N = 0 \\[3mm] L_\lambda = E_I - P_S \underline{Q}_{IS} - P_N \underline{Q}_{IN} = 0 \end{cases} \quad (3.5)$$

（3.5）式整理得：

$$\left(\beta_S + \beta_N\right)/\lambda = 1/\lambda = \underline{Q}_{IS} P_S - \alpha_{IS} P_S + \underline{Q}_{IN} P_N - \alpha_{IN} P_N = \\ E_I - \alpha_{IS} P_S - \alpha_{IN} P_N \quad (3.6)$$

（3.6）式整理得：

$$\begin{cases} \underline{Q}_{IS} = \alpha_{IS} + \dfrac{\beta_S(E_I - \alpha_{IS} P_S - \alpha_{IN} P_N)}{P_S} \\[3mm] \underline{Q}_{IN} = \alpha_{IN} + \dfrac{\beta_N(E_I - \alpha_{IS} P_S - \alpha_{IN} P_N)}{P_N} \end{cases} \quad (3.7)$$

情况二：政府不监管时，T 类消费者对农药残留风险敏感，所以对 S 类和 N 类消费有显著差别。假设对 S 类需求量保持不变，对 N 类需求量降至原来的 K 倍（$0<K<1$），令（$1-K$）为风险感知度，则在消费支出约束下最大化效用模型为：

$$\begin{cases} \max U_T(\underline{Q}_{TS}, \underline{Q}_{TN}) = \beta_S \ln(\underline{Q}_{TS} - \alpha_{TS}) + \beta_N \ln(K \underline{Q}_{TN} - \alpha_{TN}) \\ \quad\quad \text{s.t.} \quad P_S \underline{Q}_{TS} + P_N \underline{Q}_{TN} = E_T \end{cases} \quad (3.8)$$

建立拉格朗日函数并求解得：

$$\begin{cases} \underline{Q}_{TS} = \alpha_{TS} + \beta_S(E_T - \alpha_{TS} P_S - \alpha_{TN} P_N/K)/P_S \\ \underline{Q}_{TN} = \alpha_{TN}/K + \beta_N(E_T - \alpha_{TS} P_S - \alpha_{TN} P_N/K)/P_N \end{cases} \quad (3.9)$$

（3.7）上式 +（3.9）上式得：

$$\underline{Q}_{IS} + \underline{Q}_{TS} = \underline{Q}_S = \alpha_{IS} + \dfrac{\beta_S(E_I - \alpha_{IS} P_S - \alpha_{IN} P_N)}{P_S} + \alpha_{TS} \\ + \dfrac{\beta_S\left(E_T - \alpha_{TS} P_S - \dfrac{\alpha_{TN} P_N}{K}\right)}{P_S} \quad (3.10)$$

$$\underline{Q}_S = \alpha_S + \frac{\beta_S\left[E - \alpha_S P_S - P_N\left(\alpha_{IN} + \dfrac{\alpha_{TN}}{K}\right)\right]}{P_S} \tag{3.11}$$

整理得：

$$P_S = \beta_S\left[E - P_N(\alpha_{IN} + \alpha_{TN}/K)\right] / \left[\underline{Q}_S - (1 - \beta_S)\alpha_S\right] \tag{3.12}$$

将上式代入 Burton 的理论模型得：

$$\frac{\mathrm{d}\underline{Q}_S}{\mathrm{d}t} = \gamma\left\{1 - \frac{\left[\underline{Q}_S - (1 - \beta_S)\alpha_S\right]C_S}{\left[E - P_N(\alpha_{IN} + \alpha_{TN}/K)\right]\beta_S}\right\}\underline{Q}_S \tag{3.13}$$

求解上式：令 $\left[E - P_N(\alpha_{IN} + \alpha_{TN}/K)\right]\beta_S = W$，则：

$$\frac{\mathrm{d}t}{\mathrm{d}\underline{Q}_S} = \frac{W}{\gamma\,\underline{Q}_S\left[W + (1 - \beta_S)\alpha_S C_S - C_S\underline{Q}_S\right]} \tag{3.14}$$

$$\underline{Q}_S = \frac{W + (1 - \beta_S)C_S\alpha_S}{C_S + e^{\frac{(\mathrm{d}W - t\gamma)\left[W + (1 - \beta_S)C_S\alpha_S\right]}{W}}} \tag{3.15}$$

其中，d 为积分常数，当 $t \to +\infty$ 时，$e^{\frac{(\mathrm{d}W - t\gamma)\left[W + (1 - \beta_S)C_S\alpha_S\right]}{W}} \to 0$，$\underline{Q}_S \to \underline{Q}_S^*$（$\underline{Q}_S^*$ 表示政府不监管时 S 类农产品的均衡数量）。

$$\underline{Q}_S^* = \frac{\beta_S}{C_S}\left[E - \left(\alpha_{LN} + \frac{\alpha_{TN}}{K}\right)P_N\right] + \alpha_S(1 - \beta_S) \tag{3.16}$$

同理，（3.7）下式＋（3.9）下式可推出：$\underline{Q}_N \to \underline{Q}_N^*$（$\underline{Q}_N^*$ 表示政府不监管时 N 类农产品的均衡数量）。

$$\underline{Q}_N^* = \frac{\beta_N}{C_N}(E - \alpha_S P_S) + \left(\alpha_{IN} + \frac{\alpha_{TN}}{K}\right)(1 - \beta_N) \tag{3.17}$$

（3.16）式和（3.17）式表示，政府不监管时，随着时间趋向无穷大，市场上 S 类和 N 类农产品均衡数量分别为 $\underline{Q}_S^*$ 和 $\underline{Q}_N^*$。

（二）政府监管时农产品均衡数量

政府监管时，假设消费者完全相信政府监管，则 T 类消费者具有与 I 类相似的效用函数。对于 I 类消费者而言，效用最大化模型与不监管时一致。而对于 T 类消费者而言，其效用最大化模型变为：

$$\begin{cases} \max U_T(\overline{Q}_{TS}, \overline{Q}_{TN}) = \beta_S \ln(\overline{Q}_{TS} - \alpha_{TS}) + \beta_N \ln(\overline{Q}_{TN} - \alpha_{TN}) \\ \text{s.t.} \quad P_S\overline{Q}_{TS} + P_N\overline{Q}_{TN} = E_T \end{cases} \tag{3.18}$$

其中，$\overline{Q}_{TS}$ 和 $\overline{Q}_{TN}$ 分别是 T 类消费者在政府监管下对 S 类和 N 类农产品的需求量。建立拉格朗日函数并求解，当 $t \to +\infty$ 时，得出均衡数量（推导过程与不监管时类似）分别为：

$$\begin{cases} \overline{Q}_S \to \overline{Q}_S^* = \dfrac{\beta_S}{C_S}(E - \alpha_N P_N) + \alpha_S(1 - \beta_S) \\[2mm] \overline{Q}_N \to \overline{Q}_N^* = \dfrac{\beta_N}{C_N}(E - \alpha_S P_S) + \alpha_N(1 - \beta_N) \end{cases} \tag{3.19}$$

上式表示，如果政府实行监管，随着时间趋向无穷大，市场上 S 类和 N 类农产品均衡数量分别为 $\overline{Q}_S^*$ 和 $\overline{Q}_R^*$。

（三）政府监管与不监管时均衡数量比较

1. 农药残留达标（S 类）农产品的均衡数量。由（3.16）式和（3.19）式可得，S 类农产品均衡数量分别为：

$$\begin{cases} \underline{Q}_S^* = \dfrac{\beta_S}{C_S}\left[E - \left(\alpha_{IN} + \dfrac{\alpha_{TN}}{K} \right)P_N \right] + \alpha_S(1 - \beta_S) \\[3mm] \overline{Q}_S^* = \dfrac{\beta_S}{C_S}(E - \alpha_N P_N) + \alpha_S(1 - \beta_S) \end{cases} \tag{3.20}$$

比较上面两式，由于 $\alpha_N = \alpha_{IN} + \alpha_{TN} < \alpha_{IN} + \dfrac{\alpha_{TN}}{K}$（$0 < K < 1$）。因此 $\underline{Q}_S^* < \overline{Q}_S^*$。

2. 农药残留超标（N 类）农产品的均衡数量。由（3.17）式和（3.19）式可得，N 类农产品均衡数量分别为：

$$\begin{cases} \underline{Q}_N^* = \dfrac{\beta_N}{C_N}(E - \alpha_S P_S) + \left(\alpha_{IN} + \dfrac{\alpha_{TN}}{K} \right)(1 - \beta_S) \\[3mm] \overline{Q}_N^* = \dfrac{\beta_N}{C_N}(E - \alpha_S P_S) + \alpha_N(1 - \beta_N) \end{cases} \tag{3.21}$$

比较上面两式，由于 $\left(\alpha_{IN} + \dfrac{\alpha_{TN}}{K} \right) > \alpha_N = \alpha_{IN} + \alpha_{TN}$（$0 < K < 1$）。因此 $\underline{Q}_N^* > \overline{Q}_N^*$。

对（3.20）式和（3.21）式分别求偏导，偏导大小比较如表 3-5 所示。

表3-5　两类农产品均衡数量对各因素的偏导

不监管时偏导	$\partial \underline{Q}^*_N/\partial \beta_N$	$\partial \underline{Q}^*_N/\partial C_N$	$\partial \underline{Q}^*_N/\partial E$	$\partial \underline{Q}^*_N/\partial \alpha_{IN}$	$\partial \underline{Q}^*_N/\partial \alpha_{TN}$	$\partial \underline{Q}^*_N/\partial K$	$\partial \underline{Q}^*_N/\partial P_S$	$\partial \underline{Q}^*_N/\partial \alpha_S$
	不确定	<0	>0	>0	>0	<0	<0	<0
监管时偏导	$\partial \overline{Q}^*_N/\partial \beta_N$	$\partial \overline{Q}^*_N/\partial C_N$	$\partial \overline{Q}^*_N/\partial E$	$\partial \overline{Q}^*_N/\partial \alpha_N$			$\partial \overline{Q}^*_N/\partial P_S$	$\partial \overline{Q}^*_N/\partial \alpha_S$
	>0	<0	>0	>0			<0	<0
不监管时偏导	$\partial \underline{Q}^*_S/\partial \beta_S$	$\partial \underline{Q}^*_S/\partial C_S$	$\partial \underline{Q}^*_S/\partial E$	$\partial \underline{Q}^*_S/\partial \alpha_{IN}$	$\partial \underline{Q}^*_S/\partial \alpha_{TN}$	$\partial \underline{Q}^*_S/\partial K$	$\partial \underline{Q}^*_S/\partial P_N$	$\partial \underline{Q}^*_S/\partial \alpha_S$
	不确定	<0	>0	<0		>0	<0	>0
监管时偏导	$\partial \underline{Q}^*_S/\partial \beta_S$	$\partial \underline{Q}^*_S/\partial C_S$	$\partial \underline{Q}^*_S/\partial E$	$\partial \underline{Q}^*_S/\partial \alpha_N$			$\partial \underline{Q}^*_S/\partial P_N$	$\partial \underline{Q}^*_S/\partial \alpha_S$
	>0	<0	>0	<0			<0	>0

四、研究的主要命题

根据第三部分模型推导结果，可以得到如下命题。

命题1：政府监管有利于提高农药残留达标农产品的均衡数量，加强农药监管可促进农药减量化。由（3.20）式和（3.21）式可知，政府监管时农药残留达标农产品均衡数量大于不监管时的均衡数量 $\underline{Q}^*_S < \overline{Q}^*_S$；政府不监管时农药残留超标农产品的均衡数量超过监管时的均衡数量 $\underline{Q}^*_N > \overline{Q}^*_N$。

命题2：各影响因素对农药残留农产品均衡数量影响存在差异性。由表3-5可知，农产品单位生产成本（C_N、C_S）、两类农产品单位价格（P_N、P_S）与均衡数量呈负相关，消费总支出（E）与均衡数量呈正相关，其他因素在不同条件下对均衡数量影响不尽相同。

命题3：部分影响农药残留的因素与政府监管与否无关，主要由市场因素决定。由表3-5可知，农产品单位生产成本（C_N、C_S）、消费总支出（E）、两类农产品单位价格（P_N、P_S），以及农药残留达标农产品的最低需求量（α_S）对农产品均衡数量的影响主要由市场机制决定，而与政府是否实行监管无明显关系。

命题4：部分影响农药残留的因素与政府监管与否相关，农药减量化监管应考虑该部分指标。由表3-5可知，农产品给消费者带来的效用权重（β_S、β_N）、消费者风险感知度（K），以及两类超标农产品的最低需求量（α_{TN}、α_{IN}）、农药超标农产品最低需求量（α_N）对农产品均衡数量的影响与政府是否实行监管相关。

五、主要结论及政策启示

本节基于生产消费理论模型及Stone-Geary效用函数，将农产品分为农药残留达标和农药残留超标两类，将消费者分为农药残留风险敏感和不敏感两类，将农药残留政府监管分为监管和不监管两种情况。通过模型推导结果可得出以下结论：（1）政府监管提高了农药残留达标均衡数量，有利于农药减量化；（2）影响农药残留的产品成本、消费支出、产品单价、农药达标农产品最低需求量主要由市场决定；（3）消费者效用权重、消费者风险感知度、农药超标农产品最低需求量与政府监管与否相关，这些也是政府实施农药监管应该考虑的因素。

基于研究结论可知，农药残留受诸多因素的共同作用，既包括市场因素又包括政府监管因素，而加强农药政府监管有利于实现农药减量化。因此，在制定农药政府监管措施时应区分各种因素的作用机制，重点从以下几方面考虑：（1）不断强化政府监管在农药减量化方面的作用，多渠道开展农药减量化监管工作，充分发挥政府市场监管职能，保障农产品质量安全水平；（2）农药监管部门要重视农药知识的宣传和教育，强化农药安全规范使用以及农药残留安全意识，不断提高消费者对农药残留超标农产品的风险防范水平，从消费端反向促进生产端来降低农药使用量，达到农药减量化的效果；（3）鼓励和支持研发低毒低残留新型绿色农药取代高毒高残留传统农药，不断提高农药科技含量，降低农业生产成本和农产品价格水平。

第三节　农药减量化监管困境：基于信息不对称视角的调研分析

一、调查背景及主要问题

2015年，农业部制定《到2020年农药使用量零增长行动方案》，全国农药使用量逐年下降，2019年降至139.17万吨，较2015年降低21.95%，方案经过5年的实施，我国农药减量化已顺利实现预期目标。国家统计局数据显示，农药使用量的降低并没有造成农产品产量的大幅减产，2020年粮食产量较2015年增加888.93万吨，蔬菜产量增加8487.8万吨，水果产量增加4167.78万吨。农业农村部数据显示，2020年我国农药利用率40.6%，比2015年提高4%。FAO数据显示，2000—2018年间，我国平均农药使用强度为 12.01 千克/公顷，2018 年使用强度为 13.07 千克/公顷。比较而言，日本同期平均农药使用强度为 13.08 千克/公顷，且呈下降趋势，2018 年使用强度为 11.84 千克/公顷，此外，英国同期平均为 3.88 千克/公顷，美国同期平均为 2.44 千克/公顷。数据说明，我国农药使用强度距离英美国家尚有差距，同时也表明我国当前农药使用仍有大幅减量空间。

大量研究表明，农药减量化有利于降低农业面源污染（崔艳智等，2017；李南洁等，2017）、提高农产品质量安全水平（童霞等，2011；吕新业等，2018）、减少人体疾病的发生（汪霞等，2017；杨丽等，2018）等作用，农药减量化也是我国实现农业可持续发展的重要战略手段。然而，根据《中国市售水果蔬菜农药残留报告（2015～2019）》数据，我国水果蔬菜仍广泛存在农药残留超标等问题，威杀灵等农药被频繁用于农业生产，且多种类农药叠加使用较为普遍，硫丹、克百威、甲拌磷等多种类剧毒、高毒和违禁农药也被频繁检出，其中菜豆农药检出超标率高达85.7%，海南省农药残留检出超标率近 11%。此外，农业农村部农药监督抽查结果显示，我国农药总体合格率 2020 年为 96.2%，2019 年为 88.6%，2018 年为 93.2%，当前农药仍存在标明的有效成分未检出、擅自添加其他成分、有效成分含量不符合要求、假冒和伪造农药登记证号等问题。那么，农药问题存在的根源在哪里？农药问题上为什么会出现市场和政府的双重失灵？为此，笔者所在的研究小组深入浙江农村了解农药使用现实情况，了解农药减量化监管的困境所在，以期为农药减量化监管提供实践参考资料。

二、研究方法及数据来源

浙江作为全国首个开展农药实名制购买工作的省份，2019 年 7000 多家农药门店全部实现实名制购买，30 多个农业绿色发展先行试点县率先整县制推行，农药使用量连续 6 年实现负增长，累计降幅达 29.7%[①]。浙江农业产业门类齐全、特色产品丰富，2019 年累计农副产品出口额 99.20 亿美元（全国第四），且农业产业化程度高、经营机制灵活，是我国农业改革的先行省份之一，因此浙江农业发展具有典型代表性。为充分了解农药减量化的现实困境，研究小组实地走访浙江 11 个地级市的 89 家农户、156 家农药经营店、9 个县级农业农村局。鉴于浙江一地一方言特征，为保证调研数据真实性，调研主要以访谈交流和实地购买体验形式开展，其中走访的农

① 中国政府网. 浙江深化"农药购买实名制、化肥使用定额制"发展绿色农业[EB/OL]. (2019-11-11)[2021-11-30]. http://www.gov.cn/xinwen/2019-11/11/content_5450918.htm.

户主要为在校学生家属，走访的农业农村局主要依托校地合作项目，并以当地农户身份真实购买农药以获取农药销售信息。考虑学生时间因素，调研主要集中在寒暑假及国家法定节假日间断式进行。

由于农药残留等检测比较复杂，为了解浙江农产品农药残留情况，本书以杭州市售果蔬农药残留情况为例进行概要分析，相关数据来自《中国市售水果蔬菜农药残留水平地图集》以及《中国市售水果蔬菜农药残留报告（2012~2015）》和《中国市售水果蔬菜农药残留报告（2015~2019）》。此外，考虑当地农户普遍年龄较大且学历不高，调研数据主要由调研小组根据访谈信息代农户填写调查问卷所得，调查问卷之外的信息由后续整理所得；农药经营信息主要包括记录农药销售登记信息、销售人员信息、经营许可信息、推荐农药品种和用量信息等；农业农村局访谈信息主要是调研小组的现场记录和后续整理。其中，农药使用端信息主要源于农户调研，销售端信息主要源自购药观察及向销售员征询，政府监管端信息主要来自与地方农业农村局的访谈交流。

三、农产品农药残留概况——以杭州市售果蔬为例

根据《中国市售水果蔬菜农药残留水平地图集》（GC-Q-TOF/MS）检测数据，杭州各县级政区采样点农产品的农药平均检出率为92.84%，超标率为0；检出农药频次较多的农产品有豆角（40次）、扁豆（35次）、洋葱（33次）等，检出农药品种数较多的农产品有苋菜和洋葱（各17种）、豆角和生菜（各16种）等，检出频次较多的农药有除虫菊素（126次）、邻苯二甲酰亚胺（85次）等。那么，样本在不同农药MRL标准下结果如何？以豆角样本为例，在中国标准下无超标农药检出，而在日本标准下邻苯二甲酰亚胺（5频次）、新燕胺（2频次）、氟虫腈（2频次）等9类农药均超标，在欧盟标准下腐霉利、新燕胺、氟虫腈等5类农药均出现超标。

根据《中国市售水果蔬菜农药残留报告（2015~2019）》，以LC-Q-TOF/MS检测数据为例，杭州市售果蔬中未检出任何农药残留的样品占39.7%。按中国MRL标准，检出农药残留但含量未超标的占57.3%，检出超标的占3.0%；按欧盟标准，检出超标的占18.3%；按日本标准，检出超标的占13.6%。此外，检出甲拌磷、涕灭威、灭线磷、克百威等剧毒、高毒、禁用农药的占样品总数的6.7%；果蔬残留的农药种类较多，如芹菜（31种）、番茄（27种）、茼蒿（25种）、葡萄（30种）、草莓（18种）、芒果（13种）。当前杭州果蔬农药残留仍有进一步提升空间，但与2012—2015年的检测数据相比，农药残留指标数据有了明显改善，如LC-Q-

TOF/MS检测2012—2015年的农药超标检出率为4.3％、剧毒、高毒和禁用农药残留检出率为8.6％，2015—2019年对应数据分别为3.0％和6.7％；GC-Q-TOF/MS平行检测2012—2015年的超标率为0，剧毒、高毒和禁用农药残留检出率为10.0％，2015—2019年对应数据分别为0.8％和6.4％。

综上，农产品中农药残留超标、多种类农药残留、剧毒高毒和禁用农药残留等问题直接关系农产品质量安全和人民身体健康，也是制约我国农业可持续发展的重要障碍。那么，这些问题是农药综合防治的结果还是乱施药导致的值得深入分析，农药残留的根源问题同时也是农药减量化监管的困境所在。

四、农药减量化监管的主要困境分析

（一）农药减量化在使用端的监管困境

农户是农药的使用主体，农药治理目标的实现必须落脚到微观农户层面（王常伟和顾海英，2013），农户对农药及农药残留的认知、对病虫害防控及风险规避的认知等都会显著影响农药的使用行为（郭利京等，2018；陈欢等，2017；王绪龙等，2016），而田云等（2015）调研发现，仅有3.36％和59.69％的农户分别选择低于标准和按标准使用农药。在大国小农的结构背景下，分散经营的个体小农户是导致农药过量使用的其中一个原因（张慧鹏，2020）。汪普庆（2015）研究认为，对农户的监管力度越强越有利于农产品质量安全水平的提升。黄祖辉和姜霞（2017）认为，现阶段推动农户绿色施药的重要性不容忽视。因此，许多国家出台激励与约束农户农药使用行为政策，既要保障农户的稳定收益又要实现农药减量化目标，如我国制定农药零增长行动方案和农业补贴政策标准，法国提出农药用量减半目标（Jacquet et al.，2011）等。那么，农药使用端农药减量化监管的困境何在？调研小组通过实地调研发现，使用端主要执行障碍有以下4个方面。

第一，农户对农药安全存在认知误区。主要表现为调研农户对农药性能和农药剂量的认知误区，56％的调研农户认为所有杀虫剂都有杀死害虫的类似效果，所有杀菌剂效果都趋于一致，甚至认为不同种类杀虫剂和杀菌剂之间可以通用；28％的农户认为农作物不需要用农药来预防，只有发生病虫草害之后才用农药来治理；65％的农户认为不同农药种类混合使用效果比单一农药使用效果更好，且几乎所有农户都有混合施药的经历；100％的农户认为杀虫剂、杀菌剂、除草剂、杀鼠剂等农药都具有毒性，但有29％的农户认为这些农药毒性不大，不会对人体造成伤害；47％的农户认为植物生长调节剂区别于普通农药，并认为对人体是无毒的，使用后不影响食用；80％的农户不能识别生物农药和化学农药，对生物农药的认知也非常有限；56％的农户主要根据农药销售人员的建议使用，33％的农户主要是凭借实践经验使用，11％的农户主要根据说明书使用。关于农药使用剂量误区，39％的农户认为农药剂量越高，使用效果越好；51％的农户认为按使用说明剂量使用效果最好；10％的农户认为低于农药规定剂量也能达到同样效果。

第二，农户受经济利益的导向作用。调研发现，浙江农村地区家庭农场生产和经营行为正逐渐兴起。浙江省农业农村厅关于浙江农业农村概况的数据显示，截至2019年，累计培育发展家庭农场3.7万家、农民合作社4.2万家、市级以上农业龙头企业2649家、社会化服务组织1.7万家。以种植业为例，浙江以种植水稻和小麦为主，辅之以薯类、豆类、玉米、茶叶、果蔬等。随着互联网技术在浙江农村逐渐普及和乡村农产品市场接受度提高，经济类农作物被广泛种植。除瓜、梅、桃、橘、梨、枇杷、葡萄等地域性水果之外，另有火龙果、甘蔗、车厘子、猕猴桃、覆盆子等。以浙江三门县种植覆盆子为例，通过实地调研，发现2017年干果收购价高达160元/千克，并迅速掀起种植狂潮，2018年之后价格持续走低，2020年收购价仅为36元/千克。经济利益导向改变了浙江农作物的种植结构，促使农民更加关注生产成本、市场价格、农作物产量和品相等信息。由于农村家庭式小规模农业生产几乎没有品牌信誉维护等后顾之忧，也没有产品质量检验的要求，为追求最大产量和良好的品相，出现了高频次、高剂量、多种类使用农药的现象。

第三，农药使用受土地碎片化经营的客观作用。全国第二次土地调查结果显示，浙江土地面积10.55万平方千米，其中山地和丘陵占70.4％，耕地面积仅208.17万公顷。根据《浙江统计年鉴》及《中国环境统计年鉴》数据，2019年末浙江总常住人口数5850万人，2017年人均耕地面积（0.52亩）位列全国省市第26位（不含特别行政区），折算单位耕地粮食产量位列第24位，折算单位耕地水果和蔬菜产量均位于第6位，说明浙江种植果蔬的比重相对较高。调研结果显示，浙江农村地区家庭农业生产土地碎片化经营情况比较普遍，家庭自给自足的生产方式还广泛存在，即在有限的耕地上生产种类多样化的农产品，主要用于满足家庭成员食用需求。土地碎片化经营方式为农药减量化带来了直接障碍，原因在于：农作物种类多样化导致了病虫害多样性，要求农药使用品种多元化；土地碎片化经营直接产生了农药剩余,即选用最小包装农药时仍存在使用剩余,再加上农户对农药的认知误区和秉承"厉行节约、反对浪费"原则,剩余农药往往被用于其他种类农作物。这与张露和罗必良(2020)的研究结果类似,即地块规模越小,农药减施量越低。

第四,农药对劳动力具有替代效应。调研发现,浙江农村农业劳动力呈"高龄化""低教育程度""兼业化"特征,具体而言,调研农民平均年龄超过55周岁;28%未接受过学校教育,61%小学文化,11%小学以上文化;60周岁以下农户中,87%兼有农民工、个体户等身份,主要从事建筑业、制造业、养殖业、运输业等工作。调研显示,目前浙江农村劳动力从事农民工的工资为120~200元/天,从事专业化工作的工资为200~350元/天,而农业生产面临种子、化肥、农药、农业机械及人工费等支出,小型家庭农业生产收益甚微且相对兼业收入而言可忽略不计。几乎所有调研农户认为,农药使用显著降低了劳动力支出,这也印证了一些学者的研究结论,即农药的使用在提高农产品产量的同时,对节约劳动力也起到了积极的作用(Soares and Porto,2009)。然而,农户常以农药等资本品替代劳动力,也构成了对农产品安全的威胁(周立和方平,2015)。浙江农业农村概况数据显示,2020年浙江农村居民人均可支配收入31930元,连续36年居全国各省区首位,城乡居民收入比缩小到1.96∶1,浙江农村经济的持续向好以及较高的劳动力成本成为农药替代劳动力的驱动力,也变相成为农药减量化监管的执行障碍。

(二)农药减量化在销售端的监管困境

对农户端进行调研,发现农药销售指导是农户施药最直接也是最大的影响因素,农药销售端是农药减量化的关键环节。郭利京和王颖(2018)研究认为,农药店铺的具体情境影响了农户的农药选择。王全忠等(2018)研究发现,农药经销商是决定农药购买实名制登记管理办法能否取得预期效果的关键主体。有研究发现,农药零售店存在向农户过量推荐农药的现象(Jin et al.,2015)。浙江省2019年在全国率先开展农药购买实名制,那么作为农药监管改革先行省份,浙江农药在实际销售环节存在哪些减量监管的困境?调研发现,销售端主要有以下4个方面的监管困境。

第一,销售端假劣农药的市场渗透。调研发现,几乎所有调研农户曾经历农药"无效"使用情况,但由于农药效果并非"立竿见影"及农户较低的维权意识,因此无法准确判断农药无效是因为购买到假劣农药还是由于农药使用不当。调研发现,从农药包装甄别看,大型农药销售点无售假情况,而小型农资销售点存在极个别掺假销售现象,但无法确定是否为经销商有意掺假，也不排除存在隐蔽交易行为，如2021年3月，浙江长兴破获制贩假农药案，涉案金额为3000多万元①。假劣农药的市场渗透和使用无效将直接阻碍农药减量化政策的顺利推进。农户在面对农药失效时除了认为农药有假之外，往往还归因于农药使用不当、农药品种不对以及农药剂量不够等，导致农户直接更换农药种类以及增加农药使用量。温铁军等（2011）对100村1765户进行了调查，发现假农药等假冒伪劣农资产品是引起农民日常生活极为不满的重要因素。可见，假劣农药是长期影响我国农业生产和制约农药减量化的"毒瘤"。

第二，农药减量化受经销商逐利行为和药效口碑的双重作用。调研发现，农药经销商在推荐农户购买农药时，除了按规定剂量推荐使用之外，往往会增加农药种类和使用剂量。当农户咨询小包装农药无法一次性用完该如何处理时，销售商根据农药种类特性给出不同的建议，其中43%的销售商建议可适当增加使用量，36%建议妥善保存至下次使用，15%建议用于预防其他农作物虫害，6%建议自行处理。此外，调研了解到农药经营商销售的常规农药价格比较透明且差别不大，由于购买农药需要实名登记以及网络购买的便利性，农户选择到实体店购药的比例有所降低。目前主要销售对象为当地种植农户，且大部分是"老客户"或"回头客"，而药效口碑是影响农户购买的最主要因素。尽管《农药管理条例》明确规定，农药经营者应当向购买人科学推荐农药，并正确说明农药的使用方法和剂量等，不得误导购买人，然而，为了吸引消费者、保证销售量从而获取销售利润，经销商免费周到的农药使用咨询服务以及多种类、多剂量推荐使用成为确保"药效口碑"的重要手段，也是导致农药减量化监管的主要障碍。

第三，农药销售未执行严格登记制度。《农药管理条例》规定，农药经营者应当建立销售台账，如实记录销售农药的名称、规格、数量、购买人、日期等信息。浙江2019年在全国率先执行农药购买实名登记制，农药的销售得到进一步规范。随着浙江农药登记信息化平台的建立和推进，纸质台账逐渐退出历史舞台，刷身份证、扫二维码等就可以实现实名制登记。此外，浙江不少地区已将实名登记纳入地方乡村振兴、农业绿色发展工作考评。调研发现，对于剧毒、高毒等"限制使用"农药，调研的农药经销点严格实行专柜销售、实名购买登记制。但对于非限制普通农药，大型农药销售点基本执行农药销售实名登记制，但也存在个别登记人与购买

---

① 法制网. 浙江长兴公安破获制贩假农药案[EB/OL]. (2021-4-7)[2021-11-30]. http://www.legaldaily.com.cn/index/content/2021-04/07/content_8474320.htm.

人不一致、购买量与登记量有出入以及"象征性"登记等情况。而对于小型农资销售点，未严格执行购买登记情况还比较普遍，存在熟人销售"不登记"式、事后"补登记"式、信息不符"嫁接登记"式等不规范情况。主要原因在于农户购药时不习惯随身携带身份证，不会使用智能手机，也未能准确报出详细的个人身份信息，在农户与销售者"熟人"关系下，出现简化信息登记、差别化信息登记等情况。因此，登记不规范直接导致农药实际使用量与登记量不匹配，成为农药减量化监管的隐性障碍。

第四，农药经营点存在人证不符及不当售药情况。国家实行农药经营许可制度，农药经营者需要具备一定的条件才可向农业主管部门申请农药经营许可证。调研发现，农药销售人员与营业执照登记人存在信息不符情况，具体有大型农资销售点雇佣售货员经营、小型农资销售点家庭成员共同经营以及"挂牌式"经营等，该现象在村镇小型农资经营店更加突出。王全忠等（2018）研究发现，农村地区的农药经销商存在数量多、分散、门槛低、从业资格混乱和营利性等特点，极易出现农药经销商向农户需求妥协的现象或诱发经销商的机会主义行为。由于实际销售人员缺乏农药和病虫害防治专业知识、不熟悉农药管理规定，因此不能有效指导农户安全合理使用农药，导致不对症销售、过量销售等不当售药行为。而农药销售人员的建议会在不经意间影响农户农药使用决策（郭利京和王颖，2018），进而导致农药无效使用和过量使用，既降低了农药利用率，又成了农药减量化的执行障碍。

（三）农药减量化在政府端的监管困境

由政府部门提供公益性的技术信息服务以规范农药使用是国际上普遍的做法（Babu et al.，2015），我国政府提供了大量的公益性技术信息服务以规范农户农药使用（Ruifa et al.，2009），这些服务不仅提高农户知识技术水平，而且提高了农户规范使用农药的能力（Yang et al.，2005）。根据经济学原理，政府对农药残留引致的农产品质量安全问题进行有效监管是弥补市场失灵的必要手段。尽管政府监管对食品安全的控制是对市场的有益补充，但监管本身的有效性是控制效果好坏的关键（王俊豪和周小梅，2014）。虽然从实践上看，政府在依据市场失灵理论干预市场的过程中，往往由于存在扭曲激励、技术能力有限等不足，会引发"规制不能"和"规制不足"等"政府失灵"问题（李俊生和姚东旻，2016）。但规范、约束农药经销商还需要政府监管部门全面提升农药监管手段和法治化水平，进而形成政策合力（王全忠等，2018）。此外，在我国当前的特殊农情下，在生产环节对农户进行农药监管基本不现实（王常伟和顾海英，2013）。

调研发现,目前政府在农药监管时主要存在以下4个方面的困境。

第一,地方政府农药监管专业人员相对不足。《农药管理条例》规定,县级以上地方农业主管部门负责本行政区域的农药监督管理工作,包括审批核发经营许可证、制度建立、减量计划实施、防治组织设立、使用指导和规范、技术培训及推广、法律责任落实等。调研发现,浙江各地农业主管部门充分重视农药减量化工作,近年来陆续引进农药专业人才和提高现有人员队伍的专业技术水平,但由于编制人数限制以及地方对高端人才的吸引力度不够,高端农药监管专业人员相对匮乏,目前监管人员虽然有着丰富经验,但农药专业知识和技能仍有待进一步提高。此外,农药经销点和施药农户分布广而散的特征增加了农药监管的难度,当前对农药经营点的监管主要以核查农药许可证、检查进销台账登记、监督购买实名制、是否销售假劣农药等常规项目为主。

第二,地方政府对农药等的检测主要依托第三方机构。《农产品质量安全法》规定,县级以上农业主管部门在农产品质量安全监督检查中,可以对生产、销售的农产品进行现场检查,农药残留不符合标准不得销售。另外,《农药管理条例》规定,县级以上农业主管部门对生产、经营、使用的农药实施抽查检测。农业主管部门受限于检测仪器设备缺乏、检测成本高昂及专业人员不足等因素,对农药等制约农产品质量安全的因素的检测主要委托权威检测机构进行。然而,第三方机构检测周期相对较长,且检测样本量和项目数受检测总费用的限制。对于农产品中农药残留检测而言,检测周期内农药不断降解,直接影响检测结果精度。因此,若要准确高效获取农药残留超标以及剧毒、高毒、禁用农药残留数据,地方农业主管部门将要面临巨额的检测成本。

第三,假劣农药屡禁不止及较强的隐蔽性增加了监管难度。假劣农药包括非农药冒充农药、农药成分与标签不符、质量标准未达标、混合有害成分等。假农药等劣质农资不利于粮食生产,且极易造成粮食减产甚至绝收,导致前期投入的大量沉淀成本付诸东流,农民因此面临巨额损失(李士梅和高维龙,2019)。因此,《农药管理条例》明确规定,生产、经营假劣农药行为将视情节处以罚没或依法追究刑事责任。访谈发现,浙江农村农药市场还经常发生假劣农药销售和使用现象,农户较低的维权意识和非法生产、销售带来的巨大利润诱惑是假劣农药屡禁不止的主要原因。此外,假劣农药产销的隐蔽性增加了监管的难度,农药购买登记不实、"熟人购买"模式以及"换壳农药"等不规范农药流通方式加剧了农药监管失灵。

第四，小型家庭农场农产品缺乏检测要求。我国特殊的农情决定家庭经营是我国农业最基本的经营形式。因此，要构建现代农业体系，发展多种形式适度规模经营，培育新型农业经营主体，实现小农户和现代农业有机衔接[①]。2018年底浙江共有家庭农场40268家，其中省级示范性家庭农场1204家，县级以上3393家；全省土地流转面积累计达1080万亩，流转率58.8%[②]。《农产品质量安全法》对农产品生产企业和农民专业合作经济组织有明确要求，但对家庭农场农产品暂无检测要求。《中华人民共和国食品安全法》（2018年修正）明确规定，销售食用农产品，不需要取得许可。浙江对示范性家庭农场在申报和监测时要求提供农产品生产、检测记录、用药等全过程质量安全控制材料，而对数量庞大的小型家庭农场（占比88.58%）缺少具体规定。因此，良莠不齐的农产品对市场造成了冲击，消费者无法辨认产品的质量安全水平，从而出现"逆向选择"和"道德风险"等市场失灵现象，进而成为农药减量化监管的执行障碍。

五、农药减量化监管困境的背后逻辑

农药残留是影响农产品质量安全的重要因素，而信息不对称被认为是农产品质量安全问题在管理层面上的根源（龚强等，2013；汪鸿昌等，2013）。调研发现，农药减量化监管主要困境源自农药信息不对称，主要表现为以下5个方面。

第一，农药使用端与销售端的信息不对称。调研发现，农户施药主要根据农药销售人员的介绍以及自身的实践经验，农户很少仔细阅读并遵守农药的使用说明，而农药经销商基于销售利润和药效口碑，在推荐使用时往往增加农药种类和剂量，由此可见，农药信息不对称普遍存在于使用端与销售端。调研结果与已有大量研究类似，如李昊等（2017）研究发现，农药经销商出于"私利"，其农药销售收益和农户农业产出密切相关，只有所售出的农药有效控制了农作物病虫害，才能吸引更多农户购买。蔡键（2014）研究认为，农药信息不对称存在于农户和农药零售商之间。在向农户推荐用药量的过程中，近70%的经销商推荐的高于农药的说明书标准（鲁柏祥等，2000），农药销售商不但会提供高于标准的农药使用建议，甚至会提供禁用农药（Wang et al.，2015）。王全忠等（2018）对农药经销商进行访谈，发现农药经销商认为农药防治效果不佳的原因不是农药有假，

---

① 人民网．习近平在中国共产党第十九次全国代表大会上的报告[EB/OL]．(2017-10-28)[2021-11-30]．http://cpc.people.com.cn/n1/2017/1028/c64094-29613660.html.

② 农业农村部政策与改革司，中国社会科学院农村发展研究所．中国家庭农场发展报告（2019年）[M]．北京：中国社会科学出版社，2019.

而是农户的用药行为不当。

第二，农药监管端与销售、使用端的信息不对称。调研发现，当前农药销售监管主要在于"查证式"监管，如对农药经营许可证、进销台账、实名登记等进行监管，而对农药成分、药效、混合使用等方面的监管相对缺乏，而销售端存在掺假销售、人证不符以及熟人"不登记"式、事后"补登记"式、"嫁接登记"式等不规范行为。此外，农业主管部门除了通过农药信息宣传、限制剧毒农药销售使用、实名购买登记等进行约束之外，对于小型家庭农场农药使用以及农产品市场买卖、网络销售等行为很难进行有效监管。研究发现，农户在使用农药时过量使用、错误使用、未严格执行农药安全间隔期等情况仍比较普遍（邵宜添等，2020）；理性农户会通过增强信息获取能力来规避风险（高杨和牛子恒，2019）；莫欣莹（2018）认为，农药产品质量问题本质上是由农药市场各利益相关者间的信息不对称造成的，监管不严、监管不力又加剧了质量问题。

第三，农产品消费端与农药使用、监管端的信息不对称。调研发现，农户使用多种类农药、过量使用以及高频次使用的主要目的在于保证经济类农产品的产量和外观品质，进而获取稳定及可观的投资回报率。而对于普通粮食类农作物，预防型农药使用反而很少，大部分农户表示只有出现病虫害时才会施药，原因在于粮价较低且重视自产自销农产品的安全性。郑少锋（2016）发现，一些农户可能通过使用禁用农药等非法手段增加产量或改善农产品外观，从而获得更高收益。而安全农药供给与安全农药购买之间存在明显的信息不对称，农民为信息弱势一方（王永强和朱玉春，2012）。此外，消费者在购买农产品时，很难有效辨识农产品中农药残留的信息，即消费者购买决策前不能判定想购买的农产品是否安全（郑鹏，2009），且由于农产品的生产销售信息不对称，农产品生产经营者一般不会主动提供信息，而消费者也没有能力全面收集信息，信息不对称对农产品的生产经营及消费都可能造成危害（于华江和杨成，2010）。

第四，普通农户与农技人员对农药认知的信息不对称。调研发现，普通农户对农药作用的传统认知为：随着农药使用量的增加，农作物病虫草害逐渐减少，农作物的产量就会增加；农药使用量越多，农产品发生病害、虫害就越少，农产品外观品质也越佳，农产品的质量安全水平越高。而最新研究结果显示，随着农药使用量的增加，农药使用量与农产品产量呈脱钩状态（杨建辉，2017；邵宜添，2021b;），即农产品产量不会因为农药投入的增加而增加，农药使用量已呈现过量状态。邵宜添和王依平（2021）研究发现，农药使用量与市售果蔬农药残留呈显著性正相关，而当前我国市售果蔬仍存在剧毒、高毒农药残留以及农药残留过量等问题。

第五，农药最大残留限量标准的信息不对称。随着我国逐渐从对农产品"产量安全"的需求转向"质量安全"的要求，农药残留最高限量标准也相应提高，2020年2月我国开始实施《食品安全国家标准 食品中农药最大残留限量》（GB 2763—2019），该标准是对 GB 2763—2016 和 GB 2763.1—2018 的延续和拓展，其中规定了483种农药7101项 MRL。2021年3月发布的新版《食品安全国家标准 食品中农药最大残留限量》（GB 2763—2021），共规定了564种农药10092项 MRL，对农产品中农药残留限量提出了更高要求。然而，相比发达国家而言，我国10092项农药 MRL 仍有进一步拓展的空间，如美国有39147项 MRL，欧盟有162248项 MRL，日本有51600项 MRL。因此，农药标准的信息不对称产生了农药使用漏洞，精准对标生产的导向使农产品很难突破国际贸易壁垒。

六、主要结论与政策启示

为探究农药减量化监管的真实困境所在，本节基于浙江农村的广泛调研，获取农户使用端、经营销售端、政府监管端在农药减量化方面的第一手资料。调研结果显示，农户端农药减量化受主客观因素共同作用，主观因素包括对农药安全的有限认知、受经济利益的导向，客观因素包括土地碎片化经营模式以及农药对劳动力的替代效应。销售端农药减量化障碍既在于假劣农药市场渗透的外在因素，更在于商家逐利行为和"口碑"效应的内在因素，主要表现为未严格执行登记制度、单品种高剂量售药、多品种搭配销售及"人证"不符导致的不当施药建议等。政府端主要存在"内动力不足"和"外阻力不断"的监管困境，内动力不足表现为地方政府农药监管专业人员相对不足以及自身检测设施不足导致对第三方检测机构的依赖；外阻力不断主要指市场假劣农药屡禁不止和较强隐蔽性导致的监管失效，以及法规对小型家庭农场农产品暂无检测要求引致的良莠不齐的农产品质量水平。深入分析发现，造成农药减量化监管困境的背后逻辑核心在于农药的信息不对称，主要表现为农药在农户使用端、经营销售端、政府监管端之间的信息不对称，也在于农产品消费端与供给端间、我国农药 MRL 标准与国际标准间的信息不对称。

因此，要纠正农药市场的失灵，关键在于充分发挥监管的有效性。根据调研结果，应在以下方面强化政府监管职能。（1）农药使用端应不断提高农户对农药安全认知水平和风险防范意识，适当拓展农业补贴范围和利用农药市场价格机制。农户作为农药的最直接使用者，其施药策略直接关系到农产品质量安全和农药减量化的实施效果。在农药相对劳动力来说价低且有利于保证农业产出的前提下，既要保证农户的稳定收益，又要保持农户种粮积极性，还要实现农药减量化，三者逻辑上存在悖论。解悖途径有两条，一是发挥市场机制作用，即确保农药信息充分对称，利用市场价格机制实现农产品优质优价，进而引导农药使用规范化，但针对当前小型家庭农场该途径很难实施；二是发挥政府经济职能，宏观调控农药因素引致的农产品安全问题，发挥政府转移支付功能，即通过适当提高农药市场价格以降低农药使用量，并相应拓展农业种植补贴范围，保护小型家庭农场的生产积极性和稳定收益。（2）强化农药经营销售监管，打通农药流通关键环节。农药销售端与农户关系最为紧密，也是影响农户施药策略的关键所在，而销售过程存在的多种弊端严重阻碍了农药减量化进程。因此，农业主管部门必须严格农药经营许可审批及强化对"人证"不符、挂牌式经营等导致不规范售药行为的监管力度，对销售人员应要求进行必要的培训及"持证式"上岗，尤其对剧毒、高毒等"限制使用"农药应实行"处方式"售药，确保对症使用，实现农药功效信息与农作物病虫害信息、实际销售人与经营许可人信息、农作物需药信息与实际售药信息等的充分对称。（3）不断完善政府监管体系建设，充分发挥政府市场监管职能。农药引致的农产品安全公共物品属性决定农药不能完全交由市场决定，政府必须进行有效干预以纠正农药市场失灵。鉴于当前农药监管现状，应强化农药专业监管队伍建设，建立高效农药检测机制，加大假劣农药查处力度，普及上市农产品合格证制度。此外，外来物种入侵及病虫害抗药性增强等因素导致了农药防治的复杂性，应加大绿色环保型农药研发支持力度，用新型高效农药逐渐取代高毒高污染农药，从而实现农药减量化目标。

第四节　本章小结

一、研究结论

本章主要结论可概括为3个方面：（1）我国农药监管政策经历了由宽泛到严格，由局部监管到系统监管等日趋完善的过程；农药减量化监管政策具备理论的需求和现实的要求，当前农药减量化监管已成为我国农业政策改革的重要方向；数据分析表明，我国果蔬农药残留问题较为突出，农药在使用过程中存在过量的可能，农药减量化有一定的可行空间。（2）政府监管提高了农药残留达标均衡数量，有利于农药减量化；影响农药残留的产品成本、消费支出、产品单价、农药达标农产品最低需求量主要由市场决定；消费者效用权重、消费者风险感知度、农药超标农产品最低需求量与政府监管与否相关，这些也是政府实施农药监管应该考虑的因素。(3) 农户端农药减量化受主客观因素共同作用；销售端农药减量化障碍既在于假劣农药市场渗透的外在因素，也在于商家逐利行为和"口碑"效应的内在因素；政府端主要存在"内动力不足"和"外阻力不断"的监管困境。农药在使用端、销售端、监管端之间的信息不对称是造成农药减量化监管困境的主要原因。

二、政策启示

本章主要政策启示包括以下三点：(1) 制定农药减量化政策时既要充分重视农药对农业生产的积极作用，也决不能忽视不规范使用的危害；努力推动农业"量"和"质"协调发展；不断细化和推进农药减量化政策。(2) 不断强化政府监管在农药减量化方面的作用，多渠道开展农药减量化监管工作；重视对农药知识的宣传，提升农户安全规范使用农药的能力以及对农药残留安全的意识；鼓励和支持研发低毒高效低残留新型绿色农药以取代高毒高残留传统农药，不断提高农药科技含量，降低农业生产成本和农产品价格水平。(3) 提高农户对农药安全认知水平和风险防范意识，适当拓展农业补贴范围和合理利用农药价格机制；不断完善政府监管体系建设，充分发挥政府市场监管职能；充分重视农药使用端、销售端和监管端之间的信息不对称，把促进农药信息对称作为农药减量化监管的重要手段。

第四章　生产端与消费端信息不对称下
农药减量化监管路径

基于农产品生产端和消费端农药信息不对称视角，本章尝试借鉴原子核衰变规律构建农药减量化理论模型，结合农药损害控制模型，分析农药残留的3个关键指标，探索农药残留信息差异和农户成本收益分析下农药减量化监管路径，并以"丽水山耕"农产品为例进行案例分析。研究发现，利用市场机制从消费端反向促进生产经营端规范农药使用是实现农药减量化的可行路径，其关键在于充分确保农产品农药残留等信息对称。政府监管策略的重点不仅在于对农药使用的具体监管，更在于营造信息对称的市场环境。鉴于此，本章提出"政府监管＋市场机制"以实现农药信息对称来促进农药减量化的监管路径。

第一节　逻辑框架及问题提出

2000—2019年，我国平均农药使用量超过158万吨，平均粮食总产量超过55831万吨[1]，2020年全国粮食总产量为13390亿斤（1斤＝0.5千克）[2]，粮食生产获"十七连丰"。FAO数据显示，2019年我国化学农药原药产量近212万吨，其中用于农业生产的农药使用总量超177万吨，是美国的4.35倍、巴西的4.7倍，居世界第一。农药的充足供应确保了农业的稳定生产，也保障了粮食安全，但是农药的不规范使用对生态环境、人体健康等都存在极大的安全隐患（朱淀等，2014）。国家统计局公布的数据显示，2015年我国农药利用率仅为36.6％，2017年增至38.8％，2020年为40.6％[3]，虽然大部分农药散失在环境中，但我国农业生产仍高度依赖

---

① 数据来源于《中国农业统计资料1949—2019》。

② 国家统计局. 国家统计局关于2020年粮食产量数据的公告[EB/OL].（2020-12-10）[2021-11-12]. http://www.stats.gov.cn/tjsj/zxfb/202012/t20201210_1808377.html.

③ 高云才，郁静娴. 全国秋收进度已超八成粮食生产将迎十八连丰[N]. 人民日报，2021-10-30(1).

于农药等农业化学品投入（Zhang et al.，2015）。调研发现，我国桃主产县75.38％的样本果农存在过量施药现象（展进涛等，2020）；对五省稻农的调研显示同样存在严重的过量施药行为（秦诗乐和吕新业，2020）。由此可见，我国农产品生产端的农药过量使用情况仍普遍存在。

农产品在外观上具有普遍的同质性，而农产品质量安全水平却存在明显区别。由于消费者肉眼很难鉴别农产品质量的好坏且难以获得市售农产品的质量安全信息，因此农产品市场产生了"柠檬效应"，进而出现失灵。农药残留是影响农产品质量安全的重要因素之一，消费者很难通过有效途径获取农产品农药残留的准确信息，而且随着我国经济发展，消费者对农产品需求已经从"数量"需求转变为"质量"要求。农产品生产端和消费端农药残留信息不对称等现实问题导致了消费者对农产品的质量要求得不到有效满足，从而造成了农药减量化的困境。

农产品生产端和消费端的农药残留等信息不对称导致了市场失灵，而依靠政府力量强化监管等宏观手段是弥补市场失灵的重要途径。生产端与消费端信息不对称下农药减量化监管研究逻辑框架如图4-1所示。可见，探索形成适合我国农情的农药减量化监管路径，重在实现生产端和消费端的农药残留等信息对称，核心在于构建农药信息共享机制，打开神秘的农药信息"暗盒"。2019年12月，食用农产品合格证制度开始在全国试行，一定程度上实现了农产品质量安全信息对称。那么，这种以市场查验方式倒逼生产者把好农药使用关、保障农产品质量的新监管模式是否有效？如何以实现农药信息对称方式，充分发挥市场机制对农产品质量安全的决定性作用？政府在农药减量化和农产品安全监管中应该采取哪些有效措施？这些问题都值得认真思考和妥善解决。基于上述问题，本章结合理论分析和典型案例，从实现生产端和消费端的农药信息对称角度探索农药减量化监管路径。

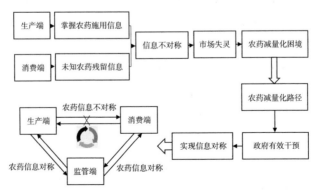

图4-1　生产端与消费端信息不对称下农药减量化监管研究逻辑框架

第二节　基于不同农药残留信息比较分析的农药减量化监管路径

一、农药减量化模型构建

农药使用后一部分在安全间隔期内会被自然降解，另一部分则残留在农作物以及自然环境中。农药残留超标与否是衡量农药是否规范使用的重要依据，农药减量化的核心是有效降低残留水平，而残留水平主要受农药使用强度、安全间隔期、药品自身属性以及使用环境等的影响。农药在自然环境中受外部光照、氧化、高温和刮风降雨等物理化学反应以及微生物作用实现自然降解。因此，在满足合理的剂量及规定的安全间隔期条件下，农药会自然降解到国家标准规定的最大残留限量水平。规范使用农药既能保护农作物免遭病虫草害，又不会对人体和自然环境造成损害。

农药减量化效果一般以农药使用总量的减少量与农药使用总量之比来衡量，即农药减量占比。农药使用总量是以农药使用强度和使用频率的乘积值来表示，其中农药使用强度表示单位面积的农药使用量，农药使用频率表示农作物生长周期内农药使用的次数。我国近年来农业耕地面积保持稳定，农作物生长周期也相对固定，可见，影响农药减量效果的因素主要是农药使用强度和使用频率，与使用频率最相关的是农药的种类。然而，针对我国农业相对复杂的具体农情，很难从农药使用强度、使用频率以及使用种类去衡量农药减量化效果。不管是农药使用强度的变化、农药使用频率的改变还是农药种类的不同选择，最终反映农药减量化效果最直接的指标是农药残留水平，包括农产品中农药残留水平和农业生态环境中农药残留水平。因此，衡量农药减量化效果的最核心指标是农产品的农药残留水平。

为进一步分析农药减量化的影响因素，本书对农药减量化关键影响因子进行深入分析，尝试借鉴原子核衰变规律，构建以农药残留为核心指标的农药减量化理论基础模型，并对模型的主要影响因子进行逐一分析。其中核衰变是指原子核自发射出某种粒子而变为另一种核的过程，放射性原子核半数发生衰变所需的时间被称为半衰期，半衰期越短则说明其原子越不稳定。化学农药自然降解过程类似于核衰变，化学农药的半衰期指农药使用后农药残留降解一半所需要的时间，农药使用后降解到最大残留限量标准为农药安全间隔期，化学结构越稳定的农药安全间隔期越长。其基础模型表达式如下：

$$Q = Q_0 \left(\frac{1}{z} \right)^{\frac{t}{T}} \lambda / \theta \qquad (4.1)$$

上式中，Q 表示农药残留；Q_0 表示农药使用强度；T 表示农药安全间隔期；t 表示农药实际间隔期；z 表示规范配制的农药经 z 倍稀释后达到农药最大残留限量国家标准（$z>1$）；λ 表示农业生产环境如光照、温度、降雨、风力、微生物等自然条件对农药的降解系数，在恶劣自然环境下 $\lambda<1$，在良好自然环境下 $\lambda>1$，在测定农药安全间隔期条件下 $\lambda=1$；θ 表示农药喷洒均匀系数（$\theta \leqslant 1$），$\theta=1$ 表示理想喷洒状态，此时均匀喷洒形成的农药雾滴有效包裹农作物。

二、不同信息条件下农药实际间隔期对农药减量化的影响

为简化模型，我们假定农药的降解系数和喷洒均匀系数均保持不变，$\lambda=\theta=1$。此时，农药减量化模型简化为：

$$Q = Q_0 \left(\frac{1}{z} \right)^{\frac{t}{T}} \qquad (4.2)$$

（4.2）式两边取对数得：

$$\ln Q = \ln Q_0 + \frac{t}{T} \ln \left(\frac{1}{z} \right) \qquad (4.3)$$

当 Q_0 恒定时，（4.3）式两边对 t 求一阶导，得：

$$\frac{Q_t}{Q} = \frac{\ln \frac{1}{z}}{T} < 0 \qquad (4.4)$$

其中，Q_t 表示 Q 对 t 的一阶导数。（4.4）式中 Q 和 T 为非负数，则 $Q_t<0$，表示农药残留量随着农药实际间隔期的延长而降低。

（一） 安全间隔期对生产成本和产量的影响

假设有不同农户 i（i 为正整数），他们分别种植同一类农作物，使用同一种农药且每次施药强度 Q_0 一致，农药的销售单价为 P_n，该农作物的固定生长周期是 G，农户 i 的农药的实际间隔期是 t_i。

则农户 i 和农户 i' 生产成本差为 ΔE，$\Delta E = \left(\frac{G}{t_i} - \frac{G}{t_{i'}} \right)(P_n Q_0 + L)$，$L$ 表示单次施药劳动力固定成本。

再讨论农作物农药含量与产量之间的关系。农作物农药含量为 Q_i（表示即时农药残留量），农作物实际产量为 F_i，实验室理想状态下无害虫、杂草等时的农作物产量为 F_0。农药含量为 Q_i 时，害虫、杂草等对农产品产

量损害程度为 $C(Q_i)$，损害控制分布函数形式借鉴 Exponential 分布（Hovav and Itshak，1974；朱淀等，2014），$C(Q_i) = 1 - \exp(-\alpha Q_i)$。$\alpha > 0$，表示农户对农药的安全认知。则：

$$F_i = F_0 C(Q_i) = F_0[1 - \exp(-\alpha Q_i)] \tag{4.5}$$

（二）不同农药残留信息下农产品的价格和农户收益

第一，当农产品中农药残留信息对称时，农产品的价格受农药残留的影响，此时：

$$P_{ai} = P_0[1 - C(Q_i)] \tag{4.6}$$

其中，P_{ai} 表示第 i 个农产品价格，P_0 表示无农药残留时的农产品价格，$1 - C(Q_i)$ 表示农产品受农药残留影响时的价格折损系数。将 $C(Q_i) = 1 - \exp(-\alpha Q_i)$ 带入（4.6）式得：

$$P_{ai} = P_0 \exp(-\alpha Q_i) \tag{4.7}$$

由（4.7）式可得，当信息对称时，农产品价格与农药残留呈负相关，即农药残留越高，农产品价格越低。

此时，农户 i 和农户 i' 的收益差为 ΔR，ΔR 为农产品的销售收入差减去生产成本差：

$$\Delta R = (F_i P_{ai} - F_{i'} P_{ai'}) - \Delta E \tag{4.8}$$

将（4.5）式、（4.6）式代入（4.8）式并化简得：

$$\Delta R = \left[F_0 P_0 \left(e^{-\alpha Q_i} - e^{-\alpha Q_{i'}} \right) \left(1 - e^{-\alpha Q_i} - e^{-\alpha Q_{i'}} \right) \right] - \left(\frac{G}{t_i} - \frac{G}{t_{i'}} \right) (P_n Q_0 + L) \tag{4.9}$$

由（4.2）式可得，将 $Q_i = Q_0 \left(\dfrac{1}{z} \right)^{\frac{t_i}{T}}$ 代入（4.9）式，则（4.9）式农户收益差转化为仅关于实际农药间隔期的函数：

$$\Delta R = \left[F_0 P_0 \left(e^{-\alpha Q_0 \left(\frac{1}{z} \right)^{\frac{t_i}{T}}} - e^{-\alpha Q_0 \left(\frac{1}{z} \right)^{\frac{t_{i'}}{T}}} \right) \left(1 - e^{-\alpha Q_0 \left(\frac{1}{z} \right)^{\frac{t_i}{T}}} - e^{-\alpha Q_0 \left(\frac{1}{z} \right)^{\frac{t_{i'}}{T}}} \right) \right] - \left(\frac{G}{t_i} - \frac{G}{t_{i'}} \right) (P_n Q_0 + L) \tag{4.10}$$

$e^{-\alpha Q_0 \left(\frac{1}{z} \right)^{\frac{t}{T}}}$ 是关于 t 的增函数，当 $t_i < t_{i'}$ 时，则（4.10）中 $e^{-\alpha Q_0 \left(\frac{1}{z} \right)^{\frac{t_i}{T}}} - e^{-\alpha Q_0 \left(\frac{1}{z} \right)^{\frac{t_{i'}}{T}}} < 0$，$\left(\dfrac{G}{t_i} - \dfrac{G}{t_{i'}} \right)(P_n Q_0 + L) > 0$，则决定 ΔR 的关键在于 $1 - e^{-\alpha Q_0 \left(\frac{1}{z} \right)^{\frac{t_i}{T}}} - e^{-\alpha Q_0 \left(\frac{1}{z} \right)^{\frac{t_{i'}}{T}}}$ 中 $e^{-\alpha Q_0 \left(\frac{1}{z} \right)^{\frac{t}{T}}}$ 的取值。下面讨论不同 $e^{-\alpha Q_0 \left(\frac{1}{z} \right)^{\frac{t}{T}}}$ 时 t 的取值。

$$\begin{cases} e^{-\alpha Q_0\left(\frac{1}{z}\right)^{\frac{t}{T}}}=\dfrac{1}{2}, t=\dfrac{T(0.367+\ln\alpha Q_0)}{\ln z}, 1-e^{-\alpha Q_0\left(\frac{1}{z}\right)^{\frac{t_i}{T}}}-e^{-\alpha Q_0\left(\frac{1}{z}\right)^{\frac{t_{i'}}{T}}}=0 \\[3mm] e^{-\alpha Q_0\left(\frac{1}{z}\right)^{\frac{t}{T}}}>\dfrac{1}{2}, t>\dfrac{T(0.367+\ln\alpha Q_0)}{\ln z}, 1-e^{-\alpha Q_0\left(\frac{1}{z}\right)^{\frac{t_i}{T}}}-e^{-\alpha Q_0\left(\frac{1}{z}\right)^{\frac{t_{i'}}{T}}}<0 \\[3mm] e^{-\alpha Q_0\left(\frac{1}{z}\right)^{\frac{t}{T}}}<\dfrac{1}{2}, t<\dfrac{T(0.367+\ln\alpha Q_0)}{\ln z}, 1-e^{-\alpha Q_0\left(\frac{1}{z}\right)^{\frac{t_i}{T}}}-e^{-\alpha Q_0\left(\frac{1}{z}\right)^{\frac{t_{i'}}{T}}}>0 \end{cases}$$

$$\tag{4.11}$$

由（4.11）可知，ΔR 是关于 t 的增函数，即在信息对称时，农药实际间隔期越长，农户的收益差就越大，那么农户就越倾向于延长农药实际间隔期。

第二，当农产品中农药残留信息不对称时，农产品的价格不受农药残留的影响，此时 $P_{ai}=P_a$，P_a 表示农产品市场均价。

此时，农户 i 和农户 i' 的收益差为 ΔR，ΔR 为农产品的销售收入差减去生产成本差：

$$\Delta R=(F_i-F_{i'})\bar{P}_a-\Delta E \tag{4.12}$$

将（4.5）、（4.6）式代入（4.12）式并化简得：

$$\Delta R=\left[F_0P_a\left(e^{-\alpha Q_0\left(\frac{1}{z}\right)^{\frac{t_i}{T}}}-e^{-\alpha Q_0\left(\frac{1}{z}\right)^{\frac{t_{i'}}{T}}}\right)\right]-\left(\frac{G}{t_i}-\frac{G}{t_{i'}}\right)(P_nQ_0+L) \tag{4.13}$$

$$\begin{cases} \Delta R>0, \text{农户将会缩短实际农药间隔期;} \\ \Delta R=0, \text{农户保持实际农药间隔期不变;} \\ \Delta R<0, \text{农户将会延长实际农药间隔期;} \end{cases}$$

$e^{-\alpha Q_0\left(\frac{1}{z}\right)^{\frac{t}{T}}}$ 是关于 t 的增函数，当 $t_i<t_{i'}$ 时，（4.13）式中 $F_0P_a\left(e^{-\alpha Q_0\left(\frac{1}{z}\right)^{\frac{t_i}{T}}}-e^{-\alpha Q_0\left(\frac{1}{z}\right)^{\frac{t_{i'}}{T}}}\right)>0$，$\left(\dfrac{G}{t_i}-\dfrac{G}{t_{i'}}\right)(P_nQ_0+L)>0$，则 ΔR 的取值由 F_0、P_a、P_n、Q_0、L 等因素共同决定。根据前面假设条件可知，理想状态下农作物产量 F_0 保持不变，农产品市场均价 P_a 基本不变，农药使用强度 Q_0 保持不变，农药安全间隔期 T 和稀释倍数 z 恒定，则 $F_0P_a\left(e^{-\alpha Q_0\left(\frac{1}{z}\right)^{\frac{t_i}{T}}}-e^{-\alpha Q_0\left(\frac{1}{z}\right)^{\frac{t_{i'}}{T}}}\right)$ 表示农药间隔期变化导致产量变化后的农业产值变化，取值大小仅由 t 决定。而决定生产成本差 ΔE 取值的因素中，农作物

的固定生长周期 G 和农药使用强度 Q_0 保持恒定，$\left(\dfrac{G}{t_i}-\dfrac{G}{t_{i'}}\right)(P_nQ_0+L)$ 取值由 t、P_n、L 共同决定，且随着 P_n、L 的增加而增加。随着低毒高效农药的研发和推广，尤其是生物农药不断取代化学类农药，高毒低效农药逐渐退出历史舞台，农药的价格 P_n 也呈缓慢增长的趋势，根据《中国统计年鉴》数据，近年来我国农药及农药械平均价格指数均大于 1.0。改革开放以来，我国经济迅猛发展，生产方式由劳动密集型逐渐向科技型过渡，劳动力固定成本也逐渐增加。因此，短期看，农药安全间隔期不会出现明显变化，但从长远看，生产成本差将逐渐扩大，导致 ΔR 逐渐降低的趋势越来越明显，最终农户将会逐渐延长实际农药间隔期，但延长效果随农药市场价格和劳动力成本的改变而变化，该部分变化归因于市场因素的自发调节作用，具有不可控性。

（三）不同农药残留信息时的比较及主要结论

（1）信息对称时，农户会主动选择延长农药实际间隔期以获取更多收益；信息不对称时，农户受农药价格和劳动力成本等因素的变化而相应改变农药实际间隔期，是一种被动的调节过程。（2）信息对称时，利用农产品市场价格机制，农药安全间隔期是明显可调的；信息不对称时，农户对农药安全间隔期的调整受限于其他因素的影响，是不可预期的，即农户有可能延长或缩短农药安全间隔期。（3）信息对称时，价格机制对延长农药安全间隔期的反应是迅速的；信息不对称时，价格机制对农药安全间隔期的调整是相对滞后的。

通过对上述模型的分析及对不同农药残留信息的比较可知：（1）农药安全间隔期受诸多农业市场因素的影响，会随着农业市场环境的变化而发生改变。（2）通过对农户成本收益的分析，在理性条件下，农户的收益水平决定了实际农药安全间隔期。（3）农药残留信息对称时，农户会选择适当延长农药安全间隔期，提高农产品单位售价并适当牺牲农产品产量来获取最大收益。（4）农药残留信息不对称时，农户的收益水平受诸多市场因素影响，农药的价格和劳动力成本与农户农药安全间隔期呈正向关系，即农药安全间隔期随着农药的价格或劳动力成本的增加（降低）而增加（降低）。此时，农药实际间隔期是由市场因素决定的，不具备可控性。

因此，政府监管部门应充分保障市场农产品农药残留的信息对称，利用市场价格机制来促使农户主动延长农药安全间隔期，降低农药残留以保障农产品的质量安全，采用"政府监管＋市场机制"模式，实现农药减量化农业增效的快速、可持续转变。

三、不同信息条件下农药使用强度对农药减量化的影响

仍然采用农药减量化基础模型：$Q=Q_0\left(\dfrac{1}{z}\right)^{\frac{t}{T}}\lambda/\theta$。假设农药稀释倍数 z、农药实际间隔期 t、规定农药安全间隔期 T 保持不变。为简化模型，我们同样假定农药的降解系数和喷洒均匀系数保持不变，$\lambda=\theta=1$。那么，农药残留 Q 是与农药使用强度 Q_0 呈正比关系。接下来讨论如何减少农药使用强度来降低农药残留。

同样引入损害控制分布函数，借鉴 Exponential 分布：

$$C(Q_0)=1-\exp(-\alpha Q_0) \tag{4.14}$$

其中，$\alpha>0$，表示农户对农药的安全认知。对农作物产量进一步细分，可以表示为：

$$F_i=(1-\beta)F(x)+\beta F(x)C(Q_0)=(1-\beta)F(x)+\beta F(x)[1-\exp(-\alpha Q_0)] \tag{4.15}$$

（4.15）式中，F_i 为农作物实际产量，β 为农作物受害虫、杂草等影响比例，x 表示化肥、农膜、农业机械等农业生产要素投入，$F(x)$ 表示生产要素一定时农产品潜在最大产量。

农户在使用农药 Q_0 时的收益为 R，则：

$$R=P_aF_i-P_nQ_0-rx \tag{4.16}$$

（4.16）中，P_a 是农产品市场价格，P_n 是农药市场价格，r 是农业生产要素价格。

（4.15）式代入（4.16）中，得：

$$R=P_a\{(1-\beta)F(x)+\beta F(x)[1-\exp(-\alpha Q_0)]\}-P_nQ_0-rx \tag{4.17}$$

（一）当农产品中农药残留信息不对称时

农产品市场价格不受使用农药 Q_0 的影响，（4.17）式两边对 Q_0 求一阶导后得：

$$P_a\beta F(x)\alpha\exp(-\alpha Q_0)=P_n \tag{4.18}$$

（4.18）化简后得：

$$Q_0{}^*=\frac{1}{\alpha}\ln\frac{P_a\beta F(x)\alpha}{P_n} \tag{4.19}$$

由（4.19）式可知，农药使用均衡数量 $Q_0{}^*$ 与农产品市场价格 P_a，农作物受害虫、杂草等影响比例 β，农产品潜在最大产量 $F(x)$ 呈正比，与农药市场价格 P_n 呈反比，不能确定与农户对农药的安全认知水平 α 的关系。而 β、$F(x)$ 受农业生长自然环境影响，是不确定因素；α 是农户的主观认

识，惯性思维不容易改变，属于随机因素；P_n主要由农药市场决定，属于不可控因素；P_a主要由农产品市场决定，与农药残留无关，是市场价格的接受者。因此，农药使用均衡数量Q_0^*由一系列外部变量决定，是诸多影响因素下的随机变量，具有不确定性。因此，当信息不对称时，很难单纯依靠市场力量来降低农药使用强度。

（二）当农产品中农药残留信息对称时

农产品的价格受农药残留的影响，此时

$$P_a = P_0[1 - C(Q)] \tag{4.20}$$

其中，P_a表示农产品实际价格，P_0表示无农药残留时农产品价格，$1 - C(Q)$表示农产品受农药残留影响时的价格折损系数。将$C(Q)=1-\exp(-\alpha Q)$带入（4.20）式得：

$$P_a = P_0\exp(-\alpha Q) \tag{4.21}$$

由（4.21）式可得，当信息对称时，农产品价格与农药残留呈负相关，即农药残留越高，农产品价格越低。P'_{aQ}表示农产品价格对农药残留的一阶导，信息对称时农产品价格与农药残留负相关，$P'_{aQ}<0$。

假设此时农户的收益为R：

$$R = P_a\{(1-\beta)\ F(x) + \beta F(x)[1 - \exp(-\alpha Q_0)]\} - P_n Q_0 - rx \tag{4.22}$$

（4.22）式两边对Q_0求一阶导得：

$$R'_{Q_0} = P'_{aQ_0}\{(1-\beta)\ F(x) + \beta F(x)[1 - \exp(-\alpha Q_0)]\}$$
$$+ P_a\beta F(x)\alpha\exp(-\alpha Q_0) - P_n \tag{4.23}$$

其中，R'_{Q_0}表示农户收益关于农药使用强度的一阶导，当达到均衡状态时，$R'_{Q_0}=0$。此时，农户最优农药使用量决策条件为：

$$P'_{aQ_0}\{(1-\beta)\ F(x) + \beta F(x)[1 - exp(-\alpha Q_0)]\} + P_a\beta F(x)\alpha\exp(-\alpha Q_0) = P_n \tag{4.24}$$

其中，P'_{aQ_0}表示农产品价格对农药使用强度的一阶导，信息对称时农产品价格P_a与农药残留Q负相关，根据（4.1）可知农药残留Q与农药使用强度Q_0正相关，因此可以推导农产品价格与农药使用强度呈负相关，即$P'_{aQ_0}<0$。此外，$[1-\exp(-\alpha Q_0)]$与Q_0呈正相关且大于零，因此当其他因素保持稳定时，（4.24）式中$P'_{aQ_0}\{(1-\beta)\ F(x) + \beta F(x)[1 - \exp(-\alpha Q_0)]\}<0$，且与$Q_0$呈负相关，该部分可认为是由于农产品价格变化导致的农药投入边际收益变动。$\exp(-\alpha Q_0)$是关于Q_0的减函数，因此当其他因素保持稳定时，（4.24）式中$P_a\beta F(x)\alpha\exp(-\alpha Q_0)>0$，且随着$Q_0$的增大而减少，该部分可认为是农产品产量变化导致的农药投入边际收益变动。因此，当 Q_0 在一定水平时可以维持均衡状态。

　　由以上分析可知，当农药残留信息对称时，农户降低农药使用强度有利于在外部环境变化时维持稳定的均衡状态；而当农户增大农药使用强度时，如果外部环境保持稳定，则将失去均衡，造成农户的损失。农药使用强度对农产品产量有正的影响，而对农产品质量有负的影响。如果市场可以有效区分农产品农药残留水平，并根据农药残留水平来区别定价，则农户会倾向于降低农药使用强度。因此，农药残留信息对称条件下，农户的最优选择是降低农药使用强度以保证经济收益。

四、不同信息条件下农药种类选择对农药减量化的影响

　　仍然采用农药减量化基础模型：$Q=Q_0\left(\dfrac{1}{z}\right)^{\frac{t}{T}}\lambda/\theta$。

　　讨论不同农药属性对农药残留的影响，分别以化学农药（传统农药）和生物农药（新型农药）为例。化学农药的特点是见效快、易储存、有毒副作用，生物农药的特点是见效慢、货架期短、对环境友好。两类农药有不同的规定农药安全间隔期 T，以 T 指标为例，保持其他变量不变，讨论 T 对农药残留的影响。T 是指按规定药量喷洒农药后到农药残留量降到国家标准允许的最大残留量所需的间隔时间。这段时间内，农药经化学分解（光照、高温、氧化等）、物理降解（雨淋、风吹等）以及微生物作用等过程，逐渐失去药效。因此，农药安全间隔期也被作为农作物农药喷洒参考周期。当然，农作物属性和生长环境不同，受病虫害、杂草等干扰程度不同，农药喷洒周期也存在差异性。那么，农药规定安全间隔期 T 如何影响农药残留？如果 T 很长，说明该类农药药效持久，不易分解，优点是减少农药使用频率，降低农药购买成本和劳动力成本，缺点是农药残留量较高，容易造成农产品安全隐患。如果 T 很短，说明该类农药药效较短，容易降解，优点是农药残留量较低，不易造成农产品安全隐患，缺点是增加农药使用频率，提高农药购买成本和劳动力成本。

　　新药研发目标是研制生物农药等新型科技农药，实现用低毒高效低残留新药逐渐取代高毒低效高残留农药。近年来，我国增大用于农药生产和新药研发的投入，农药产业取得重大突破，一大批新型生物农药投入市场。然而，生物农药发展面临纵、横双向与效益的失衡，难以摆脱长期

"叫好不叫座"的尴尬境地[①]。新药研发和被农户广泛接受是一个漫长的过程，农药的新旧更替也需要很长时间。除了政府对剧毒高毒农药禁用之外，农户的农药选择是决定新型农药能否有效推广的关键因素。以下探讨农户农药类型选择如何影响农药减量化。

假设市场上有两种农药，一种是新型农药（以生物农药为例），规定安全间隔期 T_1，市场销售价格 P_{n1}，亩均单次使用量 Q_1。另一种是传统农药（以化学农药为例），规定安全间隔期 T_2，市场销售价格 P_{n2}，亩均单次使用量 Q_2。为简化起见，不考虑其他差异。一般情况下，新农药相对传统农药的特点是：$T_1 < T_2$（生物农药易降解），$P_{n1} > P_{n2}$（新药附加研发成本），$Q_1 > Q_2$（达到同等防治效果）。

那么，农户选择新农药的成本为：$C_1 = (P_{n1}Q_1 + L)\dfrac{G}{T_1}$；农户选择传统农药的成本为：$C_2 = (P_{n2}Q_2 + L)\dfrac{G}{T_2}$，其中 G 表示农作物固定生长周期，农药喷洒周期参考规定安全间隔期。

两种农药选择的成本差为：

$$\Delta C = C_1 - C_2 = (P_{n1}Q_1 + L)\frac{G}{T_1} - (P_{n2}Q_2 + L)\frac{G}{T_2} \tag{4.25}$$

（4.25）式化简得：$\Delta C = G\left(\dfrac{P_{n1}Q_1}{T_1} - \dfrac{P_{n2}Q_2}{T_2}\right) + GL\left(\dfrac{1}{T_1} - \dfrac{1}{T_2}\right) > 0$。

农户购买新农药增加了购买支出成本，那么如何分摊这部分额外成本？一种方法是对农户购买新农药进行政府补贴，补贴金额超过选购新农药的成本差，保证农户的利益不受损失，但是我国尚处在大国小农阶段，农药购买渠道多样，且尚未建立完善的购买登记信息系统，因此政府补贴措施在具体执行上仍存在诸多障碍。另一种方法是利用市场价格机制从农户端自发调节农药种类购买结构，即通过实现农产品农药残留、农药种类等信息对称，对不同质量农产品进行区别定价。假设使用新农药的农产品市场价格为 P_{a1}，使用传统农药的市场价格为 P_{a2}，其中 $P_{a1} > P_{a2}$，假设农产品亩均产量为 W，则农产品亩均销售收入差为 $\Delta R = (P_{a1} - P_{a2})W$。如果信息不对称，则农产品价格是市场价格的接受者，此时 $P_{a1} = P_{a2}$，$\Delta R = 0$。

如果 $\Delta R > \Delta C$，则农户会选择新农药；如果 $\Delta R = \Delta C$，农户会维持购买习惯；如果 $\Delta R < \Delta C$，农户会选择传统农药。那么，理想状态是 $\Delta R >$

---

① 人民网. 生物农药何时摆脱叫好不叫座的尴尬[EB/OL]. (2018-6-28)[2021-12-2]. http://finance. people.com.cn/n1/2018/0628/c1004-30093621.html.

$\triangle C$，即：

$$(P_{a1} - P_{a2})\, W - G\left(\frac{P_{n1}Q_1}{T_1} - \frac{P_{n2}Q_2}{T_2}\right) + GT\left(\frac{1}{T_1} - \frac{1}{T_2}\right) > 0 \quad (4.26)$$

（4.26）式成立的关键是确保农产品存在价格差（$P_{a1} - P_{a2}$），该价格差由消费者选择偏好决定，而影响消费者选择偏好的主要依据是农产品农药残留等质量信息。因此，当农产品农药残留信息对称时，依靠市场价格机制就可能有效实现低毒高效低残留新药取代高毒低效高残留农药，进而实现农药减量化农业增效。

五、农药残留信息差异下农药减量化监管路径探析

综上，通过对不同信息条件下农药实际间隔期、农药使用强度和农药种类选择对农药减量化的影响进行分析，可得信息对称与否在三者对农药减量化的影响中基本呈现一致性结论，即当信息不对称时，用药主体会采取各种"灵活"措施想方设法在争取更多产量、卖出更高价格、降低更多成本上谋求效用最大化，此时的农药减量化监管主要依靠政府严格执法；当信息对称时，消费者是否购买成为用药与否、如何用药的指挥棒，此时农药减量化监管的重点不在于政府作用的发挥，而在于市场机制的顺畅。因此，强化信息公开透明的市场化机制是实现农药减量化的关键。

第三节　基于不同农药信息农户利润分析的农药减量化监管路径

基于（4.1）农药减量化基础模型假设，对农药是否过量的界定主要是根据农药使用量、农药使用安全间隔期以及农药自身属性。对特定种类农药而言，在执行规定使用强度和安全间隔期条件下，农产品农药残留将不会超标，但我国农户在选择农药类型、设置剂量配比、执行安全间隔期等过程中往往依赖于农业生产的实践经验（邵宜添等，2020；邵宜添，2022），即农户采用根据农作物病虫草害具体情况而使用农药。对于我国小规模农户而言，实践经验法更具有针对性，可以避免盲目使用农药造成的各类污染及农药、人工等不必要的成本支出。根据实践经验使用农药有两种类型：一是治疗型施药，即农作物出现病虫草害之后再行施药；二是预防型施药，即农作物出现病虫草害之前先行施药。根据农户人数情况也存在两种主要类型：一是人工短缺型，即增强农药使用强度和延长安全间

隔期，从而减少施药的人工成本；二是人工富裕型，即适当降低农药使用强度和缩短安全间隔期。综上，从农药使用角度而言，农作物及生产环境中农药残留水平是判断农药使用是否超标的最直接和最有力的证据，因此，通过测定农产品中农药残留值是否超过国家农药残留最高限量标准即可判定农药是否过量使用。

此外，按照经济分析逻辑，农药的最优用量应满足农药使用的边际收益等于边际成本，当农药使用的边际收益低于边际成本时，则为过量使用（李昊等，2017）。农药的收益包括农业产量和农业质量提升以及病虫草害防治效果显著等。农药的直接成本包括从农药研发到使用的全部费用，而间接成本则包括农产品质量安全隐患、环境面源污染以及农田生态系统破坏等。因此，从边际收益和边际成本角度很难准确衡量农药是否过量，但成本收益分析为农药减量化提供了理论思路。鉴于农户作为我国农业的经营主体，也是农药的直接使用者（张露和罗必良，2020），本书基于农药减量化模型从农户成本收益视角分析，比较农药信息对称和不对称时农户对农药的选择倾向，从而为从源头实现农药减量化提供理论基础，也为政府制定农药监管策略提供参考。

一、农药信息不对称时农户利润影响因素和施药行为导向

当农药信息不对称时，农产品的价格为市场统一价，记为Ω。当农药使用强度（亩均单次使用量）为K时，农药残留量为Q，农作物实际产量为W，实验室理想状态下无害虫、杂草时的农作物产量为R。害虫、杂草等对农作物产量损害程度为$C(Q)$，损害控制分布函数形式借鉴Exponential分布（Hovav and Itshak，1974；朱淀等，2014），$C(Q)=1-\exp(-\alpha Q)$。α表示农户对农药的安全认知，$\alpha>0$。则：$W=RC(Q)=R[1-\exp(-\alpha Q)]$。假设农药实际间隔期为$t$，农作物的固定生长周期为$G$，农药单价为$P$，亩均单次施药劳动力成本为$L$，亩均化肥、种子、农业机械等固定成本为$S$，则农户农业生产利润为$\pi$。

$$\pi=\Omega R\left\{1-\exp\left[-\alpha K\left(\frac{1}{z}\right)^{\frac{t}{T}}\right]\right\}-\frac{G}{t}\ (PK+L)\ -S \qquad (4.27)$$

π分别对K、t、T求偏导得：

$$\pi'_K = \frac{\alpha R\Omega\bullet\left(\frac{1}{z}\right)^{\frac{t}{T}}}{e^{\alpha k\bullet\left(\frac{1}{z}\right)^{\frac{t}{T}}}} - \frac{GP}{t}, \pi''_K = -\frac{R\Omega\alpha^2\bullet\left(\frac{1}{z}\right)^{\frac{2t}{T}}}{e^{\alpha k\bullet\left(\frac{1}{z}\right)^{\frac{t}{T}}}};$$

$$\pi'_t = -\frac{\alpha K R\Omega\ln(z)\bullet\left(\frac{1}{z}\right)^{\frac{t}{T}}}{Te^{\alpha K\bullet\left(\frac{1}{z}\right)^{\frac{t}{T}}}} + \frac{G(KP+L)}{t^2};$$

$$\pi'_T = \frac{\alpha K R t\Omega\ln(z)\bullet\left(\frac{1}{z}\right)^{\frac{t}{T}}}{x^2 e^{\alpha K\bullet\left(\frac{1}{z}\right)^{\frac{t}{T}}}}。$$

结果显示：$\pi'_K=0$ 时，k 取值与其他变量相关，且 $\pi''_K<0$，说明随着农药使用强度的增加，农户农业生产利润呈先增后减的过程。$\pi'_t=0$ 时，t 取值与其他变量相关，π''_t 正负值亦取决于其他变量，此时无法通过偏导判断农户农业生产利润与农药实际间隔期的关系。$\pi'_T>0$，说明随着规定安全间隔期的延长，农户农业生产利润逐渐提高。

为进一步验证模型结果，选用实际参数进行数值模拟：农产品以稻谷为例，农业农村部数据显示，2021 年 5 月稻谷市场价为 0.707 元/千克，令 $\Omega=0.7$；理想状态下稻谷产量参考袁隆平团队双季稻亩产 1500 千克，令 $R=1500$；国标（GB 2763—2019）规定稻谷中百菌清残留限量为 0.2 毫克/千克，折算 $Z=400$；令 $\alpha=2$；南方双季稻生长周期是第一季为 4 月下旬至 7 月下旬，第二季为 8 月初至 10 月底，因此令 $G=200$；估计普通农业机械水平下亩均单次施药劳动力成本 L 为 30 元，估计亩均化肥、种子、农业机械等固定成本 S 为 300 元。此外，农药以百菌清为例，80 克装每袋售价 4.5 元，水稻中的推荐用量为 100～127 克/亩，令 $K=120$；推荐使用次数为 8 次（早稻 3 次，晚稻 5 次），水稻使用安全间隔期为 10 天（$T=10$）；建议在发病前或发病初期施药，视病害发生情况，每 7 天施药一次，令 $t=7$。因此，$\pi=1050\left\{1-\exp\left[-2K\left(\frac{1}{400}\right)^{\frac{t}{T}}\right]\right\}-\frac{200}{10}(4.5/80\times K+30)-$

300，利用 Mathematics4.0 绘制 π 与 K、t、T 的笛卡尔坐标。（1）令 $\frac{t}{T}=1$ 时，结果显示，农户农业生产利润随着农药使用强度的增加表现出先增后减的趋势，当 $K=260$ 时利润达到极大值点。（2）令 $K=120$，$T=10$ 时，结果显示，农户农业生产利润在实际间隔期0—7时基本保持不变，当$t=7$时呈断崖式下降。（3）令$K=120$，$t=10$时，结果显示，农户农业生产利润随着农药安全间隔期的增加而增加。因此，为保障农户生产利润最大化，农户的最佳策略选择为：（1）适当提高农药使用强度；（2）缩短实际安全间隔期；（3）选择安全间隔期较长的农药类型。

二、农药信息对称时农户利润影响因素和施药行为导向

当农药信息对称时，农产品的价格随着农药残留水平的波动而变化，本书借鉴Exponential分布，令农产品价格为$B\exp\left[-\alpha K\left(\dfrac{1}{z}\right)^{\frac{t}{T}}\right]$，其中$B$表示无农药残留时农产品价格，其他条件与农药信息不对称时一致，此时农户农业生产利润为π。

$$\pi = B\exp\left[-\alpha K\left(\frac{1}{z}\right)^{\frac{t}{T}}\right]R\left\{1-\exp\left[-\alpha K\left(\frac{1}{z}\right)^{\frac{t}{T}}\right]\right\}-\frac{G}{t}(PK+L)-S$$

$$(4.28)$$

π分别对K、t、T求偏导得：

$$\pi'_K = -\frac{\alpha BR\cdot\left(\frac{1}{z}\right)^{\frac{t}{T}}}{e^{\alpha k\cdot\left(\frac{1}{z}\right)^{\frac{t}{T}}}} + \frac{2\alpha BR\cdot\left(\frac{1}{z}\right)^{\frac{t}{T}}}{e^{2\alpha k\cdot\left(\frac{1}{z}\right)^{\frac{t}{T}}}} - \frac{GP}{t}$$

$$\pi'_t = \frac{\dfrac{\alpha BKR\ln(z)\cdot\left(\frac{1}{z}\right)^{\frac{t}{T}}}{e^{\alpha K\cdot\left(\frac{1}{z}\right)^{\frac{t}{T}}}} - \dfrac{2\alpha BKR\ln(z)\cdot\left(\frac{1}{z}\right)^{\frac{t}{T}}}{e^{2\alpha K\cdot\left(\frac{1}{z}\right)^{\frac{t}{T}}}}}{T} + \frac{G(KP+L)}{t^2}$$

$$\pi'_T = \frac{-\dfrac{\alpha BKRt\ln(z)\cdot\left(\frac{1}{z}\right)^{\frac{t}{T}}}{e^{\alpha K\cdot\left(\frac{1}{z}\right)^{\frac{t}{T}}}} + \dfrac{2\alpha BKRt\ln(z)\cdot\left(\frac{1}{z}\right)^{\frac{t}{T}}}{e^{2\alpha K\cdot\left(\frac{1}{z}\right)^{\frac{t}{T}}}}}{T^2}$$

结果显示：当K满足$\exp\left[\alpha K\left(\dfrac{1}{z}\right)^{\frac{t}{T}}\right]>2$时，$\pi'_K<0$，说明随着农药使

用强度的增加，农户农业生产利润递减。当 t 满足 $\exp\left[\alpha K\left(\dfrac{1}{z}\right)^{\frac{t}{T}}\right]>2$ 时，π'_t

>0，说明随着农药实际间隔期的增加，农户农业生产利润也随之增加。

当 T 满足 $\exp\left[\alpha K\left(\dfrac{1}{z}\right)^{\frac{t}{T}}\right]>2$ 时，$\pi'_T<0$，说明随着规定安全间隔期的延长，

农户农业生产利润随之降低。可见，K、t、T 取值之间存在紧密关联，通过模型很难判断利润变化。

　　为比较清晰反映农户利润变化，选用实际参数进行数值模拟：仍以稻谷为例，令无农药残留时稻谷价格 B 为3元/千克，其他参数与信息不对称

时一致，则有：$\pi=3450\exp\left[-2K\left(\dfrac{1}{400}\right)^{\frac{t}{T}}\right]\left\{1-\exp\left[-2K\left(\dfrac{1}{400}\right)^{\frac{t}{T}}\right]\right\}-$

$\dfrac{200}{10}(4.5/80*K+30)-300$，在平面直角坐标系中绘制 π 与 K、t、T 的关

系。（1）令 $\dfrac{t}{T}=1$ 时，结果显示，农户农业生产利润随着农药使用强度的增加表现出先增后减的趋势，当 K 为10.2左右时利润达到极大值点。（2）令 $K=120$，$T=10$ 时，结果显示，农户农业生产利润随着实际安全间隔期的增加呈先增后减的趋势，当 t 为9.7左右时利润达到极大值点。（3）令 $K=120$，$t=10$ 时，结果显示，农户农业生产利润随着规定安全间隔期的增加呈先增后减的趋势，当 T 为120左右时利润达到极大值点。因此，农户的最佳策略选择为：（1）显著降低农药使用强度；（2）适当延长实际间隔期；（3）选择安全间隔期较长的农药类型。

三、农户成本收益分析下农药减量化监管路径探析

　　综上，通过对不同信息条件下农药使用强度、农药实际间隔期和农药安全间隔期对农户生产利润的影响进行分析，可得农药信息对称与否对农户策略和农药残留水平有显著影响。以水稻使用百菌清为例，将指标数据代入以上公式，可得农户利润极大值时3个核心变量的对应取值，与推荐值比较结果如表4-1所示：当信息不对称时，农户会采取"灵活"措施如提高农药使用强度、缩短实际安全间隔期等办法谋求利润最大化，从而导致农药残留水平增加及市场失灵，此时的农药减量化监管主要依靠政府严格执法；当信息对称时，市场价格机制成为如何用药的指挥棒，此时农药

减量化监管的重点不在于政府作用的发挥，而在于市场机制的顺畅。此外，不管信息是否对称，市场对安全间隔期较长的新型农药选择具有一致的需求导向。因此，强化信息公开透明的市场化机制是政府实现农药减量化的关键。

表4-1　不同信息条件下农户策略选择：以水稻使用百菌清为例

核心变量	农药信息	利润极大值时对应取值	推荐值	农户策略	农药残留变化
农药使用强度	不对称	260	120	适当提高农药使用强度	增加
	对称	10.2	120	显著降低农药使用强度	降低
农药实际间隔期	不对称	0—7	7	适当缩短实际间隔期	增加
	对称	9.7	7	适当延长实际间隔期	降低
农药安全间隔期	不对称	正无穷	10	选择较长安全间隔期	视农药而定
	对称	120	10	选择较长安全间隔期	视农药而定

第四节　政府主导实现市场信息对称的农药减量化监管实践路径

根据前文分析，实现农药减量化的关键在于建立农产品农药残留等质量安全信息对称机制，并利用市场价格机制从消费端反向促进生产经营端来规范农药使用，进而提升农产品质量安全水平和完善政府市场监管职能。基于该思路，浙江省丽水市通过政府主导引入全球统一标识GS1编码体系，采取"标准＋认证＋追溯＋监管"方式实施农产品全生命周期管理，探索信息对称新模式，实现农药信息可追溯，推进农药信息"云监管"，拓宽农药减量控害渠道以及实现农药减量化农业增效目标。2018年至2020年，"丽水山耕"连续3年蝉联中国区域农业形象品牌类榜首，稻米、茶叶、香菇等大宗农产品农药使用执行欧盟可落地标准，并成为全国首个名特优新高品质农产品质量全程控制创建试点，形成了以系统化制度创新、现代化技术运用、品质化标准建设、市场化机制作用"四位一体"的"政府主导＋市场主体"集成创新的以信息对称实现农药减量化的典型发展路径。

一、推进"政府主导+市场主体"的集成创新，探索农药信息对称新模式

2021年《政府工作报告》显示，丽水生态环境状况指数连续17年位列全省第一，其中空气质量位列全国168个排名城市第七，城市地表水环境质量指数稳居全省首位。得天独厚的生态环境资源为孕育优质农产品提供了天然优势，但受限于山多地少的地理因素（山地占88.42%，耕地占5.52%；森林覆盖率81.7%，位居全国第二），丽水市农业曾长期处于规模较小、标准偏低、产能不高等困境，优质的农产品由于信息不对称，难以实现市场推广。为了挖掘青山绿水的生态价值优势以及有效克服小规模农户在农业市场中先天的竞争劣质，2013年8月，丽水市通过整合各农业部门资源，投资4亿元成立丽水市农业投资发展有限公司。公司主要承担市农业发展重大项目、农产品质量安全宣传及品牌建设等。凭借公司区域性规模化优势，以及采取企业化管理和市场化运作模式，丽水市农业实现了产业升级。2014年9月，"丽水山耕"正式面世，它既是全国首个地级市农业区域公共品牌，也是中国地市级政府中首个覆盖全区域、全产业的农业类品牌。丽水市在绿色发展道路上进行了一系列开拓创新，探索出"政府所有、协会注册、公司运营"的发展新模式，以"政府主导＋市场运作"方式，依托大数据平台，实现农产品信息可追溯、全域在线可监管，构建国内领先、比肩国际的农业区域公共品牌认证标准体系。该模式有效发挥政府提供公共服务和市场监管的职能，充分激发市场主体生产经营和市场运营主观能动性，具备政府背书的公信力和市场主体的积极性，并依托农业信息化和全链条追溯监管实现农产品信息对称，培育农业农村发展新动能，为农业经济相对滞后而生态资源较为丰富的农产区提供了宝贵的实践经验。

二、推进农药减量化系统制度创新，保障农药信息对称可持续

丽水市坚持制度建设先行，以系统化制度创新为农药减量化提供保障，切实推动区域公共品牌化建设。在浙江省市场监管局的指导下，"丽水山耕"由中国质量认证中心等14家国内外相关检验检测认证机构、技术服务机构以及行业协会组成国际认证联盟，是以"第三方认证＋标准化"形式推进的市场化认证服务，有效衔接了国家统一的良好农业规范认证、有机产品认证、绿色食品认证等制度。"丽水山耕"严格落实产品质量认证制度，认证建设范围由丽水市拓展至全省，凡符合认证条件的省内农产品均可被纳入，建设目标是打造一个品质优、影响大的全省农业区域公共品牌，并形成生态农业的示范样本和浙江农业的金字招牌。为应对国内外环境变化和顺应时代发展要求，丽水市政府与时俱进地推动制度创新，通

过构建信息化服务平台、质量安全追溯体系、农产品标准化生产体系等为农产品质量安全提供制度保障。2018年，丽水市在全国率先提出"对标欧盟·肥药双控"，先后出台《关于全面推进农药化肥严格管控的实施意见》《丽水市农药化肥严格管控三年行动计划（2018—2020年）》等文件，严格农药管控，采取最严的准入标准、销售登记、使用管理、质量管控以及惩戒措施。此外，通过建立农药进销货台账制度，推进农产品合格证制度，建设追溯信息保存和传输制度，落实农药实名购买制度等措施，由此为信息对称实现农药减量化提供了系统化、强有力的制度保障。

三、广泛运用农药减量化现代科技，加速农药信息对称可操作

"丽水山耕"已搭建农资质量追溯平台、农业物联网平台、农业服务平台、农业数据中心、农产品质量安全追溯平台、生态精品农产品电子商务等数据化管理系统，并成立丽水蓝城农科检测技术有限公司（2018年省高新技术企业），保障可追溯系统的稳定运行。此外，引入GS1编码体系，建设符合国际规范的农产品质量安全追溯体系，实现一次标注全流程使用，消费者根据产品二维码信息可实现从农田到餐桌的全程追溯。丽水农业数据中心2021年1月的信息显示，当前监管企业1380家，追溯企业1230家，2019年追溯标签发放量282万余枚，累计发放624万余枚。截至2020年底，累计15880户市场主体使用食品安全溯源系统，实现追溯交易数3649万余笔，交易金额176.99亿元。为实现农药信息"云监管"，搭建市、县、乡镇、生产经营主体的四级在线监管网络平台，实现"生产有记录、流向可追踪、质量可追溯、责任可界定"；广大群众可以通过浙里办App中的"i丽水"反映禁限用农药销售、使用以及农药废弃物污染等问题，发挥群众参与监管优势；搭建"花园云"全域在线监管平台，实现农药从销售到使用的全市域、全方位、全流程精密智控，将农药减量化带入了数字化监管新时代。此外，现代农业科技被广泛运用，如太阳能杀虫灯、诱虫黄板等绿色防控技术，与袁隆平团队合作研发国家水稻分子育种技术，以及遂昌茶叶"无人机施药技术"、庆元甜橘柚"草种筛选及配套栽培技术"、莲都区"山地气雾栽培技术"等，形成了以信息对称为目标、以现代新型技术普及运用为亮点的重点推进手段。

四、依托高品质农药减量化标准建设，促进农药使用信息可对标

2018年，《"丽水山耕"建设和管理 通用要求》这一浙江省地方标准正式发布，该标准对生态环境、生产和管理、质量安全追溯、履行主体责

任、监管要求等进行了具体规定，标志着"丽水山耕"农业区域公共品牌认证标准体系基本建立。此外，采用丽水市生态农业协会团体标准，主要包括《丽水山耕 食用种植产品》《丽水山耕 食用淡水产品》《丽水山耕 畜牧产品》《丽水山耕 加工食品》等。为进一步提高农药区域准入标准，在《食品安全国家标准 食品中农药最大残留限量》和《中华人民共和国食品安全法》基础上，制定了《丽水山耕：农药安全使用规范》，该规范对标欧盟农药最高限量标准（2021年3月我国发布新版国标规定了10092项农药最大残留限量，而欧盟高达162248项）且高于国家绿色食品标准要求；相继制定了4批次《丽水市禁限用农药品种目录》，共涉及152种禁限用农药，确定了112种替代农药品种，完成欧盟撤销登记并列入建议清单的105种农药全部禁限用及自律退市工作，提前实现欧盟撤销登记农药品种减少2/3的目标；建设农药定额标准测算，强化农药"进货、销售、使用、回收"闭环管理。农药的高标准是对传统耕种方式的重大革新，"丽水山耕"的高起点、品质化标准体系建设，为信息对称提供了重要依据，极大地促进了农业的对标发展。

五、发挥农药减量化市场机制内在驱动力，实现农药信息对称可循环

"丽水山耕"运营体系逐步形成，品牌效应初步显现，并树立了良好的信誉口碑，提升了产品的市场认可度。2020年度"丽水山耕"区域公用品牌背书农产品达323个，年度营销总额达到108.53亿元，产品平均溢价率超过30％。截至2020年10月，拥有997家生态农业协会会员，累计培育品牌背书产品1453个，培育合作主体1055个，合作基地1153个，产品远销20多个省市，并在10多个国家设立农产品海外专柜。2019年度会员累计销售额达84.4亿元。与传统农业生产模式相比，"丽水山耕"以实现农产品质量安全信息对称为主要抓手，提升农业比较效益，提高消费者认知水平，推动生态产品价值转化，形成"品质提升—信息对称—放心消费—提高效益"的良性市场循环，并充分利用市场价格机制，降低消费者信息搜寻成本，从消费端反向促进生产经营端规范农药使用和实现农药减量化农业增效。2018年，丽水农药减量化135吨，种植业产品合格率99％；2020年农药使用量较2017年减少17.68％，其中龙泉市回收与处置农药废弃包装物高达10.8吨。轩德皇菊通过欧盟SGS 509项农药残留检测，其中507项指标为零，2项指标远低欧盟标准。一朵顶级皇菊售价100元，20朵装的特级皇菊售价1180元，尽管价格高昂，销售却十分火爆。此外，目前干重180克的庆元香菇售价43.9元，远高于同期全国香菇平均批发中间价11.64

元/千克。庆元香菇入选中国特色农产品优势区和农产品地理标志登记保护产品名录，实现年销售收入 20 亿元以及品牌价值 49.26 亿元。这种市场机制的方向作用恰恰为"丽水山耕"的持续健康发展提供了最可靠的市场原动力，将助力农业监管在信息开放市场条件下更加有效且更加高效。

六、"丽水山耕"农药减量化实践路径的可持续性审视

"丽水山耕"农药减量化实践路径是依托政府主导，激发市场活力，充分运用市场机制实现农药减量化农业增效的典型路径，也是充分发挥政府市场监管职能的具体表现。那么，该路径是否具备可持续性？存在哪些制约因素？首先，农产品市场产业链较长，且涉及生产、运输、销售、加工等多个环节，因此农产品质量安全的影响因素也相应较多，要保障农产品各环节质量安全需要多方协调，设计相对完善的运行机制。这就要求政府承担更多市场机制以外的职责，形成各环节无缝对接的闭环式运行模式。其次，政府背书式的承诺机制虽然有效保障了农产品质量安全，"丽水山耕"品牌效应已经基本成形，但这背后政府承担了更多的责任和风险。一旦发生农产品质量安全事件，将直接追究政府责任，直接影响消费者对政府监管的信心。因此，"丽水山耕"可持续性运行需要政府在各方面更多的投入，以充分保障农产品在农药残留等方面的质量安全。最后，"丽水山耕"的成功具备独特的条件。丽水地区优越的自然资源为农产品质量安全创造了得天独厚的生产环境，并于政府主导下成功实现了"优质农产品"和"市场需求"的信息对称，打通了产销环节。因此，"丽水山耕"运行模式是市场机制和政府监管的有机结合，对于类似农业特征地区实现农药减量化具有一定的参考价值。

第五节 本章小结

一、研究结论

本章研究结论包括以下三点：（1）实现农产品农药信息对称，利用市场价格机制，从农产品消费端反向促进生产经营端规范农药使用或扩大低毒低残留农药的使用比例，理论上具备实现农药减量化农业增效的可行性。（2）政府监管策略的重点不仅在于对农药使用量的具体管制，更在于营造农药信息对称的市场环境。"丽水山耕"以"政府监管＋市场机制"完善农药信息对称的运行模式有助于实现农药减量化农业增效以及政府有

效监管。（3）案例研究表明，依托大数据平台和多主体参与实现农药信息可追溯，依据权威认证和政府监管保障农产品质量安全，依靠制度创新和监管创新实现农药减量化可持续，实践上具备一定的可操作性。因此，以实现信息对称方式降低农产品农药残留和增强农产品市场竞争优势，对于创新监管方式和提高监管效率、加快农业供给侧结构性改革以及实现政府农业治理体系创新都具有重要现实意义。

二、"政府监管+市场机制"农药减量化监管路径

本章从农产品生产端和消费端农药信息不对称视角探讨不同信息条件下农药减量化监管路径。根据研究结论，总体路径是：通过政府监管的有效干预，实现监管端和生产端、监管端和消费端之间的农药信息对称，探索"政府监管＋市场机制"农药减量化监管方式，从而实现生产端和消费端农药信息对称。具体监管路径包括以下三点：（1）农药减量化需要政府监管的有效干预。在生产端和消费端农药信息不对称前提下，市场机制无法发挥作用，需要监管干预以实现监管端和生产端、监管端和消费端之间的农药信息对称，进而弥补市场失灵。（2）政府农药减量化监管策略的重点应是营造农药信息对称的市场环境，保证农药市场信息的透明，充分发挥市场机制的作用。（3）应注重监管方式的转变和监管制度的创新，加强现代科技在农药减量化监管领域的应用，不断实现农产品流通各环节中的农药信息对称。

三、政策启示

基于以上结论，本章得到3个方面的政策启示：（1）农药减量化监管政策的战略重心应是以实现农药信息对称为抓手，构建农产品质量安全信息共享机制。农药信息不对称是导致农产品市场失灵的主要原因，同时也是加剧政府失灵的重要因素。农药监管策略重在实现农药信息对称，发挥政府弥补市场失灵的作用。（2）实现农药减量化监管政策的根本路径应是在充分利用市场机制的基础上实施有效的政府监管。农药减量化必须依靠政府力量强化监管等宏观手段，有效发挥政府的市场监管职能，充分利用市场价格和竞争机制，以实现农药减量化农业增效。（3）政策制度创新和监管方式创新是保障农药减量化稳定性和可持续性的核心动力。案例研究表明，因地制宜推进农药政策制度创新以及利用现代农业科技保障了农药减量化工作稳定推进。因此，要充分发挥地方政府职能，有效结合地方优势特色，制定和创新地方政策，拓宽农药减量化路径和实现政府监管方式的创新。

第五章　生产端与监管端信息不对称下农药减量化监管路径

基于农产品生产端和监管端农药信息不对称视角，本章首先通过构建两个博弈模型，分析传统单一式政府监管和多元主体共同监管的特点，探寻多主体参与实现生产端和监管端农药信息对称以促进农药减量化的监管路径。其次，分析农药 MRL 标准下我国水果蔬菜农药残留情况，并比较不同国家 MRL 标准下检出农药频次比例、农药残留超标率及超标主要农药和农产品种类等，探讨实现农药标准信息对称的农药减量化监管路径。最后，以宁波新型农业经营主体种养结合促进农药减量化为典型案例，探索多主体参与监管和标准化农业生产方式实现农药减量化的实践路径。本章提出"政府＋新型农业经营主体"以及"内提标＋外控源"实现农药信息对称以促进农药减量化的监管路径。

第一节　逻辑框架及问题提出

我国实行家庭联产承包责任制，将土地碎片化地分给农户经营，极大提高了农户生产积极性。然而，在大国小农的现实农情下，政府从农户生产端很难实现农药减量化有效监管，生产端和监管端存在严重的信息不对称。为了实现生产端和监管端的信息对称，在监管端完善监管方式相比于对生产端的直接管制，更具有可行性。因此，本章从转变监管方式入手，从多主体监管以及农药残留最高限量标准两个角度探索农药减量化监管路径。

一、农药减量化多主体监管研究的主要背景

随着我国农业供给侧结构性改革的不断深入，发展绿色农业、引领绿色消费已成为农业现代化发展的重要方向，如何提高农产品质量安全水平

与开展有效政府监管业已成为政策理论研究的主旋律。近年来，政府制定了一系列农药减量化监管办法，为有效保障农产品质量安全设置了外在的刚性约束，为"舌尖上的安全"保驾护航。然而，从我国农药监管实践来看，农药残留问题仍比较突出，《中国市售水果蔬菜农药残留报告（2015～2019）》数据显示，我国水果蔬菜中仍普遍存在农药残留超标及剧毒、高毒等禁用农药残留等问题。我国大国小农的农情为农药减量化监管带来了执行障碍，农产品在生产端和监管端存在的农药信息不对称是导致农药减量化监管的主要原因之一。尽管我国相对复杂的农情是导致"市场失灵"和"政府失灵"的一个主要原因，但不能把问题都归因于此，政府应该从提高监管效率入手提升监管水平。然而，受到行政预算和资源的约束，政府监管部门难以承担巨额的监管成本（龚强等，2019），且单一主体的监管行为存在被规制俘虏的可能性。

2020年12月，英国环境、食品与农村事务部发布《农药可持续利用国家行动计划草案》，提出了政府将确保持续健全的监管，确保与各方有效合作，并将考虑如何通过与利益相关者和行业伙伴建立合作关系来实现农药可持续利用目标。此外，欧盟食品安全"共同监管"模式为监管的多样性提供了新的思路（Verbruggen，2009）。"共同监管"即作为公共部门的政府与企业、行业协会等社会组织共同参与监管（Martinez et al.，2013）。于艳丽等（2019）对茶农减量施药行为进行分析，认为在未引入社区治理时政府监管对农户减量施药行为有显著促进作用；而在引入社区治理时政府监管促进作用减弱，社区治理对农户减量施药行为有显著促进作用。研究认为，建立一个由政府和企业协调配合、共同行动的联合监管系统是促进食品安全监管的有效途径（Shao et al.，2021）。与传统单一式监管模式相比，共同监管达成了政府部门和社会组织之间的相互补充，从理论上摆脱了"政府失灵"和"市场失灵"带来的监管困境（何立华和杨淑华，2011）。

二、农药残留标准差异下农药减量化监管研究的主要背景

农药残留超标是影响果蔬等农产品质量安全的主要因素，也是我国食品安全领域备受关注的敏感话题和亟待解决的重大问题之一（Chen et al.，2011；Lehmann et al.，2017）。农药残留问题也是全球普遍存在的问题，如沙特阿拉伯阿西尔地区农药残留检测结果显示，68.7％的农产品检测出农药残留，其中20.9％超过农药MRL标准（Ramadan et al.，2020）。FAO数据显示，2000—2018年间，我国平均农药使用强度为12.01千克/公顷，

并呈递增的趋势，2018年使用强度为13.07千克/公顷。比较而言，日本同期平均农药使用强度为13.08千克/公顷，且呈下降趋势，2018年使用强度为11.84千克/公顷。此外，英国为3.88千克/公顷，美国为2.44千克/公顷。因此，我国农药使用强度距离英美国家尚有差距。为持续降低农药使用强度及农产品中农药残留水平，有效提升农产品质量安全，2020年2月我国开始实施《食品安全国家标准 食品中农药最大残留限量》（GB 2763—2019）。2021年3月，农业农村部会同国家卫生健康委、市场监管总局发布新版《食品安全国家标准 食品中农药最大残留限量》（GB 2763—2021），与2019版相比，新标准中农药品种增加81个，增幅16.7%；农药残留限量增加2985项，增幅42%；设定29种禁用农药792项限量值、20种限用农药345项限量值；针对水果蔬菜等制修订5766项残留限量，占目前限量总数的57.1%；制定了87种未在我国登记使用农药的1742项残留限量。新标准共规定了564种农药10092项最大残留限量，对农产品中农药残留限量提出了更高要求。尽管相比于发达国家，我国农药MRL仍有进一步拓展的空间，但是农药残留标准的制定是具有唯一属性的，具体而言，一国农药残留标准是由具体国情和农情决定的。首先，地理区域性决定农作物种类的差异性；其次，消费习惯和食品偏好决定农产品种植结构差异；最后，出于保护本国利益等原因，农产品农药残留可能会有双重标准，即国内一套标准，国外另一套标准。

三、生产端与监管端信息不对称下农药减量化监管的逻辑框架及问题提出

综上，共同监管为我国农药监管提供了理论和实例范式，借鉴共同监管模式，可以为农药减量化提供一种新的参考途径。在推进国家治理体系和治理能力现代化的背景下，农药减量化监管需要纳入多方力量，调动社会组织积极性共同参与监管，形成多主体共同参与的社会共治局面，有力实现农药减量化和保障农产品质量安全。此外，参照发达国家农药MRL标准来衡量我国农产品农药残留情况，对于横向比较农产品农药残留真实水平以及评价不同农药MRL标准都有一定的参考价值。因此，妥善解决生产端与监管端农药信息不对称问题是实现农药减量化监管的重要途径。生产端与监管端信息不对称下农药减量化监管研究逻辑框架如图5-1所示。

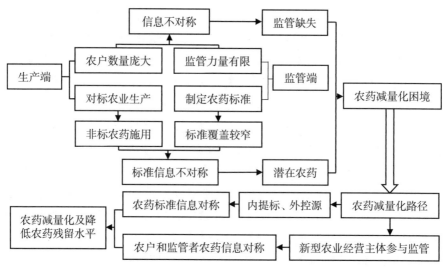

图5-1 生产端与监管端信息不对称下农药减量化监管研究逻辑框架

那么，如何建立多主体参与合作监管模式以促进农药减量化？国内有没有实践经验可以借鉴？运用何种研究方法可以深入分析合作监管模式？如何制定符合具体农情的农药最大残留限量标准？如何兼顾国内外农药残留标准？如何发挥农药标准在农药减量化监管方面的巨大作用？这些问题都需要进一步明确。本章通过博弈模型分析，为构建多元主体参与农药减量化共同监管提供理论参考；通过比较国内外农产品农药最大残留限量标准，从实现农药标准信息对称视角探索农药减量化监管路径。

第二节 基于不同监管主体博弈分析的农药减量化监管路径

一、政府与农场的农药减量化监管博弈分析

规范农药使用是降低农产品农药残留和实现农药减量化的有效途径。农户的生产目标是获得稳定又可观的农业收益，农药的使用可以保障农产品产量的稳定，但农药过量使用容易产生环境污染、农产品安全隐患等负外部性问题。相比之下，政府监管部门要确保农产品的质量安全，目标是实现社会效益最大化。因此，政府监管部门和农业生产者在选择策略上是对立的，即政府实施严格监管，规范农药使用，而农业生产者存在绕开监管的机会主义倾向。基于此，对博弈过程中不同主体假定差异行为策略进行分析。

（一）基本模式设定

假设模型有两个理性参与者，即政府和农场。每一方都制定利益最大化策略。政府的行为策略是{G|加强监管，放松监管}，农场的行为策略是{F|农药残留达标，农药残留超标}。

模型假设：（1）政府对农场监管的恒定成本为 C_g，如果加强监管，则额外附加成本为 C_g'（$C_g' > 0$）；（2）生产农药残留超标农产品的恒定成本为 C_f，当生产农药残留达标农产品时，需增加额外成本 C_f'（$C_f' > 0$）；（3）农场的收入为 R（$R > C_f + C_f'$）。（4）无论政府加强监管还是放松监管，农场始终生产农药残留达标品（农场无法确定政府是否会加强监管，此时默认加强监管），政府将会受到行政激励，折算成奖金 E（$E > 0$）；（5）如果政府放松监管，农场生产农药残留超标农产品，则监管部门将会受到公信力损失，折算成罚金 U（$U > C_g'$）；（6）如果政府加强监管，但农场生产农药残留超标品，农场将被处以罚款 P（$P > C_f'$）；（7）假设部分变量（E，U，P）是可控变量，可由政府监管控制，而部分变量（C_g，C_g'，C_f，C_f'，R）是不可控变量，主要由市场机制决定。博弈模型各参数如表5-1所示。

表5-1 政府与农场双方博弈模型参数

符号	描述	符号	描述
C_g	政府对农场监管的恒定成本	P	农场生产超标品的罚金
C_g'	政府加强监管的额外附加成本	α	选择加强监管的概率
C_f	生产农药残留超标农产品的恒定成本	β	农场生产农药残留达标农产品的概率
C_f'	生产农药残留达标农产品时需增加的额外成本	S_1	政府的混合策略
R	农场的生产总收入	S_2	农场的混合策略
E	农场生产农药残留达标品时政府获得的行政激励	U_1	政府的期望效用
U	农场生产农药残留超标品时政府的公信力损失	U_2	农场的期望效用

根据上述假设条件可以列出博弈模型的支付矩阵，如表5-2所示。

表 5-2　政府和农场的博弈支付矩阵

农场	政府	
	加强监管（α）	放松监管（$1-\alpha$）
农药残留达标农产品（β）	$R-C_f-C_f', E-C_g-C_g'$	$R-C_f-C_f', E-C_g$
农药残留超标农产品（$1-\beta$）	$R-C_f-P, E-C_g-C_g'$	$R-C_f, -C_g-U$

（二）混合策略纳什均衡

根据假设条件和支付矩阵，$E-C_g>E-C_g-C_g'>-C_g-U$，$R-C_f>R-C_f-C_f'>R-C_f-P$，该模型没有纯策略纳什均衡。因此，建立混合纳什均衡模型，假设政府选择加强监管的概率为α，放松监管的概率为$1-\alpha$，则政府的混合策略为$S_1=$（α，$1-\alpha$）。假设农场生产农药残留达标农产品的概率为β，农药残留超标农产品的概率为$1-\beta$，则农场的混合策略为$S_2=$（β，$1-\beta$）。

令政府的期望效用为U_1（S_1，S_2），农场的期望效用为U_2（S_1，S_2）：

$$U_1（S_1，S_2）=\alpha[\beta（E-C_g-C_g'）+（1-\beta）（E-C_g-C_g'）]+（1-\alpha）[\beta（E-C_g）+（1-\beta）（-C_g-U）] \tag{5.1}$$

$$U_2（S_1，S_2）=\beta[\alpha（R-C_f-C_f'）+（1-\alpha）（R-C_f-C_f'）]+（1-\beta）[\alpha（R-C_f-P）+（1-\alpha）（R-C_f）] \tag{5.2}$$

采用支付等值法计算α和β。

当$\alpha=1$时：$U_1（S_1，S_2）=[\beta（E-C_g-C_g'）+（1-\beta）（E-C_g-C_g'）]=$

$$E-C_g-C_g' \tag{5.3}$$

当$\alpha=0$时：$U_1（S_1，S_2）=\beta（E-C_g）+（1-\beta）（-C_g-U）=\beta$

$$（E-C_g+C_g+U）-C_g-U \tag{5.4}$$

令（5.3）=（5.4）：$E-C_g-C_g'=\beta（E-C_g+C_g+U）-C_g-U$

得：

$$\beta=\frac{E+U-C_g'}{E+U} \tag{5.5}$$

当$\beta=1$时：$U_2（S_1，S_2）=\alpha（R-C_f-C_f'）+（1-\alpha）（R-C_f-C_f'）=R-$

$$C_f-C_f' \tag{5.6}$$

当$\beta=0$时：$U_2（S_1，S_2）=\alpha（R-C_f-P）+（1-\alpha）（R-C_f）$ $\quad$ (5.7)

令（5.6）=（5.7）：$R-C_f-C_f'=\alpha（R-C_f-P）+（1-\alpha）（R-C_f）$

得：

$$\alpha=\frac{C_f'}{P} \tag{5.8}$$

此博弈模型的混合纳什均衡：$S^* = (S_1^*, S_2^*) = (\dfrac{C_f'}{P}, \dfrac{E+U-C_g'}{E+U})$，

即政府以 $\dfrac{C_f'}{P}$ 的概率加强监管，农场以 $\dfrac{E+U-C_g'}{E+U}$ 的概率生产农药残留达标农产品，双方都将获得最大的期望效用。

（三）博弈结论及监管政策启示

理性经济人假设认为，只要生产低质量产品的利润不超过生产成本，生产者就没有生产低质量产品的动机（Carl，1983）。根据混合策略纳什均衡 $S^* = (\dfrac{C_f'}{P}, \dfrac{E+U-C_g'}{E+U})$，加强政府监管的决定因素是 C_f' 和 P，而农场决定是否生产农药残留达标品的因素取决于 $(E+U)$ 和 $(E+U-C_g')$。最理想的结果是使用最小的政府监管成本以及最大限度地提高农药残留达标农产品的比例。在假设条件下，C_f' 和 C_g' 是不可控制的变量，都很难调整；但是，可以通过调整可控变量 (P, E, U) 来改变纳什均衡。通过增加农场生产农药残留超标农产品的罚金 P 可以降低政府加强监管的概率 $\dfrac{C_f'}{P}$，即降低监管成本。通过增加政府行政激励 E 和公信力损失 U，就可以提高农场生产农药残留达标农产品的概率 $\dfrac{E+U-C_g'}{E+U}$，即实现农药减量化。因此，要实现农药减量化目标，政府监管部门可以适当提高对农场生产农药残留超标品的处罚，即增加农场生产农药残留超标品的成本；或增加农场生产达标农产品时的政府行政激励，即通过对政府监管充分肯定来持续提高监管的内动力；或加强农场生产超标农产品时的政府问责，即增加政府监管部门的公信力损失，提高监管的压力，促使执行高概率监管来降低农药残留超标农产品的市场占比。

以上博弈分析结论在理论上具有一定的可行性，但我国有着复杂的农情，实践过程中仍存在诸多执行障碍，主要表现为：第一，存在监管标准的执行障碍。我国幅员辽阔，各地区农业环境迥异，区域农业特征比较明显。虽然可执行地方标准，但面临跨区域产销等电商环境，难以用统一标准进行有效衡量。第二，存在监管对象的执行障碍。《中国统计年鉴2019》显示，2018年中国农业人口约5.64亿，且每个农户都有机会参与农业生产，政府很难对如此庞大的农户进行有效监管。第三，存在农药残留检测的执行障碍。目前，世界上常用的农药种类有1000种，而且不断有新型农药被研发和使用，且农药检测需要大量的时间和经济成本。面对我国庞大的农产品种类和数量，农药残留检测很难覆盖全面。第四，存在监管人力

不足的执行障碍。基层农业监管部门往往在检测设备和人员配备上相对不足，很难全面对农场执行有效激励和处罚，而少量抽检结果往往存在随机性和偶然性，监管执行结果容易有失公允。第五，存在对"监管者"监管不足的执行障碍。我国农产品生产端的监管方主要集中在农业农村部及直属单位，农业农村部也是我国最权威的农业生产监管机构，目前尚未形成社会组织等对监管方的监督机制。综上所述，单一式政府监管在实践环节仍需要突破诸多执行障碍。

二、农药减量化的多主体博弈分析

根据双方博弈分析，政府在实践中很难对农场实施有效监管，单一的政府主导型监管模式容易导致农产品市场失灵和政府失灵。欧盟共同监管模式为我国转变监管方式提供了一种新的思路，行业协会和企业参与的共同监管受到许多国家的青睐（Bavorova et al.，2014）。针对我国农业生产现状，需要考虑第三方组织参与政府对农业生产的监管。数据显示，截至2018年底，在工商部门登记的农民合作社数量达214.8万家，全国近50%的农户成为合作社成员。农民合作社、家庭农场等新型农业经营主体将是我国未来农业发展的主要力量。本书以新型农业经营主体为例进行多主体博弈分析，尝试构建新型农业经营主体参与的三主体博弈模型。

（一）基本模式设定

假设模型有3个理性参与者，即政府、农场和新型农业经营主体，每一方都制定最优策略。农场的行为策略是{F|农药残留达标品，农药残留超标品}，新型农业经营主体的行为策略是{A|参与监管，不参与监管}，政府的行为策略是{G|共同监管，单一监管}。三主体博弈树如图5-2所示。

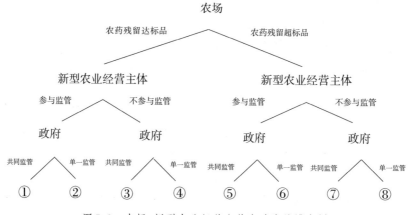

图5-2 农场、新型农业经营主体和政府的博弈树

模型假设：（1）农场选择生产农药残留达标农产品的概率为x，新型农业经营主体选择参与监管的概率为y，政府选择共同监管的概率为z；（2）农场进行农业生产的总收入为I，生产农药残留超标品和农药残留达标品的成本分别为C_i和C_q，农场生产农药残留超标品和农药残留达标品的声誉价值分别为V_l（$V_l<0$）和V_i（$V_i>0$）；（3）政府实行单一监管的成本为C_g，而共同监管成本为C_g+W，共同监管的效率为E_c，单一监管的效率为E_t（$1{\geqslant}E_c>E_t{\geqslant}0$），政府的最大社会效益为$S$；（4）新型农业经营主体参与监管成本和激励分别为$C_a$和$R_i$；（5）如果农场选择生产农药残留超标农产品，新型农业经营主体在不参与监管时将损失L，在参与监管时将获得补偿R_c，如果检查出农药残留超标农产品，监管部门将对农场处以罚金F。模型各参数如表5-3所示。

表5-3　农场、新型农业经营主体及政府三方博弈模型参数

符号	描述	符号	描述
x	农场生产农药残留达标农产品的概率	L	农药残留超标品时新型农业经营主体不参与监管的损失
y	新型农业经营主体选择参与监管的概率	R_c	农药残留超标品时新型农业经营主体参与监管的补偿
z	政府选择共同监管的概率	F	农药残留超标品时农场的罚金
I	农场的生产总收入	E_{x1}	农场生产农药残留达标品的期望效用
C_i	农场生产农药残留超标品的成本	E_{x2}	农场生产农药残留超标品的期望效用
C_q	农场生产农药残留达标品的成本	$\bar{E}_x$	农场的平均期望效用
V_l	农场生产农药残留超标品的声誉价值	E_{y1}	新型农业经营主体参与监管的期望效用
V_i	农场生产农药残留达标品的声誉价值	$\bar{E}_y$	新型农业经营主体的平均期望效用
C_g	政府实行单一监管的成本	E_{z1}	政府共同监管的期望效用
W	政府实行共同监管的额外成本	$\bar{E}_z$	政府平均期望效用
E_c	共同监管时的效率	λ_1	农场的特征值
E_t	单一监管时的效率	λ_2	新型农业经营主体的特征值
S	政府的最大社会效益	λ_3	政府监管部门的特征值
C_a	新型农业经营主体参与监管的成本	ESS	演化稳定策略
R_i	新型农业经营主体参与监管的激励		

根据以上条件假设，建立博弈模型的支付矩阵，其中矩阵中3个效用水平分别对应农场、新型农业经营主体和政府，如表5-4所示，表中序号与博弈树序号一致。

表5-4　农场、新型农业经营主体和政府的演化博弈矩阵

新型农业经营主体		政府	
		共同监管(z)	单一监管($1-z$)
农场	农药残留达标品(x) — 参与监管(y)	①$I-C_q+V_i,R_i-C_a,S-C_g-W$	②$I-C_q+V_i,R_i-C_a,S-C_g$
	农药残留达标品(x) — 不参与监管($1-y$)	③$I-C_q,0,S-C_g$	④$I-C_q,0,S-C_g$
	农药残留超标品($1-x$) — 参与监管(y)	⑤$I-C_i-V_l-FE_c-R_cE_c,R_cE_c-C_a-L,E_cS-C_g+FE_c-W$	⑥$I-C_i-V_l-FE_t-R_cE_t,R_cE_t-C_a-L,E_tS-C_g+FE_t$
	农药残留超标品($1-x$) — 不参与监管($1-y$)	⑦$I-C_i-FE_t-R_cE_t,R_cE_t-L,E_tS-C_g+FE_t$	⑧$I-C_i-FE_t-R_cE_t,R_cE_t-L,E_tS-C_g+FE_t$

（二）三方博弈复制动态及演化稳定策略

根据表5-4中的演化博弈矩阵，农场选择生产农药残留达标农产品的期望效用是E_{x1}：

$$E_{x1}=zy\,(I-C_q+V_i)+(1-z)\,y\,(I-C_q+V_i)+(1-y)\,(I-C_q) \tag{5.9}$$

农场选择生产农药残留超标农产品的期望效用是E_{x2}：

$$E_{x2}=zy\,(I-C_i-V_l-FE_c-R_cE_c)+(1-z)\,y\,(I-C_i-V_l-FE_t-R_cE_t)+(1-y)\,(I-C_i-FE_t-R_cE_t) \tag{5.10}$$

农场的平均期望效用是$\overline{E_x}$：

$$\overline{E_x}=xE_{x1}+(1-x)\,E_{x2} \tag{5.11}$$

农场选择生产农药残留达标农产品的复制动态方程为$F(x)$：

$$F(x)=\mathrm{d}x/\mathrm{d}t=x\,(E_{x1}-\overline{E_x})=x\,(1-x)\,[y\,(V_l+V_i)+zy\,(FE_c+R_cE_c-FE_t-R_cE_t)+FE_t+R_cE_t-(C_q-C_i)] \tag{5.12}$$

类似于$F(x)$，新型农业经营主体选择参与监管的复制动态方程为$F(y)$，政府选择共同监管的复制动态方程为$F(z)$：

$$F(y)=\mathrm{d}y/\mathrm{d}t=y\,(E_{y1}-\overline{E_y})=y\,(1-y)\,[xR_i-C_a+(1-x)\,zR_c(E_c-E_t)] \tag{5.13}$$

$$F(z)=\mathrm{d}z/\mathrm{d}t=z\ (E_{z1}-E_z)\ =z\ (1-z)\ [\ (1-x)\ y\ (S+F)\ (E_c-E_t)\ -yW]$$

$$(5.14)$$

E_{y1}表示新型农业经营主体选择参与监管的期望效用，$\overline{E}_y$表示新型农业经营主体的平均期望效用，E_{z1}表示政府选择共同监管的期望效用，$\overline{E}_z$表示政府平均期望效用。基于复制动态方程，构造Jacobian矩阵如下：

$$
\begin{bmatrix}
\begin{array}{l}(1-2x)\ [\ y(V_l+V_i)+\\ zy(FE_c+R_cE_c-FE_t-R_cE_t)\\ +FE_t+R_cE_t-(C_q-C_i)\ ]\end{array} & \begin{array}{l}x(1-x)[(V_l+V_i)+\\ z(FE_c+R_cE_c-FE_t-R_cE_t)]\end{array} & \begin{array}{l}x(1-x)y*\\ (FE_c+R_cE_c-FE_t-R_cE_t)\end{array} \\[18pt]
y(1-y)[R_i-zR_c(E_c-E_t)] & \begin{array}{l}(1-2y)\ [\ xR_i-C_a+\\ (1-x)zR_c(E_c-E_t)\ ]\end{array} & y(1-y)(1-x)R_c(E_c-E_t) \\[18pt]
z(z-1)y(S+F)(E_c-E_t) & \begin{array}{l}z(1-z)[\ (1-x)*\\ (S+F)(E_c-E_t)-W\ ]\end{array} & \begin{array}{l}(1-2z)\ [\ (1-x)y*\\ (S+F)(E_c-E_t)-yW\ ]\end{array}
\end{bmatrix}
$$

根据Jacobian矩阵，计算系统平衡点和特征值，如表5-5所示。其中农场的特征值用λ_1表示，新型农业经营主体的特征值用λ_2表示，政府的特征值用λ_3表示。

表5-5　系统的平衡点及特征值

平衡点	特征值		
	λ_1	λ_2	λ_3
$E_1(0,0,0)$	$FE_t+R_cE_t-(C_q-C_i)$	$-C_a$	0
$E_2(0,0,1)$	$FE_t+R_cE_t-(C_q-C_i)$	$R_c(E_c-E_t)-C_a$	0
$E_3(0,1,0)$	$(V_l+V_i)+FE_t+R_cE_t-(C_q-C_i)$	C_a	$(S+F)(E_c-E_t)-W$
$E_4(0,1,1)$	$(V_l+V_i)+FE_c+R_cE_c-(C_q-C_i)$	$C_a-R_c(E_c-E_t)$	$(S+F)(E_t-E_c)-W$
$E_5(1,0,0)$	$(C_q-C_i)-FE_t-R_cE_t$	R_i-C_a	0
$E_6(1,0,1)$	$(C_q-C_i)-FE_t-R_cE_t$	R_i-C_a	0
$E_7(1,1,0)$	$(C_q-C_i)-FE_t-R_cE_t-(V_l+V_i)$	C_a-R_i	$-W$
$E_8(1,1,1)$	$(C_q-C_i)-FE_c-R_cE_c-(V_l+V_i)$	C_a-R_i	W

（三）演化稳定策略（ESS）

接下来计算演化稳定策略。农场选择生产农药残留达标农产品的复制动态方程$F(x)$关于概率x的偏导数如下：

$$\mathrm{d}[F(x)]/\mathrm{d}x=(1-2x)\ [\ y\ (V_l+V_i)\ +zy\ (FE_c+R_cE_c-FE_t-R_cE_t)$$
$$+FE_t+R_cE_t-\ (C_q-C_i)\ ]$$

$$(5.15)$$

$$\begin{cases} 如果\ z = \dfrac{y(V_l + V_i) + FE_t + R_cE_t - (C_q - C_i)}{y(FE_t + R_cE_t - FE_c - R_cE_c)}, 所有水平均是\ ESS。 \\[3mm] 如果\ z > \dfrac{y(V_l + V_i) + FE_t + R_cE_t - (C_q - C_i)}{y(FE_t + R_cE_t - FE_c - R_cE_c)}, x^* = 1\ 是\ ESS。 \\[3mm] 如果\ z < \dfrac{y(V_l + V_i) + FE_t + R_cE_t - (C_q - C_i)}{y(FE_t + R_cE_t - FE_c - R_cE_c)}, x^* = 0\ 是\ ESS。 \end{cases}$$

与之类似，分别计算新型农业经营主体选择参与监管的复制动态方程 $F(y)$ 关于概率 y 的偏导数 $d[F(y)]/dy$ 以及政府选择共同监管的复制动态方程 $F(z)$ 关于概率 z 的偏导数 $d[F(z)]/dz$。

$$d[F(y)]/dy = (1-2y)[xR_i - C_a + (1-x)zR_c(E_c - E_t)] \qquad (5.16)$$

$$\begin{cases} 如果\ x = \dfrac{zR_c(E_c - E_t) - C_a}{zR_c(E_c - E_t) - R_i}, 所有水平均是\ ESS。 \\[3mm] 如果\ x > \dfrac{zR_c(E_c - E_t) - C_a}{zR_c(E_c - E_t) - R_i}, y^* = 0\ 是\ ESS。 \\[3mm] 如果\ x < \dfrac{zR_c(E_c - E_t) - C_a}{zR_c(E_c - E_t) - R_i}, y^* = 1\ 是\ ESS。 \end{cases}$$

$$d[F(z)]/dz = (1-2z)[(1-x)y(S+F)(E_c - E_t) - yW] \qquad (5.17)$$

$$\begin{cases} 如果\ x = 1 - \dfrac{W}{(S+F)(E_c - E_t)}, 所有水平均是\ ESS。 \\[3mm] 如果\ x > 1 - \dfrac{W}{(S+F)(E_c - E_t)}, z^* = 1\ 是\ ESS。 \\[3mm] 如果\ x < 1 - \dfrac{W}{(S+F)(E_c - E_t)}, z^* = 0\ 是\ ESS。 \end{cases}$$

通过对平衡点和特征值的比较分析，不同条件下的 ESS 如表5-6所示。

表5-6　不同条件下的演化稳定策略

可能性	条件	ESS
No.1	$FE_t + R_cE_t > (C_q - C_i) \& C_a > R_i$	$E_5(1,0,0)$, $E_6(1,0,1)$
No.2	$FE_t + R_cE_t > (C_q - C_i) \& C_a < R_i$	$E_7(1,1,0)$
No.3	$FE_t + R_cE_t + (V_l + V_i) > (C_q - C_i) > FE_t + R_cE_t$	$E_1(0,0,0)$
No.4	$FE_t + R_cE_t + (V_l + V_i) > (C_q - C_i) > FE_t + R_cE_t \& C_a > R_c(E_c - E_t)$	$E_2(0,0,1)$

续表

可能性	条件	ESS
No.5	$FE_t+R_cE_t+(V_l+V_i)>(C_q-C_i)>FE_t+R_cE_t \& C_a<R_i$	$E_7(1,1,0)$
No.6	$FE_c+R_cE_c+(V_l+V_i)>(C_q-C_i)>FE_t+R_cE_t+(V_l+V_i)$	$E_1(0,0,0)$
No.7	$FE_c+R_cE_c+(V_l+V_i)>(C_q-C_i)>FE_t+R_cE_t+(V_l+V_i)$ $\&C_a>R_c(E_c-E_t)$	$E_2(0,0,1)$
No.8	$(C_q-C_i)>FE_c+R_cE_c+(V_l+V_i)$	$E_1(0,0,0)$
No.9	$(C_q-C_i)>FE_c+R_cE_c+(V_l+V_i)\&C_a>R_c(E_c-E_t)$	$E_2(0,0,1)$
No.10	$(C_q-C_i)>FE_c+R_cE_c+(V_l+V_i)\&C_a<R_c(E_c-E_t)$ $\&(S+F)(E_c-E_t)>W$	$E_4(0,1,1)$

表5-6中No.1和No.2的含义：当农场生产农药残留超标农产品的利润 (C_q-C_i) 低于单一监管的罚金和补偿 $(FE_t+R_cE_t)$ 时，即：$FE_t+R_cE_t>(C_q-C_i)$，农场将始终选择生产农药残留达标农产品，即恒有 $x=1$。（1）如果同时满足新型农业经营主体的参与监管成本大于监管激励 $(C_a>R_i)$，新型农业经营主体的最优策略是不参与监管 $(y=0)$，ESS 为 $E_5(1,0,0)$，$E_6(1,0,1)$；（2）如果同时满足 $C_a<R_i$，新型农业经营主体将选择参与监管 $(y=1)$，但政府选择单一监管 $(z=0)$，ESS 为 $E_7(1,1,0)$。

No.3～No.5的含义：当农场生产农药残留超标农产品的利润大于单一监管的罚款和补偿而低于声誉价值和单一监管的罚款和补偿时，即：$FE_t+R_cE_t+(V_l+V_i)>(C_q-C_i)>FE_t+R_cE_t$，ESS 为 $E_1(0,0,0)$。农场的策略与新型农业经营主体的策略保持变化上的一致性 $(x=y)$，即农场选择生产农药残留达标农产品时，新型农业经营主体选择参与监管，反之亦然。（1）如果同时满足 $C_a>R_c(E_c-E_t)$，即新型农业经营主体的参与监管成本超过新型农业经营主体参与监管时的赔偿与共同监管和单一监管的效率差，ESS 为 $E_2(0,0,1)$；（2）如果同时满足 $C_a<R_i$，即新型农业经营主体的参与监管成本低于参与监管激励，ESS 为 $E_7(1,1,0)$。

No.6和No.7的含义：当农场生产农药残留超标农产品的利润大于声誉价值加上单一监管的罚款和补偿，而低于声誉价值加上共同监管的罚款和补偿时，农场将选择生产农药残留超标农产品，新型农业经营主体将选择不参与监管，即：$FE_c+R_cE_c+(V_l+V_i)>(C_q-C_i)>FE_t+R_cE_t+(V_l+V_i)$，此时 ESS 为 $E_1(0,0,0)$。如果同时满足 $C_a>R_c(E_c-E_t)$，即新型农业经营主体的参与监管成本超过新型农业经营主体参与监管时的赔偿与共同监管和单一监管的效率差，ESS为E_2（0，0，1）。

No.8～No.10的含义：当农场生产农药残留超标农产品的利润大于信誉值加上共同监管的罚款和补偿时，即（C_q-C_i）>$FE_c+R_cE_c+$（V_l+V_i），农场总是选择生产农药残留超标农产品，ESS为E_1（0，0，0）。（1）如果同时满足C_a>R_c（E_c-E_t），即新型农业经营主体的参与监管成本超过新型农业经营主体参与监管时的赔偿与共同监管和单一监管的效率差，ESS为E_2（0，0，1）；（2）如果既满足C_a<R_c（E_c-E_t），又满足（$S+F$）（E_c-E_t）>W，即政府的最大社会效益S与农场罚金F的总和乘以共同监管和单一监管的效率差（E_c-E_t）超过共同监管和单一监管的成本差W，ESS为E_4（0，1，1）。

（四）多主体博弈的主要结论及启示

（1）当农场生产农药残留超标农产品的利润低于单一监管的罚金和补偿时，农场生产农药残留超标农产品获利较少，无论监管部门和新型农业经营主体采取何种策略，农场均不愿冒风险生产农药残留超标品，并将始终选择生产农药残留达标农产品。

（2）当农场生产农药残留超标农产品的利润介于单一监管的罚款和补偿及声誉价值加单一监管的罚款和补偿总和时，农场的策略与新型农业经营主体的策略保持一致，即新型农业经营主体选择参与监管（不参与监管），农场则生产农药残留达标品（农药残留超标品）。因此，新型农业经营主体是否参与监管是决定农场策略的重要原因，而新型农业经营主体的策略是由参与监管的成本和参与监管的激励决定的，当激励高于成本时，新型农业经营主体将选择参与监管。

（3）当农场生产农药残留超标农产品的利润大于声誉价值加上单一监管的罚款和补偿，而低于声誉价值加上共同监管的罚款和补偿时，农场的策略始终是生产农药残留超标农产品，新型农业经营主体的策略始终是不参与监管，政府的策略受两种监管效率等因素的影响。

（4）当农场生产农药残留超标农产品的利润大于信誉值加上共同监管的罚款和补偿时，农场获利较多，无论监管部门和新型农业经营主体采取何种策略，农场将始终选择生产农药残留超标农产品。

根据博弈分析可知，新型农业经营主体的参与影响了农场的策略，而新型农业经营主体的策略又取决于参与监管的激励和成本。新型农业经营主体的优势在于数量众多，分布较广，可以减少政府和农场之间的信息不对称，有利于开展针对性监管，提高监管效率。而新型农业经营主体愿意参与监管的一般前提是激励大于成本，这是政府监管部门需要考虑的重要问题。政府监管的财政支持一部分源于政府部门监管的行政经费，另一部分源自对生产农药残留超标农产品的罚金，而罚金的数量取决于农场生产农药残留超标农产品产量的占比，如果新型农业经营主体参与监管获得的激励大于成本，那么新型农业经营主体参与监管会大大降低农场生产农药残留超标品的数量，因而罚金就会相应地减少，即存在此消彼长的关系。因此，政府监管部门必须考虑对新型农业经营主体进行稳定的激励，以实现新型农业经营主体持续性参与监管。

对农场策略的研究表明，当农场生产超标农产品的利润较小时，无论政府和新型农业经营主体做出何种策略选择，农场均不会冒风险生产农药残留超标品。而当农场生产超标农产品的利润足够大时，无论政府和新型农业经营主体做出何种策略选择，农场均会冒险生产农药残留超标品。因此，对于农场而言，如何降低生产超标农产品的利润是影响农场策略的关键因素。政府监管部门可以考虑从以下3个方面着手，一是增加生产超标农产品的罚金来降低农场利润；二是增加生产达标农产品的激励来变相提高生产超标农产品的风险；三是建立农场的声誉机制，如通过行政方式提高大中型农场生产农药残留达标品的声誉价值或降低农场生产农药残留超标品的声誉价值。然而，我国普遍存在的小型家庭农场几乎没有声誉价值可言，因此建立声誉机制对小型家庭农场是不切实际的。

三、单主体和多主体监管博弈的结论比较

农药减量化是提高我国农业生态环境质量和降低农产品农药残留的重要途径。本节通过构建政府、农场双方博弈模型以及政府、农场、新型农业经营主体三方博弈模型，比较两个模型的主要结论和实际可行性，展示并深入分析如何实施有效政府监管，以期降低农药残留和提高农产品质量安全水平。

通过对政府、农场双方博弈模型进行分析，可知模型没有纯策略纳什均衡，存在混合策略纳什均衡。首先，通过提高农场生产农药残留超标农产品的罚金增加农场生产成本，形成有力的惩罚约束，抑制农场机会主义倾向；降低农场规范生产的成本，引导农场规范施药和提高农药残留达标农产品的占比，不仅可以降低政府部门监管成本，而且可以促进农药减量化。其次，通过增加政府的行政激励，加强对农药残留超标品的监管力度，并降低监管成本、提高监管效能，促使农场生产农药残留达标农产品，达到农药减量化目标。最后，提高监管部门的公信力。推动农药残留监管过程实现公开化、透明化，加大因农药残留超标农产品检出而对监管

部门做出的行政处罚，迫使其面临更大的监管压力，从而加速实现农药减量化。

通过建立政府、农场、新型农业经营主体三方博弈模型，实现容纳多元主体的农药残留共同监管模式。首先，农场生产农药超标农产品的利润是决定农场策略的重要因素，通过提高对农药残留超标品的罚金和对农药残留达标品的激励都可以降低农场的不规范生产利润，此外，建立农场的声誉机制可以增加农场生产农药残留超标品的成本。促进农场规范使用农药是从源头实现农药减量化的有力措施。其次，新型农业经营主体的参与监管有利于减少农药残留信息不对称，是实现精准监管及提高监管效率的重要途径。但是新型农业经营主体参与监管的可持续性依赖于参与监管的激励和成本，新型农业经营主体是否参与监管与农场的策略紧密相关。因此，建立政府监管部门和新型农业经营主体共同监管机制，是解决我国农药残留问题、实现农药减量化的重要途径。

四、基于博弈分析的农药减量化监管路径探析

综合比较博弈结论，在生产端和监管端农药信息不对称的前提下，农药减量化监管的总体路径为：充分发挥新型农业经营主体的自身优势，建立多元化合作监管体系，探索"政府＋新型农业经营主体"农药减量化监管方式，从而实现生产端和监管端农药信息对称。具体路径表述如下。

（1）推进监管机制改革，实现多元化共同监管体系。我国复杂的农情决定了农业生产监管的局限性，传统以政府监管部门为主的单一式监管存在诸多的弊端，从而导致了部分市场失灵和政府失灵。作为农业生产的组织者和参与者，新型农业经营主体是我国分布最广泛、与农户接触最密切的组织，新型农业经营主体参与监管对农场生产行为进行严格规范，提高农药使用的信息对称，实现对农药的精准监管，从而提升监管效果。因此，应积极推进农药监管机制改革，将多元化主体纳入监管体制，形成共同监管的可持续性体系，进而提高监管效率和加速实现农药减量化目标。

（2）提升政府监管公信力，提高共同监管效能。农产品质量安全关系国计民生，而消费者很难对农产品农药残留进行鉴别，导致消费者和生产者之间存在严重的信息不对称。因此，农药减量化离不开市场，更离不开政府和社会组织的有效监管。通过构建共同监管模式，不断优化监管机制，打造多主体共同监管体系，可实现农药残留监管全程的公开化和透明化，全面提升政府监管的公信力，赢取消费者的信任。应推动建立以共同监管为途径，以降低农药残留为目标，以实现农药减量化为中心的运行机

制，并构建"农药规范使用—多主体共同监管—消费者放心购买"的良性循环模式。

（3）实行奖惩机制约束生产行为，发挥农场声誉机制。对大中型农场，应鼓励其通过规范使用农药等农业生产方式获得农场的声誉收益。对于生产农药残留超标的农场，应利用其恶劣声誉降低该部分农场市场竞争优势和减少其市场交易行为，从而迫使农场转变生产行为。然而，我国存在数量庞大的小型家庭农场，而小型家庭农场没有声誉机制可言，容易产生"搭便车"及"柠檬市场"困境，因而需要发挥政府监管部门和新型农业经营主体等组织的共同监管作用，利用"品牌化标签"、"可视化标签"等展现农场规范生产行为，对农药残留达标农场进行激励，对农药残留超标农场加大惩处力度，从而在源头上实现农药减量化。

第三节　基于不同农药残留标准分析的农药减量化监管路径

一、农药残留标准信息不对称导致的负外部性问题

国际上，许多种类农药被定义为持久性有机污染物（persistent organic pollutants，简称POPs），这些农药具有很长的半衰期，很难通过生物、化学、光等自然降解，长期存在于自然环境中（Li, 2018）。部分危险化学农药的长期使用，对人类健康以及整个生态系统带来了安全隐患（Rajmohan et al., 2020）。研究发现，政府制定的农药残留标准会影响农户的种植行为（Jamshidi et al., 2016）。因此，各国对农产品总农药最大残留限量标准进行了明确规定，限制剧毒、高毒、高残留农药的使用，减少农药残留造成的负外部性问题。

（一）农药残留标准信息不对称加剧了我国农产品遭遇技术壁垒

技术性贸易壁垒主要指WTO制定的《技术性贸易壁垒协定》（TBT协定）和《实施卫生与植物卫生措施协定》（SPS协定）。技术性贸易措施通常以维护国家安全，保护人类健康和安全，保护动植物的生命和健康，保护环境，保证产品质量，防止欺诈行为等为理由通过采取技术法规、标准、合格评定、卫生措施来实现。我国实行家庭联产承包责任制，土地碎片化地被分到农户手中，大国小农是我国的基本农情，以小农户为主的分散农业生产模式决定了我国农业生产环节监管力度较小，也导致了整体农业生产技术与发达国家相比尚存在差距。因此，分散且自主经营的农业生

产模式是我国农产品质量安全水平整体不高的一方面原因，也是间接导致我国农产品遭遇技术壁垒的重要因素。

此外，农药残留最高限量标准不对称加大了我国农产品出口的难度。技术性贸易壁垒对我国农产品出口进行了诸多限制，其中农产品中农药残留水平是一项非常重要的限制因素。相对欧美发达国家而言，我国农药残留最高限量标准偏低，对标生产模式下生产的符合我国国家标准的农产品往往不符合欧盟等标准。2016年绿色和平发布的报告显示，中国出口的常规茶样品中60%被检测出违禁农药[①]。商务部公布的调查结果显示，我国有绝大部分农业及食品出口企业受国外技术壁垒的影响，每年经济损失巨大，国外实施的技术壁垒已成为制约我国农产品出口的主要障碍。以《中国统计年鉴》中农产品对外贸易数据为例，统计口径为初级产品中的食品及活动物、饮料及烟草、非食用原料、动植物油脂及蜡四类（如图5-3所示），我国农产品进口明显高于出口，进口增幅也明显快于出口，呈现巨大的贸易逆差。

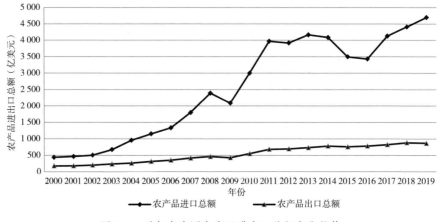

图5-3 近年来我国农产品进出口总额变化趋势

（二）农药残留标准信息不对称造成了多重疾病隐患

农药种类间的可替代性决定了对标生产合格的农产品不一定就是绝对安全的农产品，标准的差异导致了农业生产标准下的"合格品"而非"安全品"，即符合一个标准的农产品并不一定符合其他标准，合格往往是相对的。农药与人体健康的关系一直备受关注，国内外也开展了大量农药毒理学研究。相关研究表明，人类长期摄入食物中的农药残留，会导致人体免疫抑制、生殖缺陷、激素紊乱甚至癌症等慢性健康疾病的发生（Kumari

---

① 绿色和平. 二〇一六年茶叶农药调查[EB/OL]. (2017-6-1)[2021-12-3]. https://max.book118.com/html/2017/0601/110768704.shtm.

and John，2019）。例如，有机氯农药（OCPs）会影响中枢神经系统，引起大脑过度兴奋、惊厥、震颤及超反射，还可能与性激素作用，表现出头痛、恶心、头晕、呕吐、震颤、身体不协调及精神错乱等症状（Singh et al.，2016）。此外，OCPs 环境与阿尔茨海默病风险的增加有关系（Saeedi and Dehpour，2016）。有机磷农药（OPs）会引起胆碱能综合征、迟发性神经病、中间综合征和慢性神经精神疾病等神经毒素性疾病（Milan，2018）。此外，OPs 还能通过影响代谢、诱导氧化应激等途径导致肝胆和心脏组织缺氧以及灌注不足等多器官功能性障碍（Karami-Mohajeri et al.，2018）。曾被广泛使用的氨基甲酸酯类农药（CMs）与免疫反应疾病有关，如过敏反应和癌症等。CMs 诱导免疫失调的主要机制包括内分泌干扰、直接免疫毒素和酯酶活性抑制（Tien et al.，2013；Dhouib et al.，2016）。此外，CMs 会导致神经系统的疾病是由于胆碱能刺激过度，这一点类似于OPs，但 CMs 导致的严重中毒概率较小，患者存活机会也相应较高（Jokanovi and Skrbi，2012）。拟除虫菊酯类农药对人体的毒性相对较小，常引起包括呼吸系统、神经系统、胃肠道、眼部及皮肤等方面的疾病，一般短期内可以恢复健康（Saillenfait et al.，2015）。

相关的动物实验表明，农药对有机体有多种毒副作用。例如，对大鼠的实验结果显示，草甘膦可致雌性大鼠卵巢损伤及内分泌紊乱，可造成雄性大鼠睾丸毒性；对猪实验结果显示，草甘膦可影响猪卵巢细胞生殖功能和脂肪组织的稳态（石宝明等，2020）。百草枯对小鼠脾 T、B 淋巴细胞均具有显著抑制作用（王雨昕，2019），对雌、雄小鼠急性经口 LD50 值分别是 108mg/kg 和 126mg/kg，属中毒性（王林等，2014）。毒死蜱、马拉硫磷、氯氰菊酯、氯氟氰菊酯联合作用可引起小鼠免疫功能紊乱（刘英华等，2016），对小鼠自然杀伤细胞具有免疫毒性（李树飞等，2015）。戊唑醇可抑制人胎盘滋养细胞增殖，并通过线粒体途径诱导胎盘滋养层细胞凋亡（周京花，2016）。

（三）农药残留标准信息不对称加速了农业生态环境恶化

新中国成立至今，我国农业发生了翻天覆地的变化，传统农业经营模式逐渐向现代农业转变，劳动密集型生产方式逐渐向机械化生产方式转变。在这些重大转变的背后，农药的投入极大促进了农业的发展，粮食产量得到了有效保障。但随着农药的不断使用，负外部性问题也随之出现。农药标准偏低以及执行不到位是间接造成农业生态破坏的重要原因。为此，国家也充分重视这个问题，农药政策也逐渐从鼓励规模化发展向减量化方向转变，以期通过农药治理修复农业生态环境。

良好的农业生态环境是保障农产品质量安全的重要外部条件。近年来，国家大力改善生态环境，坚决贯彻和践行"绿水青山就是金山银山"理念，而农药残留是制约生态环境质量提升工程的重要执行障碍。由于我国农业劳动力加速向城市转移，农药等农业生产要素便成为对劳动力投入的替代，这种替代也成为中国农业环境污染的历史渊源（李昊，2020），持续过量使用农药等农业投入品引致了严重的资源环境危机（魏后凯，2017）。农药规范化滞后和过密化使用导致农产品不安全生产现象频发，不仅严重影响农产品质量安全，损害消费者身体健康，更对生态环境造成巨大压力（赵佳佳等，2017）。研究发现，伴随着农业结构的调整，农药使用导致的环境问题可能越来越突出，农业环境绩效越来越低（杜江等，2016），而现代农业生产中农药的大量使用也是造成农业面源污染的主要因素之一（饶静和纪晓婷，2011）。此外，农药过量使用对水体、土壤以及周边生态环境造成了直接危害（宋洪远等，2016；丛晓男和单菁菁，2019）。另据估算，我国每年废弃的农药包装物约有32亿多个，包装废弃物重量超过10万吨，包装中残留的农药量占总质量的2%－5%（焦少俊等，2012）。虽然我国粮食产量和储量短期内有效保障了人民群众的口粮安全，但是从长远来看，今天的粮食安全水平是以严重的环境污染和资源消耗为代价的，其中一些做法有违市场配置资源的原则（何秀荣，2020）。丛晓男和单菁菁（2019）的研究显示，我国农药使用已进入边际报酬递减阶段，继续增加投入量不仅无法明显使粮食增产，还将产生严重的土壤污染和土地退化问题。

二、不同MRL标准下我国果蔬农药残留的比较分析

MRL指在食品或农产品内部或表面法定允许的农药最大浓度，通常以每千克食物或农产品中农药残留的毫克数表示（mg/kg）。农药的种类不同，每日允许摄入量（ADI）也不同。ADI是指人类终生每日摄入某物质，而不产生可检测到的危害健康的估计量，以每千克体重可摄入的量表示（mg/kg bw）。各个国家根据不同的农业发展环境和社会需要制定了不同的农药MRL标准和农药ADI（邵宜添，2021d）。农药MRL标准成为评定农产品农药残留的主要依据，那么我国农产品样本在不同国家MRL标准下有什么区别？接下来将对农药残留检测数据进行对比分析，主要数据来源于中国检验检疫科学研究院和武汉大学共同编制的《中国市售水果蔬菜农药残留水平地图集》以及庞国芳等编著的《中国市售水果蔬菜农药残留报告（2015～2019）》，农药残留检测方法为气相色谱-四级杆飞行时间质

谱，检测样品包括约100种主要蔬菜和1000余种水果，取样范围包括我国40多个省会（直辖市）和重点城市。

（一）中国MRL标准下我国果蔬农药残留情况

根据《食品安全国家标准 食品中最大农药残留限量》（GB 2763—2016及增补版GB 2763.1—2018），全国农药残留检出超标率排名前十的农产品如图5-4所示，其中菜豆农药检出超标率高达85.7%，石榴等农产品均在不同程度上有农药残留超标情况。

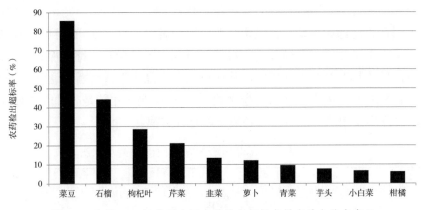

图5-4 中国MRL标准下全国农药检出超标率排名前十的农产品

中国MRL标准下全国农产品农药残留超标率排名前十的省市中，海南农药残留检出超标率为近11%，河南等省市均在不同程度上有农药残留超标情况，如图5-5所示。数据表明，我国农产品存在比较普遍的农药残留超标情况，个别农产品种类和销售区域亟待进一步整治。

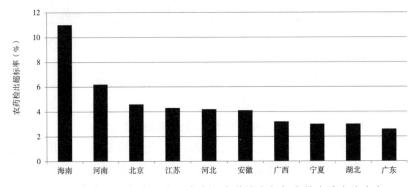

图5-5 中国MRL标准下全国农产品农药检出超标率排名前十的省市

此外，在总检出频次20413次中，单例样本检出频次排名前十的农药有：威杀灵（近1500次）、毒死蜱、除虫菊素、腐霉利、哒螨灵、硫丹、甲霜灵、嘧霉胺、戊唑醇、新燕胺；单例样本检出农药频次排名前十的农产品有：芹菜（＞1500次）、黄瓜、葡萄、番茄、甜椒、豆角、梨、苹果、生菜、茄子；单例样本检出农药种类排名前十的农产品有：芹菜（＞150种）、豆角、黄瓜、番茄、甜椒、苹果、生菜、梨、茼蒿、油麦菜。可见，威杀灵等农药被频繁用于农业生产，且多种类农药叠加使用较为普遍。

根据中国MRL标准，剧毒、高毒和违禁农药检出种类及频次如表5-7所示。检出剧毒、高毒和违禁农药排名前十的农产品种类及频次分别是：芹菜（184）、黄瓜（170）、桃（71）、豆角（68）、韭菜（65）、茄子（65）、番茄（60）、甜椒（56）、茼蒿（48）、生菜（42）。由此可见，农产品中剧毒、高毒和违禁农药残留情况仍比较普遍。这些农药是目前仍在使用还是由于再残留限量导致尚不得知（再残留限量指一些持久性农药虽已禁用，但还长期存在于环境中，从而再次在食品中形成残留，通常以每千克食物或农产品中农药残留的毫克数表示）。但是，不管是哪种因素导致，对农产品中禁用农药残留问题必须予以充分重视。

表5-7　剧毒、高毒和违禁农药检出种类及频次

农药种类	检出频次	农药种类	检出频次	农药种类	检出频次	农药种类	检出频次
硫丹	665	灭害威	14	杀扑磷	6	久效威	2
克百威	196	甲胺磷	13	草消酚	6	异柳磷	1
甲拌磷	107	乙拌磷	11	异艾氏剂	4	甲基对硫磷	1
水胺硫磷	84	特丁硫磷	10	乙基嘧啶磷	4	苯腈磷	1
三唑磷	82	碘依可酯	10	丙虫磷	2	三硫磷	1
自克威	45	涕灭威	9	灭线磷	2	异狄氏剂	1
2,6-二氯苯甲酰胺	41	硫丹硫酸盐	9	庚烯磷	2	对氯硝基苯	1
治螟磷	18	对硫磷	9	蝇毒磷	2		

（二）不同MRL标准下我国果蔬农药残留情况

不同国家MRL标准下，相同农产品的农药残留的水平也必然存在差异。为探究我国果蔬农药残留的真实水平，本书分别对照中国、日本、欧盟MRL标准，比较检出的农药残留与日本、欧盟MRL标准参照的比例，结果如图5-6所示。可见，农药总检出频次20413次，检出农药100％涵盖在日本MRL标准内，77.6％涵盖在欧盟MRL标准内，仅有20.7％涵盖在中国MRL标准内。农药MRL标准中，我国2020年2月起执行7101项标

准,2021年9月开始执行10092项标准,而欧盟和日本目前分别有162248项和51600项。数据说明,当前我国农药MRL标准相较日本和欧盟明显偏少,近80%的检出农药不在我国标准之内。我国宽泛的MRL标准使农产品隐性的农药残留问题突显,即存在农产品农药残留符合本国标准却严重超出他国标准的情况,这也无形中造成了农产品农药残留标准漏洞,更为农药减量化带来了标准上的执行障碍。

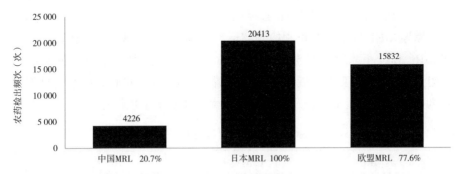

图5-6 我国检出农药与不同农药MRL标准参照的比例

此外,我国农产品样本农药残留超标率在不同国家农药MRL标准下也存在显著差异,农药超标结果如图5-7所示。由图可见,同样的农产品样本在中国MRL标准下,农药超标率仅为3%,而在日本和欧盟标准下农药超标率分别高达33%和28%。数据说明,中国农药MRL相较日本和欧盟标准明显偏低,农产品农药残留仅以中国农药MRL标准衡量结果确实比较理想,但远远没有达到发达国家的标准。以欧盟为例,2012年欧洲食品安全局开展对欧盟成员国及挪威、冰岛的食品农药残留抽样调查,一共检测了来自750多种食品的7.8万多个样本。结果显示,99.1%的样本低于欧盟农药残留法定上限,其中超过一半的样本基本无农药残留(农药残留水平低于法定下限)。相比较而言,我国农药MRL标准应向国际高标准看齐,以更好地保障农产品质量安全。

图5-7 不同农药MRL标准下我国农产品农药超标情况

进一步比较不同国家农药MRL标准下超标次数排名前十的农产品和农药，结果如表5-8和表5-9所示。由表5-8可以看出，中国标准下农产品农药残留超标次数明显低于日本和欧盟。以芹菜为例，中国MRL标准下超标次数仅为83次，而在日本和欧盟MRL下分别高达422次和359次。相同农产品在不同MRL标准下的超标次数呈现明显差异，说明各国农药MRL标准具有显著性差异。由表5-9可知，超标农药检测频次在不同MRL标准下也同样存在显著差异。中国MRL标准下，克百威检测超标频次最高，达到99次；日本MRL标准下威杀灵检测超标次数最高，达365次；欧盟MRL标准下腐霉利检测超标次数最高，达408次。相比而言，中国MRL标准下农药残留超标频次整体显著低于日本和欧盟，说明中国MRL标准数量和要求偏低于日本和欧盟。综上，农药MRL标准信息不对称为提升农产品质量安全及突破贸易技术壁垒带来了执行障碍。

表5-8 不同MRL标准下农药残留超标次数排名前十的农产品

中国MRL		日本MRL		欧盟MRL	
农产品	次数	农产品	次数	农产品	次数
芹菜	83	芹菜	422	芹菜	359
韭菜	35	豆角	315	番茄	210
豆角	16	生菜	227	茄子	181
柑橘	12	油麦菜	162	豆角	178
萝卜	12	茼蒿	137	黄瓜	173
菠菜	11	胡萝卜	136	生菜	169
小白菜	20	小白菜	127	梨	114
黄瓜	9	韭菜	126	韭菜	112
桃	9	茄子	120	小白菜	110
青菜	7	青菜	118	油麦菜	110

表5-9 不同MRL标准下农药残留超标次数排名前十的农药

中国MRL		日本MRL		欧盟MRL	
农药	频次	农药	频次	农药	频次
克百威	99	威杀灵	365	腐霉利	408
甲拌磷	48	哒螨灵	255	生物苄呋菊酯	200
毒死蜱	43	烯虫酯	229	新燕胺	182

续表

中国MRL		日本MRL		欧盟MRL	
农药	频次	农药	频次	农药	频次
腐霉利	18	新燕胺	183	仲丁威	177
治螟磷	13	杀螨特	158	杀螨特	160
氟虫腈	9	氟硅唑	140	溴虫腈	151
敌敌畏	8	除虫菊素	138	克百威	125
对硫磷	7	解草腈	133	氟硅唑	110
吡氟氯禾灵	6	烯唑醇	115	硫丹	92
七氯	5	邻苯二甲酰亚胺	102	烯唑醇	85

三、MRL标准、农药残留及政府监管

(一) 农药MRL标准信息不对称的根源

基于农药残留的多重负外部性、农药残留超标以及剧毒、高毒和禁用农药残留的普遍性，国家实施农药减量化措施是降低农产品农药残留的重要途径，而降低农药残留是提升农产品质量安全的核心内容。然而，中国农药MRL标准相对较少且比较宽泛，目前执行的农药MRL标准仅10092项，是欧盟MRL标准的6.22%和日本MRL标准的19.56%。因此，我国农产品按照中国MRL标准基本都能够合格，但是对照发达国家标准时，达标率却显著降低。MRL标准的差异为农产品生产经营者创造了标准漏洞，尽管农业生产者对标生产，农业经营者对标经营，农业监管者对标监管，然而规范的农业市场活动也可能存在着严重的安全隐患。那么，各国农药MRL标准信息不对称的根源在哪里？首先，地域差异决定了气候、土壤等农业生产环境的差异，那么同一种农药的降解程度也存在差别；其次，各国食物生产和消费结构的不同决定了农药残留标准的区别；最后，农药残留通常被作为国际贸易技术壁垒，对国内外农药实行差别化管理。

(二) 农药残留模型及与MRL标准的关系

为进一步说明问题，假设农产品中农药残留为Q，农药使用强度为Q_0，本书尝试借鉴原子核衰变规律，构建农药残留理论基础模型，模型表达式为：

$$Q = Q_0 \left(\frac{1}{z}\right)^{\frac{t}{T}} \lambda/\theta \tag{5.18}$$

其中，T表示农药安全间隔期；t表示农药实际间隔期；z表示按规定喷洒农药稀释z倍数后达到国家规定的农产品农药残留标准（$z>1$）；λ表示农业生产环境如光照、温度、降雨、风力等自然条件对农药的降解系数，在恶劣自然环境下$\lambda<1$，在良好自然环境下$\lambda>1$，在测定规定农药安全间隔期条件下$\lambda=1$；θ表示农药喷洒均匀系数（$\theta\leqslant1$），$\theta=1$表示理想喷洒状态，此时均匀喷洒形成的农药雾滴有效包裹农作物。

根据以上模型假设，农药残留量Q与农药使用强度呈正比关系，降低农药使用强度即实施农药减量化有利于降低农药残留量；延长农药实际间隔期有利于降低农药残留量，对于相对固定的农作物生产周期，延长农药实际间隔期等于间接实现农药减量化；此外，研发农药新品种，实现低毒、低残留、长效的农药替代高毒低效农药也是实现农药减量化的有效路径。农药残留量Q要求符合农药MRL标准，MRL标准越宽泛，Q值越高，对于一定的Q值，农药MRL标准是决定农药残留是否超标的关键因素。

（三）MRL标准如何衡量农药残留真实水平

一般情况下，农药MRL标准越高以及标准涉及农药种类越多，则相应农产品中农药残留指标越低，农户也会降低农药的使用强度。但是，如果存在多种农药MRL标准，那情况就有所区别了。假设有多个MRL标准，其中MRL1标准下农药残留为X_α，MRL2标准下农药残留为Y_β，MRL3标准下农药残留为Z_γ……那么，衡量农产品农药残留真实水平应该是在不同MRL标准下的综合值，简要数学表达式如下：

$$Q=\lambda_1\sum X_\alpha+\lambda_2\sum Y_\beta+\lambda_3\sum Z_\gamma+\cdots \tag{5.19}$$

上式中，Q表示农药残留真实水平，λ_n表示第n个农药MRL标准的权重（$n\geqslant1$），α、β、γ…表示不同标准规定下的农药残留MRL项数。由（5.19）可知，农药残留真实水平应由不同MRL标准下农药残留按不同权重构成。因此，衡量农产品质量安全水平的因素是多重的。由于诸多化学农药衍生品之间存在属性相近、作用类似等特征，因此在实际生产中往往存在不同农药之间的替代效应，即X、Y、Z…之间存在此消彼长的替代关系，反映到农产品上即符合农药残留的检出，如中国MRL下芹菜检出150余种农药残留，豆角、黄瓜、番茄等检出100余种农药残留（庞国芳等，2019）。此外，农药市场发展迅速，新型农药被广泛研发和使用，再加上农药市场具有较强的流通性，很多农药制造企业利用过期专利生产或仿制农药等，这些因素构成了复杂的农药市场环境，也加大了农药监管的难度。因此，仅仅依靠一种农药MRL标准去衡量农药残留水平往往不够全面，也容易导致农产品生产经营者的机会主义行为。综上所述，农药监管部门在制定农药MRL标准时应该综合考虑农药残留具体情况，制定适合本国实际又符合国际要求的标准体系，最终实现降低农药残留水平以及提高农产品质量安全的目标。

（四）我国农药MRL标准的演进及成效

我国政府始终重视农产品中农药残留问题，近年来颁布了一系列国家标准来规范农药的使用。标准是衡量农药残留是否规范的基础指标，国家通过制定和实施农药MRL对农产品质量安全进行有效监管。由于新型农药产品不断被研发和使用，低毒、低残留、高效的环保型农药逐渐取代了高毒、高残留、低效的化学农药，国家标准也逐渐发生改变。近年来国家农药残留标准变迁如表5-10所示。由表可知，国家几乎每年都出台新的农药残留标准，标准对农药残留规定越来越严格，大量剧毒、高毒农药被新型农药取代，农药MRL项数也越来越多，如GB 2763规定的农药MRL中，2012年规定2293项、2014年规定3650项、2016年规定4140项、2018年规定4402项、2019年规定7017项、2021年规定10092项。农药残留限量标准是国家对农药实施政府监管的重要手段，随着MRL标准的日益严格，农药残留水平不断降低。人民网数据显示，2001年国家质检总局对23个大中城市的大型蔬菜批发市场第三季度产品抽查，蔬菜农药残留超标率达47.5%。农业部按照国际食品法典委员会（CAC）标准对我国37个城市蔬菜农药残留合格率进行检测，结果显示，2004年1月份平均合格率为95.9%，2005年第一季度平均合格率为94.2%。2017—2020年农业农村部农产品质量安全监管司公布的农产品质量安全例行监测数据显示，农产品平均合格率为97.625%。

表5-10 近年来我国主要农药残留标准

农药残留相关标准	标准号
《茶叶中甲萘威、丁硫克百威、多菌灵、残杀威和抗蚜威的最大残留限量》	NY 660—2003
《茶叶中氟氯氰菊酯和氟氰戊菊酯的最大残留限量》	NY 661—2003
《花生仁中甲草胺、克百威、百菌清、苯线磷及异丙甲草胺最大残留限量》	NY 662—2003
《水果中啶虫脒最大残留限量》	NY 773—2004
《叶菜中氯氰菊酯、氯氟氰菊酯、醚菊酯、甲氰菊酯、氟胺氰菊酯、氟氯氰菊酯、四聚乙醛、二甲戊乐灵、氟苯脲、阿维菌素、虫酰肼、氟虫腈、丁硫克百威最大残留限量》	NY 774—2004

续表

农药残留相关标准	标准号
《玉米中烯唑醇、甲草胺、溴苯腈、氰草津、麦草畏、二甲戊乐灵、氟乐灵、克百威、顺式氰戊菊酯、噻吩磺隆、异丙甲草胺最大残留限量》	NY 775—2004
《柑橘中苯螨特、噻嗪酮、氯氰菊酯、苯硫威、甲氰菊酯、唑螨酯、氟苯脲最大残留限量》	NY 831—2004
《食品中农药最大残留限量》	GB 2763—2005
《食品中农药最大残留限量》第1号修改单	GB 2763—2005
《粮食卫生标准》中的4.3.3农药最大残留限量	GB 2715—2005
《农产品中农药最大残留限量》	NY 1500—2007
《蔬菜、水果中甲胺磷等20种农药最大残留限量》	NY 1500—2008
《农产品中农药最大残留限量》	NY 1500—2009
《食品中百菌清等12种农药最大残留限量》	GB 25193—2010
《食品中百草枯等54种农药最大残留限量》	GB 26130—2010
《食品中阿维菌素等85种农药最大残留限量》	GB 28260—2011
《食品安全国家标准 食品中农药最大残留限量》	GB 2763—2012、GB 2763—2014、GB 2763—2016、GB 2763.1—2018、GB 2763—2019、GB 2763—2021

（五）MRL标准视角下农药政府监管的优化路径

面对我国相对复杂的农情以及当前农药MRL标准的局限性，可以通过完善MRL标准来实现降低农药残留和优化农药政府监管路径等目标。通过前文分析，可知农药MRL标准直接关系农药残留及农药减量化目标，而我国现阶段农药MRL标准存在标准较低和覆盖范围较窄两个主要问题，并间接导致了农药残留的真实值与测量值的差异，也为农业生产经营者对标生产提供了投机空间，从而带来了农药残留安全隐患。FAO数据显示，2000—2018年间我国年均进口农药101596.2吨，年均进口额65261.9万美元，而大量进口的农药不在我国国家标准范围之内，从而导致了潜在农药残留的安全隐患。因此，针对当前我国农药残留超标等问题，必须对农药各环节加强监管，实现农产品农药残留真实值达标，保障人民生命健康安全。首先，应制定和优化我国现行农药MRL标准，适当提高农药限量标准要求，加快与发达国家标准的对接，使之既能符合我国具体农情又可对接国际市场要求；其次，鉴于新型农药科技研发以及不同农药的可替代性，制定农药MRL标准时应综合考虑新型农药以及进口农药类型，及时修订农药限量标准，提高农药标准的覆盖面；最后，加强对国外非标准内农药的进口审批，杜绝非标准内农药的大量使用，防止农药残留仅对标本国标准而严重超出国外标准的投机行为，降低农产品农药残留的真实值。针对我国农药MRL标准情况，实现农药减量化监管的主要途径如图5-8所示。

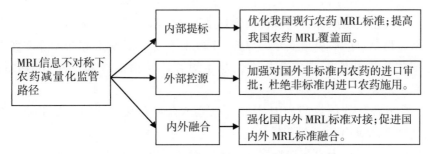

图5-8　MRL信息不对称视角下农药减量化监管路径

四、MRL标准下农药减量化监管研究的结论

第一，标准信息不对称下农药残留导致的负外部性问题要求政府对农药实行有效的监管。农药负外部性问题主要表现在3个方面，一是对人体健康造成损害；二是破坏了人类赖以生存的自然生态环境；三是造成了农产品技术性贸易壁垒。因此，农药减量化监管必须将完善农药标准作为重要内容。

第二，农药MRL标准信息不对称导致了我国农产品的安全隐患。中国农药MRL标准下，水果、蔬菜存在农药残留超标和剧毒、高度、禁用农药残留等问题。此外，中国农药MRL标准相较日本、欧盟等发达国家更为宽泛且覆盖面更窄，我国有些农产品虽然符合本国标准，但严重超出日本、欧盟MRL标准。MRL低标准间接导致了农药残留测量值与真实值的偏差。

第三，制定符合我国农情的农药MRL标准是农药减量化监管的有效途径之一。农药残留量与农药使用强度呈正相关，与实际农药安全间隔期呈负相关。在国内外农药贸易常态化下，衡量农药残留真实水平应该综合考虑多个MRL标准。农药减量化监管应以制定和提高农药MRL标准为措施，以完善农药减量化行动方案为手段，以降低农产品农药残留综合水平为目标。

五、MRL 标准下农药减量化监管路径探析

基于上述研究结论，在生产端和监管端农药标准信息不对称的前提下，农药减量化监管的总体路径为：强化农药标准建设，制定标准时既考虑我国具体农情，又兼顾世界农药大环境，并加强国内外标准的融合，探索"内提标＋外控源"农药减量化监管方式，从而实现生产端和监管端农药标准信息对称。具体路径表述如下。

（1）重视我国农药最大残留限量标准建设，将标准建设作为农药减量化监管的重要组成部分。农药残留标准是评价农产品质量优劣的重要衡量依据，也是农产品质量安全的重要保障。国内外农药标准存在差异，容易造成生产端和监管端农药标准信息不对称，从而造成农产品农药残留隐患。

（2）优化我国农药 MRL 标准是实现农药减量化监管的重要路径。农药品种之间具有的可替代性决定了农药使用结构的复杂性，而农药 MRL 标准信息不对称为农药选择性对标使用提供了投机空间，从而导致农产品符合一个标准而严重超出其他标准的困境。因此，政府部门在制定农药 MRL 标准时，应充分考虑具体农情，通过适当提高 MRL 标准、拓宽标准涵盖范围、控制进口农药符合国标等"内提标＋外控源"的内外融合监管措施，以实现农药减量化及提升农产品质量安全整体水平。

第四节　新型农业经营主体共治的农药减量化监管实践路径

一、多主体参与监管的研究背景

党的十九届四中全会提出要构建基层社会治理新格局，完善群众参与基层社会治理的制度化渠道。基于政府监管视角，有研究认为，除了政府监管之外，食品安全风险治理还必须引入非政府组织等社会力量的参与，引导全社会共同治理（Cohen and Arato，1992）。类似研究发现，消费者协会、行业自律组织等非政府组织可以充当连接政府监管者、市场经营者和消费者的桥梁，具有矫正政府失灵和市场失灵的双重作用（King et al.，2007；Bailey and Garforth，2014）；增强社区监管水平并通过监管提高农户风险认知已成为推动绿色生产的重要手段（王建华等，2018），社区治理能对政府监管起补充作用，显著促进农户绿色生产行为（于艳丽等，2019）；吴林海等（2016）研究认为，引导村委会参与农村社会治理对防

范农产品质量安全风险具有重要作用。因此，单纯依赖政府监管往往不能满足公众对农产品质量安全的需要，单一的政府监管为主导的模式也存在"政府失灵"现象（Weisbrod et al.，1974）。

蔡荣等（2019）研究认为，加入合作社对家庭农场选择环境友好型生产方式能够起到积极效果，与不加入合作社相比，加入合作社能够使家庭农场农药减量化使用概率提高43.7%；任国之和葛永元（2008）研究发现农民专业合作组织通过发挥组织内部的自律功能来保障农产品源头安全的优势是不可替代的。通过农资统一供应、农产品统一加工和包装等过程控制保障农产品安全是农民专业合作社的一大优势（黄季焜，2010；张梅和郭翔宇，2011）；农民专业合作社在食品安全标准的扩散中具有独特的优势（白丽和巩顺龙，2011；巩顺龙等，2012）；合作社可通过集体行动降低交易成本和提升销售价格（Hao et al.，2018；蔡荣，2011）。因此，合作社对于解决农产品安全问题意义重大（田永胜，2018），应在农村构建以农民合作经济组织为主体的食品安全监管体系（张千友和蒋和胜，2011；陈新建和谭砚文，2013）。

发展多种形式适度规模经营，培育新型农业经营主体，是建设现代农业的前进方向和必由之路。新型农业经营主体包括家庭农场、农民合作社和农业社会化服务组织等①。2019—2021年，为激发首创精神，充分发挥示范作用，农业农村部连续发布三批246个全国农民合作社和家庭农场典型案例②。那么，新型农业经营主体对政府监管有没有影响？本书以宁波市发展新型农业经营主体探索种养结合模式为典型案例，尝试探索新型农业经营主体嵌入式监管能否弥补农药减量化监管的不足。

二、新型农业经营主体合作监管的农药减量化实践路径

农业农村部2019年印发的《农业绿色发展先行先试支撑体系建设管理办法（试行）》中提出，大力发展种养结合、生态循环农业，增加绿色优质农产品供给，提升绿色农产品质量和效益。本书以宁波新型农业经营主体种养结合实现农药减量化为典型案例，探索农药减量化监管的实践路径。经过实地考察和资料分析，将宁波农药减量化的主要实践经验总结如下。

---

① 农业农村部. 新型农业经营主体和服务主体高质量发展规划(2020—2022年)[EB/OL].(2020-3-6)[2021-11-15]. http://www.moa.gov.cn/gk/tzgg_1/tz/202003/t20200306_6338371.htm.

② 农业农村部. 农业农村部办公厅关于推介第三批全国农民合作社和家庭农场典型案例的通知[EB/OL].(2021-11-15)[2021-11-15]. http://www.moa.gov.cn/govpublic/NCJJTZ/202111/t20211115_6382164.htm.

（一）发展新型农业经营主体，促进农药减量化监管

宁波市加大对农民合作社和家庭农场的培育和扶持力度，推进新型农业经营主体高质量发展。数据显示，2020年底，宁波市共有3780家农民专业合作社，5万多户入股社员，其中国家级、省级、市级示范社分别达到29家、65家和169家①；2019年底，全市经工商注册登记的家庭农场总数5196家，土地经营面积57.8万亩，其中省、市级家庭农场分别达到161家和301家②。发展新型农业经营主体是应对我国分散农业经营造成农药使用量居高不下的重要途径，大量研究表明，扩大农业经营规模有利于加快农药减量化进程。宁波市以规模大户、科技示范户家庭农场为重点，开展示范点建设，并制定了《农药安全使用技术实施方案》《农业面源污染治理实施方案》，2017年全市实施非化学防治技术面积100万亩，统防统治面积70万亩，减少农药使用量58.6吨③。数据显示，鄞州区东吴水稻示范区与周边非示范区域比较，农药使用量减少70%以上④；海曙区2019年全年减少农药使用量6.6吨⑤。

（二）探索种养结合模式，实现农药减量农业增效

宁波鄞州归本水稻农场成功开展"水稻＋龙虾"稻虾共育模式，该种养结合模式亩均收益比单纯种植水稻提高500元左右。考虑到龙虾对水环境要求极高，因此采用绿色生态防控技术防治病虫害，水稻生长过程中不使用化学农药。2018年至2020年1月，鄞州建设绿色防控示范区2.87万亩，实现农药减量13.21吨⑥。宁波象山明朗农场打造稻鱼、稻鳖、稻蟹、稻鸭共生基地，基地不施肥、不用农药，鱼、鳖和鸭子进出自由，虽然水稻的亩产量有所下降，但生态米的品质得到了提升，生态米每千克价格可以卖到16元，且养殖鱼、鳖等也带来一笔不菲的收入，农业经济效益大幅提升。除象山以外，余姚"稻鱼""稻鳖"共生模式也被列入省级新型稻渔综合种养示范基地。此外，慈溪在稻田四周放养中华鳖、泥鳅、蟹、鲫

---

① 宁波市农业农村局.鄞州区、象山县获批全国农民合作社质量提升整县推进试点[EB/OL].(2021-6-30)[2021-11-15]. http://nyncj.ningbo.gov.cn/art/2021/6/30/art_1229058288_58976606.html.

② 宁波市农业农村局.宁波市农民合作社和家庭农场发展专题报告[EB/OL].(2021-2-23)[2021-11-15]. http://nyncj.ningbo.gov.cn/art/2021/2/23/art_1229058302_58926969.html.

③ 宁波市农业农村局.宁波市生态循环农业发展专题报告[EB/OL].(2018-10-9)[2021-11-15]. http://nyncj.ningbo.gov.cn/art/2018/10/9/art_1229058302_48520604.html.

④ 宁波市农业农村局.宁波"保姆式"服务推广减肥减药技术[EB/OL].(2017-10-27)[2021-11-15]. http://nyncj.ningbo.gov.cn/art/2017/10/27/art_1229058288_48711904.html.

⑤ 宁波市农业农村局.海曙区获评省第三届"河姆渡杯"粮食生产先进县(市、区)[EB/OL].(2020-4-8)[2021-11-15]. http://nyncj.ningbo.gov.cn/art/2020/4/8/art_1229058289_48638751.html.

⑥ 浙江省农业农村厅.鄞州获评省农业绿色发展先行县[EB/OL].(2020-1-3)[2021-11-15]. http://nynct.zj.gov.cn/art/2020/1/3/art_1630296_41433659.html.

鱼和鲢鱼等，亩均产值比单纯种植水稻增收1200元。创新"水稻＋"绿色生产模式，是保障粮食生产相对稳定、促进农民增收的重要手段。种养结合绿色生产模式最大限度实现了农药减量化，在农田中形成的新生态循环链不仅保护了基本农田结构、破解了当地养殖水源稀缺难题，而且取得了经济效益和生态效益的共赢。

（三）推行农业标准化生产，助力农药减量增效

截至2020年底，宁波市已有850家合作社实施农业标准化生产[①]，全市推广病虫害统防统治71万亩，实现农药减量化100吨[②]。其中象山县积极推广绿色防控农药减量化技术，积极推广生态种养模式，推行标准化生产，全县农业标准化生产程度达65％，绿色优质农产品占比率达64％，近3年农产品抽检合格率均在98.5％以上，实现年化学农药减量化11.4吨[③]；奉化云雾粮食专业合作社海拔800多米的大雷山上建立了有机水稻种植基地，稻谷生产严格按照有机标准执行，从农药等投入品入手把好第一道关，再到田间操作、加工、销售，全过程建立了生产档案，实现了农药等信息可追溯；江北宁浩家庭农场坚持生态栽培技术标准，在水稻种植过程中，农场坚持不用农药，少用化肥，防病治虫采用性诱剂、太阳能杀虫灯，稻田四周还种植香根草、蓖麻等。虽然亩产量不及常规栽培，但稻米价格高出三分之一左右，实现了农药减量化和农业增收。

（四）依托农业技术创新，加速农药减量化进程

当地农业部门高度重视农业高新技术在农药减量化中的应用。以稻米品种为例，宁波自主选育的甬优籼粳杂交稻单产屡破纪录，且在品质不断提升的同时，实现了农药的减量化，如"七乡桥"牌再生稻选用优质品种甬优4901，采用再生稻绿色栽培技术，其中第二季农药使用量减少80％以上[④]。海曙粮草专业合作社引入农业自动化监控系统，通过建设机房、设置电子监控屏幕，实现了对农田和加工车间的实时监控，并通过遥感按钮对田间排灌系统实施远程控制，形成了一套标准化、智能化的种植体系。宁海县越溪乡省级农业绿色发展先行区农药废弃包装物回收处置率达95％以上，防虫网、性诱剂、黄板和高效低毒农药配合使用，农药使用量减少

---

① 凤凰网宁波综合. 宁波新型农业经营主体发展水平居全省前列[EB/OL]. (2021-3-3)[2021-11-15]. https://nb.ifeng.com/c/84IwgbuMNqb.

② 宁波市农业农村局. 宁波市农村一二三产业融合发展专题报告[EB/OL]. (2020-11-27)[2021-11-15]. http://nyncj.ningbo.gov.cn/art/2020/11/27/art_1229058302_58924459.html.

③ 宁波市农业农村局. 象山县举办水稻肥药减施增效技术模式示范现场观摩评议会[EB/OL]. (2019-10-17)[2021-11-15]. http://nyncj.ningbo.gov.cn/art/2019/10/17/art_1229058289_48639624.html.

④ 宁波市农业农村局. 浙江好稻米推荐结果公布 我市荣获二金三优[EB/OL]. (2020-12-28)[2021-11-15]. http://nyncj.ningbo.gov.cn/art/2020/12/28/art_1229058288_58925844.html.

三分之一以上[①]。在全市大力推进"水稻＋"种养模式的背景下，宁波技术人员攻克"水稻田养青蟹"难关，首次证明了水稻田也能养青蟹[②]，该模式为实现农药减量增效、保障水稻质量安全、发展种养结合的高效生态农业提供了新模式。

三、可能的提升空间

宁波种养结合的农业生产模式，是对传统农业的极大创新，不仅提高了农业经济效益，而且成功实现了农药减量化。该种生产模式以牺牲农业产量为代价，换取农业质量的提升，是以构建自然生态平衡机制取代现代农业经营模式的典型代表。该种生产模式不仅契合了当前社会追求质量安全农产品的消费趋向（市场需求），而且对于降低农药等农业投入品以及改善自然环境都有显著的正向作用。因此，种养结合模式是值得借鉴的农药减量化实践路径之一。

类似研究显示，复合种养模式比清耕种植模式节约农药426元/公顷，降低农药成本19％（农一鑫等，2021）。然而，该农药减量化路径对农业生产环境具有较高的要求，只适合特定的农业种养组合，因此并不具备普适性。养殖业中对于农药等要求非常高，一旦有毒农药流入养殖环境，水产品很容易发生大面积死亡，因此不能对种养结合的作物使用有毒、有害的化学农药，而作物生长过程中经常遭受病虫害破坏，如果没有农药等加以干预，将会直接降低农业产量，甚至出现绝收现象。因此，种养结合方式实现农药减量化的途径主要有两种，一是以牺牲农业产量为代价，不使用任何农药；二是以生物农药等新型绿色农药取代化学农药，或者以农业新技术米控制农作物病虫害，变相增加农业投入成本。此外，种养结合模式对技术要求相对较高，如"水稻＋青蟹"模式中，水稻是淡水作物，而青蟹是海水养殖品，要实现两种不同环境下的混合生产具有相当大的农业技术难度。

综上，在种养结合模式实现农药减量化的基础上，应该从以下3个方面加以进一步完善。首先，增强农业新技术在农业生产模式中的应用与推广，以技术创新引领农业进步。针对宁波地区农业特性，发展特色化农业经营模式，在农业绿色长效发展前提下实现农药减量化。其次，提高农药残留限量标准，突破国际农业贸易壁垒，对标国际标准，生产符合国际贸

---

① 宁波市农业农村局. 宁波农业农村信息2019年第43期[EB/OL]. (2019-10-21)[2021-11-15]. http://nyncj.ningbo.gov.cn/art/2019/10/21/art_1229058377_48544094.html.

② 浙江省农业农村厅. 我市技术人员攻克"水稻田养青蟹"难关[EB/OL]. (2020-10-20)[2021-11-15]. http://nynct.zj.gov.cn/art/2020/10/20/art_1599613_58924151.html.

易要求的高质量农产品。这不仅能为国内提供优质农产品，而且有助于将农产品销售到世界各地。最后，积极鼓励新型农业经营主体参与的农药减量化监管。利用新型农业经营主体的生产优势、技术优势、规模优势，充分落实地方农药减量化政策，营造良好的农业市场生产环境以及充分保障农产品的质量安全。

四、农药减量化实践路径探析

首先，新型农业经营主体参与的农业经营模式有助于实现农药减量化监管。发展新型农业经营主体是我国农业可持续发展的重要途径，也是提高农业经营效果和保障农产品质量安全的有力保障。当前对农产品低农药残留、高质量的市场需求导向促进了新型农业经营主体在生产端实现农药减量化。其次，种养结合的农业生产方式是提高农业综合效益和提升农产品质量安全水平的模式创新，也是促进农药减量化实现的有效路径。种养结合方式虽然降低了农作物产量，但提高了农产品的质量，而且兼顾了养殖效益，是实现农药减量化的一种创新。最后，规范农药使用标准、发展农业标准化生产是实现农药减量化的重要途径。农药残留的主要原因是农药的不规范使用，而标准化生产可以杜绝农药过量使用、错误使用等不规范行为，是实现农药减量化的重要路径。

创新农业生产方式是实现农药减量化的重要途径，各政府部门应该为农业创新方式提供良好的政策环境。我国家庭联产承包的农业生产方式极大促进了生产力的提高，但近年来农药残留等弊端也逐渐凸显。因此，我国现代农业生产需要转变农业经营模式、创新农业生产方式，探索符合农业可持续发展的新模式。宁波"水稻＋"等种养结合生产方式为突破传统农业弊端、实现农药减量化提供了一个典型案例，这也是政策导向的结果。因此，政府监管部门在制定农药减量化政策时，也要充分考虑地方特色，鼓励创新农业生产方式，激发农业新型经营主体的主观能动性和创造性，并积极营造良好的政策环境。

第五节 本章小结

一、研究结论

本章主要有3个方面的研究结论：（1）有效利用农业市场机制，加强农药减量化共同监管是提升农产品质量安全的重要举措。多渠道降低农场生产农药残留超标农产品的违规利润，合理设置农业合作社参与监管的激励机制，提高农业合作社参与监管的积极性，切实增强政府监管公信力等措施是实现农药减量化、提高监管效率的有效路径。（2）我国水果蔬菜存在农药残留超标以及剧毒等禁用农药残留问题；我国农药MRL标准偏低以及覆盖面较窄是导致农产品农药残留安全隐患的重要因素；提高我国MRL标准及限制外来非标准内农药使用是我国农药减量化监管的可行路径。（3）新型农业经营主体参与的农业经营模式有助于实现农药减量化监管；种养结合的农业生产方式是提高农业综合效益和提升农产品质量安全水平的模式创新，也是促进农药减量化实现的有效路径；规范农药使用标准、发展农业标准化生产是实现农药减量化的重要途径。

二、"内提标+外控源"农药减量化监管路径

在生产端和监管端农药信息不对称前提下，农药减量化监管的总体思路为：一是充分发挥新型农业经营主体的自身优势，建立多元化合作监管体系，探索"政府＋新型农业经营主体"实现生产端和监管端农药信息对称促进农药减量化的监管方式；二是强化农药标准建设，制定标准时既考虑我国具体农情，又兼顾世界农药发展大环境，并加强国内外标准的融合，探索"内提标＋外控源"实现生产端和监管端农药标准信息对称促进农药减量化的监管方式。具体路径包括：（1）推进监管机制改革，推动多元化共同监管体系建设，加速实现生产端和监管端农药信息对称；（2）提升政府监管公信力，提高共同监管效能；（3）实行奖惩机制约束生产行为，发挥农产品生产端（农场）声誉机制；（4）重视我国农药最大残留限量标准建设，将标准建设作为农药减量化监管的重心；（5）制定农药标准时注重"内提标＋外控源"内外融合发展，不断优化我国农药MRL标准体系。

三、政策启示

从完善生产端和监管端农药信息对称以促进农药减量化监管的角度，在制定和落实农药减量化监管政策时，应考虑以下6个方面的内容：（1）调动政府之外市场主体参与农药减量化监管的积极性，推进监管机制改革；（2）重视政府农药减量化监管的公信力建设，不断提升共同监管效能；（3）加大对农产品生产端农药残留超标生产行为的惩处力度；（4）鼓励建立农产品生产端声誉机制，并发挥声誉机制作用；（5）充分考虑具体农情，完善我国农药MRL标准；（6）鼓励创新农业生产方式，激发农业新型经营主体的主观能动性和创造性，并积极营造良好的政策环境。

第六章　监管端与消费端信息不对称下农药减量化监管路径

农产品消费端和监管端农药信息不对称导致消费者对农产品质量安全及政府监管的信心不足。本章从理论角度分析消费信心对不同农药残留农产品市场供需均衡变化以及对政府市场监管效力的影响机制，并通过田野调查进一步明确当前消费者对农药等引致的农产品质量安全以及政府监管的信心，尝试从实现消费端和监管端农药信息对称角度探索农药减量化监管路径。本章提出"监管外部赋能＋信心内生驱动"实现农药信息对称以促进农药减量化的监管路径。

第一节　逻辑框架及问题提出

经济学视角下，消费者与地方政府的农产品安全监管关系是一种委托代理关系，其代理过程通过"市场监管"来体现（倪国华和郑风田，2014）。尽管社会监管可以有效弥补农产品安全政府监管的不足（Song et al.，2018），但对农产品安全信息而言，消费者与监管者的处境相同，同样处于信息不对称中的弱势方。由于政府相关职能条块分割、部门之间缺乏沟通协调等，农产品安全信息不能及时有效地传递给消费者，而且传递的信息或标准不一或相互矛盾，造成政府与消费者之间的信息不对称，使消费者因缺乏准确的商品信息而无法做出正确的选择（张蒙等，2017）。消费者在农产品市场上处于明显劣势地位，没有产品信息会加大消费者购买决策的难度，没有监管信息会让消费者对农产品缺乏安全感，进而对政府缺乏信任感（刘成等，2017）。现代农业的发展理念要求数量和质量并重，而频频发生的农产品安全事件不断打击国人对农产品消费的信心（宋新乐和朱启臻，2016），一些有消费意愿的消费者也由于市场鱼龙混杂而失去了消费信心（胡琴和何蒲明，2018）。以近年来报道的西瓜膨大剂事件（氯吡苯脲，属于植物生长调节剂）、草莓乙草胺事件（属于除草剂）以及毒豇豆（水胺硫磷）和毒韭菜（有机磷）等农药残留超标事件为例，消费者对食用有农药残留的农产品是否对人体有害存在质疑，而政府部门并未在第一时间给出明确回应，消费者在缺乏有效信息时出于自我保护动机而拒绝购买问题农产品，进而造成严重的经济损失以及政府公信力降低。桑秀丽等（2012）认为，政府监管力度、消费者维权意识等是我国出现消费者对农产品市场信心严重不足，政府诚信受到挑战等现状的主要因素。吴林海等（2013）研究认为，政府应发布农产品安全监管的信息，恢复与提升公众的消费信心，提高其对农产品安全恐慌心理的控制能力。Kim（2018）研究表明，为了实现农药的安全科学管理，政府应努力与消费者正确沟通，改变消费者对农药的看法。邵宜添（2021c）研究认为，消费信心会动态影响政府监管效力。

　　农药残留是化学农药使用后的必然产物，而农药残留超过最大限量将直接影响农产品质量安全（吴林海等，2011）。农产品作为消费必需品，具有公共品的属性。同时，农产品也是一种信任品，即使消费之后也无法确定其农药残留、激素使用等信息。不合格农产品对身体造成的损害往往是隐性的，短期内难以察觉，也很难界定其中的因果关系，因而需要政府监管的介入。食用农产品是食品加工企业的战略性原料，确保其质量安全是企业选择其投资交易治理模式的首要目标（陈梅和茅宁，2015）。受三聚氰胺、瘦肉精、苏丹红等国内重大食品安全事件的影响（Shao et al.，2016），消费者对食品质量安全以及政府市场监管的信心有所下降。国内食品行业在产品质量上面临严重的信任危机，国内民众对政府监管机构的低信任是引起行业信任危机的制度背景之一（李想和石磊，2014）。当缺乏一个能够减弱或降低消费者处于信息劣势地位时所产生的影响的保障机制时，消费者不愿意为所谓的"安全"食品支付过多的费用（王可山，2012）。对于农产品市场，消费者为避免购买到存在安全隐患的农产品而改变购买渠道和消费偏好，使得市场不能有效配置资源，且信息不对称将导致"逆向选择"等问题。因此，高效率的安全监管是农产品市场有效运转所不可缺少的先决条件（Martinez et al.，2013），而市场的有效运行不仅依赖于同业竞争，也依赖于有效的监管制度和公众对监管制度的信任（王永钦等，2014）。农产品的质量安全已然是全社会广泛关注的焦点，建立长效的监管机制，对于保障农产品质量安全具有重要意义。

　　消费者对监管制度的信心可以表现为不同的消费行为，而消费作为经济发展的重要原动力，推动了国民经济的发展。消费行为受客观和主观因素的影响，客观因素包括预算约束、市场环境、其他经济变量等，而主观因素指体现了消费者心态的指标，反映消费者信心水平，是一种宏观层面对消费者心态的测度（任韬，2013）。经济学界也广泛关注消费者的经济行为，尤其是消费者的态度和预期与整个宏观经济之间的关系。有研究表明，当前国内农产品安全监管面临市场自我调节能力差、监管环节众多、利益相关者关联复杂的整体问题（冯朝睿，2016），而监管制度的不力和公众对监管制度的不信任是中国信任品行业危机的重要原因（王永钦等，2014）。监管端与消费端信息不对称主要表现为消费者对政府监管和农产品安全的信心不足，监管端与消费端信息不对称下农药减量化监管研究逻辑框架如图6-1所示。

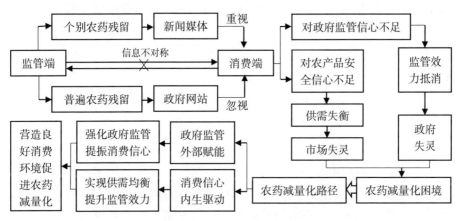

图6-1　监管端与消费端信息不对称下农药减量化监管研究逻辑框架

国内外基于消费者角度对农产品安全问题进行了广泛的研究，有学者在认知分析的基础上研究了消费者购买有机、绿色等农产品的支付意愿问题，结果显示，关注健康饮食和环境退化的消费者最有可能购买有机农产品，并愿意支付高溢价（Gil et al.，2000）。Böcker（2002）研究发现，在食品安全危机发生后，厂商之间差异越大则消费者丧失信心越多。有研究探讨澳大利亚消费者对有机农产品的需求，发现农药使用情况、环境以及口味等因素成为消费者对有机农产品质量需求的主要诱因（Chang and Zepeda，2005）。也有研究评估了消费者对农民、中间商和贸易商所采取的十二项农产品安全措施的信心，结果表明，消费者对蔬菜生产价值链上的安全措施的信心水平影响着他们的农产品安全行为（Lagerkvist et al.，2018）。黄祖辉等（2004）对茶叶安全性消费进行调查，发现愿意购买安全茶叶的消费者占80.5%，如果政府严格执行安全茶叶等级标准，以期降低农药残留等安全风险，那么消费者愿意支付的价格随收入和教育程度的增加而增加。王岱等用向量自回归和方差分解等方法研究我国消费者信心的影响因素，结果显示，农村居民的人均可支配收入对消费者信心的影响远大于城镇居民（王岱等，2016）。然而，已有文献很少有从消费者信心角度探讨不同农药残留农产品供需结构和政府监管效力之间的内在逻辑关系。那么，消费信心如何影响农产品质量安全？消费信心对政府监管有没有影响？消费者对当前农产品质量安全和政府监管信心如何？针对以上问题，本书尝试以市场供需均衡理论来分析消费信心对于不同农药残留农产品供需结构的影响，并建立模型分析消费信心对于政府市场监管效力的抵消效应。此外，通过关于消费者对政府监管及农产品质量安全信心的田野调查，了解消费者农产品主要购买渠道，以此来了解消费者对目前农产品安全及政府监管的真实信心水平，以期为加强农药减量化监管和提升政府监管效力提供参考路径。

第二节　基于消费信心对供需均衡影响分析的农药减量化监管路径

消费者作为需求主体对农产品安全供给有着关键性作用。消费信心表示消费者对当前市场农产品质量安全的认可度，表现为消费者对质量安全农产品的购买意愿。一般经济理论认为：消费者购买商品或服务的均衡选择在于消费偏好与价格间的权衡，而消费信心又极大影响了消费偏好。那么如何从经济学角度理解消费信心对农产品供需结构影响的内在逻辑？接下来对该问题进行简要探讨。

一、假设条件

为比较直观地说明消费者信心对市场农产品供需结构的影响机制，我们简化了影响市场结构的因素，以农药残留作为衡量农产品质量安全的指标，设置以下3个假设条件。

假设条件1：短期内消费者对农产品总需求量 D 不变，消费者用于购买农产品的总支出 E 不变；城市消费者对农产品的农药残留要求大于农村消费者，城市总供给曲线为 S_U，农村总供给曲线为 S_R，S_U 在 S_R 上方。

假设条件2：将市场供应的农产品分为三大类，分别是零农药残留高端农产品 S_H（如高端进口产品、绿色生态产品等），农药残留达标中端农产品 S_M（农贸市场、超市等），农药残留超标低端农产品 S_L（如流动商贩、乡镇市集农产品等）。其中 S_H 和 S_M 为政府市场监管下农药残留检测合格的农产品，S_L 为不受市场监管未经农药残留检测的农产品。

假设条件3：将农产品消费者分为三大类，分别为 C_H、C_M、C_L。其中 C_H 指高等收入或高度重视农产品农药残留指标的消费者，购买意愿为高价或零农药残留农产品，C_H 在消费者总数的占比为 θ_H；C_M 指中等收入或一般重视农产品农药残留指标的消费者，购买意愿为价格适中或农药残留达标农产品，C_M 在消费者总数的占比为 θ_M；C_L 指低收入人群或不重视农产品农药残留指标人群，购买意愿为低价或农药残留超标农产品，C_L 在消费者总数的占比为 θ_L。

二、消费信心对农产品供需均衡的影响

根据以上假设条件，我们可以得到农产品总供给 $S=S_H\theta_H+S_M\theta_M+S_L\theta_L$，市场供求达到均衡时，总供给 $S=$ 总需求 $D=$ 均衡量 Q，则有 $Q_H\theta_H+Q_M\theta_M+Q_L\theta_L=S_H\theta_H+S_M\theta_M+S_L\theta_L$。如图6-2所示，三类供给农产品与需求线分别相交，其中 P_H、P_M、P_L 分别是对应的农产品价格（$P_H>P_M>P_L$），则消费者总支出 $E=Q_H\theta_H P_H+Q_M\theta_M P_M+Q_L\theta_L P_L$。

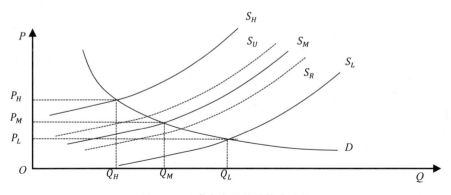

图6-2　三类农产品供需均衡曲线

（1）当消费者对政府市场监管非常有信心时，即认为市场监管下的农产品没有质量安全问题。中高端农产品默认为政府市场监管下的合格产品，那么消费者将减少低端农产品的购买（θ_L 降低）。如果 S_M 和 S_H 具有相同的质量安全系数，而 $P_H>P_M$，消费者将减少高端农产品的购买（θ_H 降低），增加中端农产品的购买（θ_M 升高）。消费总支出变化为：$E=Q_H P_H\theta_H+Q_M P_M\theta_M+Q_L P_L\theta_L$（式中 θ_H 降低，θ_M 升高，θ_L 降低），均衡数量变化表现为 S_L 和 S_H 比例的降低以及 S_M 比例的升高。图形变化如图6-3所示，S_L 曲线和 S_H 曲线分别向 S_M 曲线靠拢，由于城乡居民对农产品消费偏

好的差异，表现为城市居民的S线向S_U收敛，农村居民S线向S_R收敛。

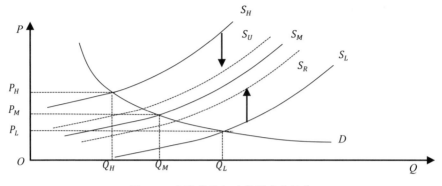

图6-3 有消费信心时供需变化趋势

（2）当消费者对政府市场监管缺乏信心时，即认为市场监管下的农产品也存在质量安全隐患。消费者认为S_M和S_L没有本质上的区别，而$P_M>P_L$，当消费者在消费总支出E不变时，要保证Q不变，消费者可能会倾向于增加购买高端和低端农产品（θ_H和θ_L同时升高），从而减少中端农产品的购买（θ_M减少）。消费总支出变化为：$E=Q_HP_H\theta_H+Q_MP_M\theta_M+Q_LP_L\theta_L$（式中$\theta_H$升高，$\theta_M$降低，$\theta_L$升高），均衡数量变化表现为$S_L$和$S_H$比例的升高以及$S_M$比例的降低。图形变化如图6-4所示，$S_M$曲线分别向$S_H$曲线和$S_L$曲线分散，由于城乡居民对农产品消费偏好的差异，城乡居民的S_U线向S_H分散，S_R线向S_L分散，从而形成两极分化的趋势。

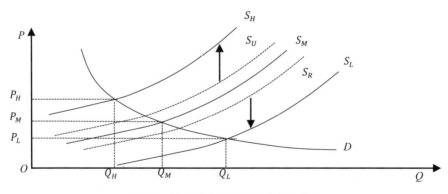

图6-4 缺乏消费信心时供需变化趋势

笔者认为，以消费者对农产品的行为选择来衡量消费者对当前市场不同农药残留标准农产品的可信度，是一种比较直观的量化指标，便于从理论层面进行分析和评价。但是在实际过程中，消费者行为选择又存在诸多局限性，如可选择农产品来源有限，存在非此即彼的较为单一选项；消费者形成比较稳定的消费习惯后不容易改变，即使在有不同农产品可供选择时，仍会面临信息不对称等问题，进而导致选择困境；除了市场和选择偏好因素之外，消费者还受经济状况、政策导向等其他综合因素影响。

三、基本命题

通过上述的假设条件，我们可以比较清晰地得到以下命题：

命题1：消费信心动态影响不同农药残留标准农产品市场供需结构。消费者对农产品的选择偏好直接影响了农产品市场的供需均衡结构。当农产品总需求量和用于购买农产品的总支出恒定时，消费者用于购买零农药残留、农药残留达标、农药残留超标农产品的占比处于动态调整且又相对恒定的状态，对这个动态调整过程最直接的影响因素是消费者对各类农产品农药残留等质量安全评价，即消费信心。

命题2：较高的消费信心可以扩大农药残留达标中端农产品的市场份额，降低消费者损失。当消费者对政府农产品市场监管充满信心时，消费选择会倾向于农贸市场或超市供应的农药残留达标且又价格适中的农产品，从而降低高端市场高价农产品和低端市场没有农药残留检测的低价农产品的市场份额。该消费选择最终会逐步迫使高端和低端农产品市场范围的缩小甚至消亡，从而在根本上解决低端劣质农产品质量安全隐患以及难以进行有效市场监管的多重困境，同时，缩小高端农产品市场范围可以减少消费者的无谓支出，最终使农产品市场步入健康发展轨道。

命题3：消费信心不足会减少农药残留达标中端农产品的市场份额，增加消费者的无谓支出。当消费者对政府农产品市场监管缺乏信心时，那么情况与命题2相反，会导致高端高价和低端低价农产品市场的进一步扩大，这不仅会给农产品质量安全以及市场监管带来严峻的挑战，而且会增加消费者的无谓损失，阻碍农产品市场的健康发展。

四、农药减量化监管路径

基于上述基本命题，消费信心影响不同农药残留标准农产品的供需均衡，提高消费信心有利于农产品市场的稳定，有助于减少消费者的无谓损失。因此，政府市场监管不仅要着力提升农产品农药残留等质量安全水平，也要充分考虑消费者的信心，把如何提高消费信心作为有效监管的重要内容。李想和石磊（2014）认为，重塑农产品安全治理模式以实现民众可信任的大范围监管，才是突破当前农产品安全困境之道。可见，实现农药减量化监管可持续不仅要求强化政府监管以提升农产品质量安全水平，而且要求把质量安全信息有效传递给消费者，把消费信心提升作为政府农药减量化监管的重要组成部分，充分实现监管端和消费端农产品农药信息对称，促进农产品市场健康可持续发展。

第三节　基于消费信心对监管效力影响分析的农药减量化监管路径

本章第二节讨论了消费信心影响不同农药残留农产品市场供需结构的均衡，从而间接对政府市场监管效力产生作用。那么消费信心有没有对政府市场监管产生直接的影响呢？接下来我们讨论消费信心对政府监管的影响机制。首先，农产品是居民日常消费的必需品，具有公共品属性，农产品安全是食品安全最基本的组成部分，属于社会性监管范畴。其次，政府具有提供公共物品，缓解市场失灵的职能。尽管政府对农产品安全的监管是对市场的补充，但监管本身的有效性是控制效果好坏的关键（王俊豪和周小梅，2014）。那么，消费信心对政府监管有效性的影响是值得认真研究和探讨的。

虽然农产品市场监管有社会共治的成分，但是目前仍以政府市场监管为主，尤其是农村地区农产品安全缺乏社会共治的必要条件。因此，我们假定政府监管部门作为农产品市场监管的唯一主体，市场监管主要是面向农产品供给者，通过制定监管政策和措施来约束农产品供应者提供质量安全的产品，而已有文献鲜有探讨消费信心对政府市场监管有效性的研究。以下通过理论模型来探讨两者的抵消效应。

一、假设条件及模型建立

参考 Nganje 等给出的公众行为抵消效应基本模型（Nganje et al.，2010），并在此基础上做适当调整。当只有政府部门作为监管唯一主体时，农产品安全政府监管水平仅由政府部门决定，农产品安全问题导致消费者健康损害等预期总损失（E）由政府监管水平（G）和消费信心（M）共同决定，M 表示不同消费信心条件下消费者为避免农产品安全危害所付出的等价性货币支出。模型表达式为：

$$E(G, M) = P(M) T(G) \tag{6.1}$$

其中，$P(M)$ 表示农产品安全问题导致的总损失发生概率，它主要由 M 决定，并满足 $P(M) > 0$，$P'(M) < 0$（一阶导数），$P''(M) > 0$（二阶导数）。$P(M) > 0$ 表示没有绝对安全的农产品，总损失发生的可能性始终存在；$P'(M) < 0$ 表示随着消费者搜寻安全农产品等价性货币支出的增加，消费者健康损害发生的可能性下降；$P''(M) > 0$ 表示随着消费者搜寻安全农产品等价性货币支出的不断增加，总损失发生概率的下降作用会逐渐减弱，类似于边际收益递减规律。

$T(G)$ 表示农产品安全问题导致公众健康损害的总损失，以等价性货币支出衡量。它主要由 G 决定，并且满足 $T(G) > 0$，$T'(G) < 0$（一阶导数），$T''(G) > 0$（二阶导数）。$T(G) > 0$ 表示在任何情况下，农产品不可能绝对安全，消费者健康损害始终存在。$T'(G) < 0$ 表示随着政府监管水平的提高，由农产品质量安全问题造成的总损失逐渐减少。$T''(G) > 0$ 表示随着政府监管水平的不断提高，由农产品质量安全问题造成的总损失减少作用逐渐减弱，类似于边际收益递减规律。因此，对于消费者而言，可通过降低消费总支出来获取效用最大化。消费者目标决策为：

$$A = \min E(G, M) + M \tag{6.2}$$

假定一定时间内政府监管水平 G 恒定，则由（6.2）式一阶最优条件可得：

$$P'(M) T(G) + 1 = 0 \tag{6.3}$$

此时（6.3）式 M 表示在政府监管水平恒定时消费者最优支出。而实际过程中 M 的大小往往受外界条件的影响，为简化计算，假设 M 仅是 G 的函数，则（6.3）式再对 G 求导可得：

$$P''(M) T(G) \frac{dM}{dG} + P'(M) T'(G) = 0 \tag{6.4}$$

由（6.4）式整理得：

$$\frac{dM}{dG} = -\frac{P'(M) T'(G)}{P''(M) P(M)} \tag{6.5}$$

根据前面假设条件可知，$\frac{dM}{dG} < 0$。说明当政府监管水平加强（或减弱）时，消费者为避免农产品安全危害的支出会逐渐减少（或增加）。

二、消费信心对政府监管的抵消效应分析

（6.1）式两边对监管水平 G 求导得：

$$\frac{dE(G, M)}{dG} = P'(M) T(G) \frac{dM}{dG} + P(M) T'(G) = P(M) T'(G)$$
$$\left\{ 1 - \frac{[P'(M)]^2}{P''(M) P(M)} \right\} \tag{6.6}$$

如果不考虑消费信心对监管水平的影响，即 $\dfrac{dM}{dG}=0$ 时，$\dfrac{dE(G,\ M)}{dG}$ $=P\ (M)\ T'\ (G)<0$。而实际过程中，消费信心对监管水平有一定影响，即 $\dfrac{dM}{dG}\neq0$，由于 $\dfrac{[P'(M)]^2}{P''(M)P(M)}$ 的存在，监管水平对预期总损失的作用被部分抵消掉，抵消的程度取决于 $\dfrac{[P'(M)]^2}{P''(M)P(M)}$ 的大小。

下面讨论抵消程度的三种情况：

(1) 当 $0<\dfrac{[P'(M)]^2}{P''(M)P(M)}<1$ 时，代入（6.6）式可以得到 $\dfrac{dE(G,\ M)}{dG}<0$。说明 $P\ (M)$ 满足上述条件时，随着政府市场监管水平的提高，由农产品质量安全问题导致的消费者预期总损失减少，减少程度受 $\dfrac{[P'(M)]^2}{P''(M)P(M)}$ 值的影响，可以认为消费信心的存在导致了政府市场监管的效力被部分抵消，即政府监管水平得不到市场监管预期的完全体现。

(2) 当 $\dfrac{[P'(M)]^2}{P''(M)P(M)}=1$ 时，是一种特殊情况，此时 $\dfrac{dE(G,\ M)}{dG}=0$，说明满足这个条件时，政府市场监管效力对消费者预期总损失没有表现出相关性，或者说政府市场监管效力被消费信心完全抵消掉。

(3) 当 $1<\dfrac{[P'(M)]^2}{P''(M)P(M)}$ 时，$\dfrac{dE(G,\ M)}{dG}>0$，说明随着政府市场监管效力的增加，消费者预期总损失也随之增加，或者说消费信心的存在导致市场监管对消费者预期总损失产生负面作用。该情况与谢康等（2016）对"监管困境"的研究结果类似，即在某些情形下，随着监管力度的增强，农产品安全违规行为反而逐渐增多。

在该模型中，抵消效应只取决于消费信心 $P\ (M)$，与政府市场监管水平无关。由于 $P\ (M)$ 是为方便理论分析构建的一种模型假设，$\dfrac{[P'(M)]^2}{P''(M)P(M)}$ 在数学表达上不具备严谨的内在逻辑含义，为了探讨消费信心对政府监管的抵消作用，我们对 $\dfrac{[P'(M)]^2}{P''(M)P(M)}$ 的取值范围进行了分别讨论。那么，如何解释消费信心对政府市场监管产生抵消作用的内在逻辑呢？笔者认为，基于本书的一些假设，一种可能性解释是：随着政府市场监管效力的提高，监管下的农产品市场步入健康发展轨道，农产品质量安全系数逐渐提高，农产品也逐渐获得消费者的信任，因此消费者消除了对农产品质量安全问题的顾虑并恢复了消费信心，从而降低了为避免购买到质量安全隐患农产品的相应支出。消费者相应支出的减少或对农产品安全警惕的放松继而会导致农产品市场进入相对宽松状态，此时劣质农产品会随之涌入市场，而由于信息不对称及消费者辨识能力的缺乏，农产品安全问题导致总损失发生的概率将直接增加，进而对政府市场监管效力产生了抵消效应。

三、农药减量化监管路径

根据条件假设和消费信心对政府监管的抵消效应分析，可知监管抵消效应与消费信心密切相关，即：不同条件下，消费信心对监管效力表现为部分抵消、完全抵消以及监管效力越高消费者预期总损失越大。因此，农药减量化监管必须重视消费信心对监管的抵消效应，建立常态化农产品安全监管机制，不断提高监管效力和提振农产品安全消费信心，充分实现监管端和消费端之间农药信息对称，并形成"监管外部赋能＋信心内生驱动"良性循环的农药减量化监管路径。

第四节　基于消费信心调查和信心提振的农药减量化监管实践路径

消费者的行为选择是消费者对一种商品或商品组合偏好程度的体现，是一种能体现消费者需求、兴趣和嗜好的主观且相对的概念，也是构成市场有效需求的基础。农产品市场上各主体的行为与预期的经济后果密切关联，制度安排会影响某项行为的经济后果进而影响主体的利益选择行为（王可山，2012）。本节调查了消费者对农产品质量安全及政府监管的信心，并以西湖龙井为例说明提振消费信心如何促进农药减量化监管。

一、调查方案设计

为充分了解消费者对目前农产品质量安全的认可度以及对政府市场监管的信心，本研究设计了以下调研方案。（1）调查时间：2020年6—7月。（2）调查地点：三门县、临海市等浙江省内6个县市农村地区以及杭州市区。（3）调查对象：农村地区农产品消费者、杭州市城市农产品购买者、杭州市各大高校学生。（4）调查方式：农村地区以口头问答记录形式为主，城市以填写问卷调查方式为主。(5) 调查样本量：6个县市农村地区筛选有效样本各50份，城市居民和大学生筛选有效样本各300份。(6) 调查主要内容：政府部门对农产品监管的信心、农产品安全程度、农产品购买的主要渠道、消费者对农产品的选购偏好以及消费者农产品选购倾向的主要原因等。

二、调查主要结果

汇总和计算调查表基本数据信息后，主要结果如表6-1所示。

(1) 对政府部门农产品监管信心的数据解读：农村居民非常有信心和很有信心的比例之和超过81%，没有信心的占7%；而城市居民非常有信心和很有信心的比例之和为60%，没有信心的占16%；城市大学生非常有信心和很有信心的比例之和超过67%，没有信心的为近20%；总体而言非常有信心和很有信心的比例为近70%，没有信心的超过14%。从年龄段上看，50周岁以上没有信心的比例略低于50周岁以下。总结：消费者大部分对政府部门农产品监管有信心，小部分缺乏信心；城乡居民及大学生对政府部门农产品监管的信心存在差异，其中大学生中两极分化相对明显。

(2) 对农产品质量安全信心的数据解读：农村居民非常有信心和很有信心的比例之和为近54%，没有信心的超过3%；而城市居民非常有信心和很有信心的比例之和为38%，没有信心的为近8%；城市大学生非常有信心和很有信心的比例之和超过33%，没有信心的超过15%；总体而言非常有信心和很有信心的比例为近42%，没有信心的为近9%。从年龄段上看，50周岁以上没有信心的比例低于50周岁以下。总结：整体而言，消费者对农产品质量安全有信心，总体呈正态分布，城乡居民及大学生的信心程度存在差异，其中大学生中两极分化相对明显，低年龄段缺乏信心占比相对明显。

(3) 对日常农产品购买主要渠道的数据解读：农村居民以自给自足、乡镇集市、农贸市场为主；城市居民以农贸市场、超市、网络平台为主。不同年龄段购买农产品的渠道存在差异性，其中50周岁以下选择超市和网络平台的比例相对较高，选择农贸市场和流动商贩的比例相对较低；进口农产品选购的比例明显偏低。总结：农村居民和城市居民的生活环境决定了农产品购买渠道存在显著的差异性；整体购买渠道呈多样化趋势；除农村农产品自给自足之外，农贸市场是主要农产品购买源；网络平台购买虽占比不高，但在50周岁以下人群中的占比相对占优，可能会成为一个新的增长点。

表6-1　田野调查描述性统计结果

调查主要问题	设置选项	农村居民	城市居民	城市大学生	50周岁以上	50周岁以下	全部居民
对政府部门农产品监管是否有信心（单选）	非常有信心	56（18.67%）	24（8.00%）	79（26.33%）	57（14.47%）	102（20.16%）	159（17.67%）
	很有信心	189（63.00%）	156（52.00%）	124（41.33%）	225（57.11%）	244（48.22%）	469（52.11%）
	有点信心	34（11.33%）	72（24.00%）	38（12.67%）	66（16.75%）	78（15.42%）	144（16.00%）
	没有信心	21（7.00%）	48（16.00%）	59（19.67%）	46（11.68%）	82（16.21%）	128（14.22%）
对农产品质量安全是否有信心（单选）	非常有信心	28（9.33%）	11（3.67%）	33（11.00%）	25（6.35%）	47（9.29%）	72（8.00%）
	很有信心	133（44.33%）	103（34.33%）	67（22.33%）	157（39.85%）	146（28.85%）	303（33.67%）
	有点信心	129（43.00%）	163（54.33%）	154（51.33%）	191（48.48%）	255（50.40%）	446（49.56%）
	没有信心	10（3.33%）	23（7.67%）	46（15.33%）	21（5.33%）	58（11.46%）	79（8.78%）
日常农产品购买主要渠道（多选）	农贸市场	232（19.93%）	387（35.47%）	—	452（29.48%）	167（23.13%）	619（27.45%）
	超市	129（11.08%）	298（27.31%）	—	257（16.76%）	170（23.55%）	427（18.94%）
	网络平台	46（3.95%）	145（13.29%）	—	106（6.91%）	85（11.77%）	191（8.47%）
	流动商贩	85（7.30%）	79（7.24%）	—	131（8.55%）	33（4.57%）	164（7.27%）
	自给自足	348（29.90%）	57（5.22%）	—	274（17.87%）	131（18.14%）	405（17.96%）
	乡镇集市	301（25.86%）	99（9.07%）	—	283（18.46%）	117（16.20%）	400（17.74%）
	进口农产品	23（1.98%）	26（2.38%）	—	30（1.96%）	19（2.63%）	49（2.17%）

三、影响消费选择的主要因素及后果

调研发现，消费者具有购买质量安全农产品的绝对倾向，消费选择更加多元化，如选购进口农产品、绿色有机品、农村源农产品等，并通过小型农场、流动商贩、网络平台等多渠道获取自认为安全的农产品。多元的消费选择为农产品创造了市场空间，使得大量的农产品涌入城乡市场，并逐渐形成了以农民、农产品中间商和小规模农产品生产商为主的复合供应主体。农产品涉及面大、生产和销售的随机性强，且很多来源于广大的农村地区，所以给有效市场监管带来了巨大的挑战。此外，城乡居民对农产品消费的安全意识整体有所提升，对农产品的质量安全更加重视，农产品消费偏好由中低端市场向中高端市场偏移。城市居民食品安全意识和选购质量安全农产品的意愿更加明显，对农产品市场依赖性强，且对市场价格变化较为敏感。而农村居民农产品消费以自给自足为主，对市场依赖性较低，更加倾向于选购价格低廉的农产品。

深入调研发现，影响消费者农产品选购倾向的主要因素有以下几项。

（1）近几年国内重大食品安全事件的发生，导致公众对农产品安全和政府部门农产品监管的信心不足。近年来，毒豆芽、毒生姜、毒豇豆、毒韭菜、瘦肉精、三聚氰胺、地沟油、苏丹红等食品安全事件对社会造成了极为恶劣的影响，导致消费者对农产品质量安全失去信心，同时也对政府履行市场监管职能的信心不足。

（2）我国近年来经济稳定发展，城乡居民收入普遍提高，为消费者选择农产品提供了经济条件。近年来，随着我国经济的快速发展，城乡居民收入有了明显改善。以农村居民为例，传统自给自足的家庭经济模式得到了根本性改变，农村市场化程度明显提高，专业化种植模式得以普遍推广，农民多元化收入为多样化选择农产品提供了经济条件。

（3）农产品有了产量的保障后，城乡居民更加关注农产品的质量，产品安全意识有了整体提升。我国传统农业以提高农产品产量、保障居民基本温饱为中心，大力发展农业，农药的有效供给为保障农业的稳定产出提供了条件。当前，我国粮食已实现基本自给，在解决"吃饱饭"问题后，当前消费者更加关注农产品安全问题、农产品卫生问题以及身体健康等问题，消费者食品安全意识得到普遍提升。

（4）出于对身体健康、疾病防治等卫生方面的综合考虑，消费者选择农产品时更加慎重。大量研究表明，食品安全与身体疾病密切相关，"病从口入"的观念根深蒂固，消费者在选择农产品时更多考虑产品的安全性，如农药残留是否超标、是否有重金属残留、是否含有有毒微生物等。

因此，消费者选择农产品时更加注重产品来源以及质量安全状况。

（5）在农产品的质量属性方面存在信息不对称，消费者缺乏有效辨识能力，从而增加了选择障碍。农产品的质量安全信息不对称，消费者很难肉眼识别产品的质量安全水平，从而导致了消费端逆向选择和生产端道德风险，并加剧了农产品市场失灵。

（6）消费者认为政府对农产品的市场监管还不到位，不能有效保障农产品的质量安全。虽然政府部门对农产品进行定期抽检，但消费者难以及时掌握产品合格率信息，导致消费者认为监管部门没有履行市场监管职责，难以为市场农产品安全保驾护航。

（7）消费者会受虚假宣传、故意夸大农产品安全隐患等谣言的影响。个别新闻媒体为博眼球，故意夸大农产品安全事件的负面影响，导致消费者产生恐慌心理。此外，受虚假宣传、谣言等影响，个别农产品安全事件被片面放大，从而改变了消费者农产品选购倾向。

（8）在城镇化快速推进的背景下，新城镇居民对于农村源农产品有着特殊"乡土"情结，热衷于选购农村源农产品。

可见，影响消费者农产品选购倾向的因素较多，其中农产品质量安全水平信息不对称是造成消费选择困扰的根本原因。信息不对称导致消费者对农产品质量安全以及政府监管的信心不足，主要表现为两个方面：一是造成消费者恐慌心理，即稍有农产品安全事件发生，便风声鹤唳，消费信心严重下降，并形成恶性循环；二是产生辐射效应，消费信心下降的影响不仅局限于农产品质量安全领域，甚至对整个社会的信任度都会产生冲击，造成经济活动中高额的交易费用，最终影响经济和社会生活基本秩序。

四、提振消费信心实现农药减量化的实践路径——以西湖龙井为例

西湖龙井茶作为杭州的金名片，拥有"绿茶皇后"美誉，2021年品牌价值评估超74亿元，居国内茶叶公共品牌之首，并先后获得了原国家质监总局授予的"地理标志产品保护"标志及原国家工商总局授予的"地理标志证明"商标，获得"2011消费者最喜爱的中国农产品区域公用品牌"和"2011最具影响力中国农产品区域公用品牌"，西湖区也被农业部全国农技中心列为"2017年全国茶树病虫害绿色防控示范区"。西湖龙井之所以能成功，除了得天独厚的自然环境，还有严格的农业生产模式。在茶叶病虫害防治方面，西湖龙井做到"五个统一"：统一配备基层农技人员、统一农药进货渠道、统一发布病虫害信息、统一防治技术规范、统一开展技术

培训，并且做到尽量少用甚至不用农药，即使使用农药，也是统一使用由国家科研部门认可的生物农药，杜绝使用化学农药。此外，茶园里还安装了大量的杀虫灯、粘虫板，搭建起物联网、接入GIS地图，开启茶园智能化时代。

西湖龙井积极引进新技术、新装备，提高西湖龙井茶的技术水平，大力推广应用高效无害化栽培技术应用，生物农药使用率已达40％以上，2018年化学农药使用量降低了50％[①]。此外，西湖龙井茶开展了绿色生态统防统治项目，提供以病虫害统防统治为核心服务模式的社会化服务，有效降低茶园病虫种群数量，减轻茶树病虫的危害程度。杭州市西湖区农业农村局统计，借助无人机飞防统防统治技术，茶叶抽检合格率100％，农药包装废弃物回收处置率100％，有效做好全域茶园病虫害防治工作，推动了龙井茶产业的高品质健康发展[②]。茶园利用无人机GPS精准定位喷洒纯生物农药，雾化后的药水洒在叶片上，提高了农药利用率。以浙江浙农飞防科技服务有限公司统防统治服务为例，它为7000余亩茶田提供茶树叶面主要病虫监测、茶园无人机飞防植保作业及防效评价测定等服务，使该片龙井茶园的病虫种群数量大大减少，近3年来化学农药累计减量58％[③]。

西湖龙井发展的背后也面临着诸多困境，其中制假售假"西湖龙井"情况时有发生，因此出现了假龙井农药残留等负面问题，且在"劣币驱逐良币"影响下，消费者一提到西湖龙井，首先联想到的不是其源远流长的历史文化，而是提心吊胆的购物体验。这一方面使消费者丧失了信心，另一方面也使西湖龙井面临滞销的困境，如何破解这一困局成了西湖龙井必须面对的重大问题。为进一步规范西湖龙井茶产销行为，2023年1月，杭州市农业农村局、市场监督管理局联合制定《西湖龙井茶防伪溯源专用标识管理办法》，将西湖龙井防伪溯源专用标识分为"证明标N（茶农用）"和"证明标Q（企业用）"两种样式，建立西湖龙井茶数字化管理系统，并将该系统作为管理西湖龙井茶生产、加工、销售及市场运营的全程数字化一站式网络平台，根据西湖龙井茶基础数据库核定专用标识数量，并对标识制作、发放和申领、退还和销毁、监督管理等做出明确规定。

在数字化赋能西湖龙井的背景下，消费者用手机扫一下二维码就可以

---

① 杭州市西湖区人民政府. 关于区政协第五届三次会议第42号提案的答复[EB/OL]. (2019-6-14)[2021-11-18]. http://www.hzxh.gov.cn/art/2019/6/14/art_1229357274_3501951.html.

② 科技金融时报. 构建现代农业社会化服务体系！浙农现代农业有限公司正式成立[EB/OL]. (2021-9-15)[2021-11-18]. https://www.sohu.com/a/490053141_121124379.

③ 浙江新闻. 提供现代农业社会化服务 浙农集团注册成立了一家新公司[EB/OL]. (2021-8-30)[2021-11-18]. https://zj.zjol.com.cn/news.html?id=1720510.

知晓西湖龙井的真假，实现了明明白白购买、安安心心喝茶。这使得消费者在购买端重拾了消费信心，产销方在产销端创造了经济利润。据浙江大学发布的2020中国茶叶区域公用品牌价值评估结果，西湖龙井品牌价值达到70.76亿元，位居全国茶叶区域公用品牌价值第一。另据不完全统计，2020年，浙江省龙井茶产量2.6万吨，同比增长9.0%；龙井茶初级产值55.4亿元，同比增长13.6%；龙井茶产量、产值在该省茶叶总量中的比重分别上升至13.5%和23.2%，实现龙井茶出口475吨、9850余万元，2021年价格同比增长5%～15%[①]。而这一切的成绩都源于市场对产品质量的认可，确切地说是消费信心极大提升促成了农业经济效益的重大转变。西湖龙井走出了一条"农业科技赋能—农药减量增效—提高产品质量—提升消费信心—创造经济收益"的良性循环发展道路，也为农药减量化提供了实践路径。

第五节　本章小结

一、研究结论

农产品质量安全消费信心与农产品供需均衡结构和政府监管效力之间存在密切关系。本章将农产品农药残留水平作为衡量农产品质量安全的指标，理论分析表明：（1）消费信心可以影响农产品供需均衡结构，消费信心的提高有助于农产品市场向安全且价格适中的产品靠拢，减少社会总福利的损失。（2）消费信心会动态影响政府市场监管效力，在不同情况下会对政府市场监管效力具有部分抵消作用、完全抵消作用甚至产生负面效应。（3）田野调查发现，消费者对当前政府农产品监管和农产品质量安全有一定的信心，但也有小部分信心不足，消费信心受多种因素共同影响；不同年龄段和城乡居民之间的信心程度存在差异；农产品消费选择呈多样化，但仍以农贸市场和超市（中端农产品）为主，而进口农产品（高端农产品）和流动商贩（低端农产品）比例偏低。

二、"监管外部赋能＋信心内生驱动"农药减量化监管路径

在监管端和消费端农药信息不对称前提下，农药减量化监管的总体路径为：充分重视消费信心在影响农产品供需均衡结构以及政府市场监管效

---

① 杭州网. 去年浙江龙井茶初级产值达55.4亿元 购买请认准新版龙井茶地理标志专用标志[EB/OL]. (2021-3-14)[2021-11-18]. https://ori.hangzhou.com.cn/ornews/content/2021-03/24/content_7934009.htm.

力中的作用，强化监管端和消费端农药残留等信息对称，把提振消费信心作为农药减量化监管的重要内容，探索"监管外部赋能＋信心内生驱动"农药减量化监管方式，从而实现监管端和消费端农药信息对称。具体路径包括：（1）农药减量化监管过程中应重视消费信心的提升，进而促进农产品供需均衡以及减少社会总福利的损失；（2）农药减量化监管时要注重发挥消费信心对政府市场监管效力的影响作用，强化监管效力提升；（3）充分发掘影响消费信心的主要因素，并制定针对性的监管方案，不断提振消费信心，营造良好的市场环境。

三、政策启示

从完善监管端和消费端农药信息对称以促进农药减量化监管角度，农药减量化监管政策在制定和落实过程中应重视以下 3 个方面的内容：（1）重视监管政策对社会福利的影响。从社会总福利角度看，加强对农药残留等农产品的质量安全监管、提高消费信心可以促进农产品消费向中端市场转移，降低社会总损失。（2）重视监管政策对监管效力的影响。从政府监管效力角度看，政府市场监管效力与消费信心显著相关，因此制定政府监管方案时应充分考虑提升消费信心因素。（3）重视监管政策对提升消费信心的影响。从田野调查结果角度看，目前消费信心尚有待提高，政府监管应继续营造良好的农产品市场运行环境，提升农产品质量安全水平，实现农产品农药信息充分对称，从而全面提振消费信心。

第七章 基于农产品"质"与"量"安全实证分析的农药减量化监管路径

本章首先利用Damage-Abatement和Cobb-Douglas生产函数,梳理农药使用对农业产值的影响机制,并运用1996—2018年全国主要农业投入品面板数据进行验证;其次,通过构建农药减量化模型,利用我国主要城市果蔬农药残留数据进行实证分析;最后,测度2005—2019年我国政府监管指标,农产品质量和产量安全指标,以及农药使用强度指标,并利用耦合模型测算农产品安全的综合评价指数、耦合度及协调度,实证分析政府监管对上述指标的影响机制及探讨农药减量化监管优化路径。本章明确依托地区资源禀赋以促进农药减量化监管是保障农产品"质"与"量"安全的重要路径;阐明对当前农药实施包容审慎监管、兼顾"质"与"量"统筹发展以及促进农药监管体系变革是我国农药减量化监管的优化路径。

第一节 逻辑框架及问题提出

农产品安全是重大民生问题,关乎人民群众生命安全及身体健康。农产品安全有两层含义,一是数量上的安全保障,即保障人民群众基本食物需求的农产品产量;二是质量上的安全保障,即农产品无毒、无害,符合营养要求,不会对人体健康造成任何急性、亚急性或者慢性危害。近几年召开的中央农村工作会议,越来越体现有效保障农产品供给有效保障和推进农业高质量发展的双重要求。"民以食为天,食以安为先",保障我国农产品安全目标,既要求在农产品产量上实现有效供给,又要求农产品质量安全得到有效保障。因此,农产品安全必须协调好"稳产量"与"保质量"的关系。

一、农药信息对称后可能引致的新问题

本书第四、五、六章分别探讨了实现农产品生产端、消费端和监管端农药信息对称以促进农药减量化监管的主要路径。如果这些路径皆能有效实现，那么将促进农药信息在各端的有效传递和良性循环，达到农药规范使用以及农药减量化的目标。此时，农产品价格将由市场决定，优质优价的良性竞争机制将形成。在此情况下，对于农产品生产端而言，如何实现经济利润最大化将是农户面临的新问题，即应该用多少农药、用哪些种类的农药、农药安全间隔期如何把握以及如何获取农产品市场价格信息等问题。而对于政府监管端而言，如何实现社会福利最大化？如何保证十四亿人的口粮安全问题？如何提高居民营养和食品安全水平？如何面对国际贸易壁垒以及错综复杂的国内和国际环境？这些问题亟待解决。因此，政府监管端对于农产品的定位不仅要考虑经济因素，更要考虑国家安全因素，这与农产品生产端主要考虑收益最大化有着明显区别。

综上，农药减量化监管中政府监管端和农产品生产端所追求的重点存在差异，而农产品生产端是农药使用的源头，必须作为农药减量化监管的重要抓手。那么，如何实现农户经济收益目标与国家粮食安全目标的统一，这成为农药减量化监管新的要求。显而易见，尽管政府与农户的主要目标不一致，但都围绕农产品产量和质量这两个核心因素。因此，有必要从农产品产量和质量双维度深入探讨最佳农药使用量，这将是实现农药信息对称后农药减量化监管的优化路径。

二、农药使用量与农产品产量安全

研究数据显示，全球因使用DDT等化学农药而挽回的粮食损失占总产量的15%（Hou and Wu，2010）；1845—1848年，爱尔兰马铃薯发生晚疫病后因缺乏有效农药致使1/8的人口因饥饿而死（王秀丽和陈萌山，2020）；蔬菜在通过植物保护所增加的产量中，农药的贡献率超过80%（王绪龙和周静，2016）。因此，农药投入保障农产品的产量安全（Fisher et al.，2012）。2023年，我国粮食总产量13908.2亿斤，粮食播种面积17.85亿亩，分别较上年增长1.3%和0.5%，粮食产量实现"20连丰"，连续9年站稳1.3万亿斤台阶，人均粮食占有量超过490千克，高于国际公认的400千克安全线。依靠农药、化肥等现代要素投入实现高产增产是我国农业发展的传统动能（李国祥，2017）。通常认为，农业发展的模式是由农业生产要素的资源禀赋特征所决定的，以美国为例，其农业土地相对平整的资源禀赋决定了农业机械化替代劳动力投入切实可行，而我国多样化

的资源禀赋决定了农业发展需要以高密度的现代要素投入来弥补耕地本体的不足。迫于人口基数和口粮绝对安全的压力，我国逐渐形成了以提高单位耕地生产能力的单极化追求农业产量增长的发展模式。我国仅用不到世界9%的耕地养活了近20%的人口，这一举世瞩目的伟大成就背后会不会次生一些发展困惑？比如，农业产量和农药用量的关系问题、农业发展和生态环境的关系问题、短期效益和可持续发展的关系问题等。以农药使用为例，中国农业经济增长伴生大量的农药使用（于伟和张鹏，2018），FAO发布的《世界粮食与农业状况—2021年统计年鉴》中的数据显示，2019年我国消费的农药量占全世界的42%，2019年的农药使用制剂量是1990年的1.9倍（《中国农村统计年鉴2020》数据显示，1990年为73.3万吨，2019年为139.2万吨）。研究显示，当前我国农药等化学品投入与农业经济增长呈一定的脱钩关系（杨建辉，2017；于伟和张鹏，2018），且持续过量使用农药等农业投入品引致了严重的资源环境危机（魏后凯，2017），而环境的恶化反向威胁农产品产量等安全，并形成负反馈循环（叶兴庆，2016）。有研究表明，印度高度危险杀虫剂的全面禁令对农业产量的影响非常小（Bonvoisin et al.，2020）。那么近年来我国农药投入与农业产出之间影响关系如何？农药是不是可替代农业投入要素？从农业产出视角分析对完善农药减量化监管路径又有何启示？这些问题都值得深入分析。

三、农药使用量与农产品质量安全

农药作为农业生产不可或缺的投入品，有效保障了人类赖以生存的粮食安全。农药不仅可以极大提高农产品种植效率（Zhang et al.，2015），而且可以改善农产品的质量，降低农产品中有毒霉菌毒素的含量（张一宾等，2014）。然而，随着农业规模的扩大，农药使用量不断攀升，农药残留导致的农产品质量安全问题也逐渐显现（Verger and Boobis，2013）。2016年绿色和平公布的报告显示，中国出口的常规茶样品中60%被检测出违禁农药[①]，使用农药引发的农产品质量安全、危害人体健康、污染生态环境和引起国际贸易纠纷等问题已成为全社会广泛关注的热点和焦点（童霞等，2011）。研究表明，即使菜农严格按照相关规定使用农药，农药残留对农产品质量的影响亦是尤为突出的问题（Rembiałkowska，2007；Topp et al.，2007）。虽然农药投入可以降低农作物减产的风险，但风险规

---

① 绿色和平. 二〇一六年茶叶农药调查[EB/OL]. (2017-6-1)[2021-11-19]. https://max.book118.com/html/2017/0601/110768704.shtm.

避者不合理使用农药的概率却显著增加（黄季焜等，2008）。过量使用农药将可能导致农药残留等问题，而农药残留通过食物链与生物富集效应累积等途径对人体健康产生严重威胁（梁晓晖等，2021）。世界卫生组织统计，全世界每年至少发生300万例有农药中毒事件，造成25多万人死亡，数十种疾病与农药残留有关（赵敏等，2014）。在新中国成立70周年院士访谈中，陈君石院士推算我国每年有高达2亿~3亿人次发生食源性疾病，按照这个基数和统计年鉴农药致病概率，我国每年由于农药因素造成的食源性疾病将高达174万~261万人次。随着中国经济社会的不断发展，人民物质生活水平得到明显改善，食品安全的意识也普遍提高（Shao et al.，2020）。农药对蔬菜等农产品的安全性影响较为显著，受到了消费者和政府的高度关注（王常伟和顾海英，2013）。邵宜添（2020b）研究认为，经过40多年的发展，我国农产品质量安全研究取得了长足进步，但面对复杂的国内外形势，仍需不断探索中国特色农产品发展道路。那么现今我国农产品农药残留情况到底如何？农药减量化对农药残留水平有何影响？从农产品质量安全视角分析对完善农药减量化监管路径又有何启示？这些都是非常值得深入探讨的话题。

四、农药使用量与农产品质与量安全耦合

在受到新冠疫情影响和世界粮食安全等问题日益凸显的新形势下（2020年新冠疫情可能导致食物缺乏人数新增8 300万至1.32亿，估计当前有近6.9亿人处于饥饿状态，占世界总人口8.9%[①]；FAO预计2030年全球食物不足发生率为9.8%、营养不良总人数超8.4亿），我国粮食需求对国外市场依赖程度不断减轻。在稳定农产品产量的同时，更需全面提升农产品质量安全水平（黄祖辉，2021），而这也是广大消费者的需求（宁夏，2019；于法稳，2018）。民为国基，谷为民命，在全面放开三胎政策以及面临较大的水、耕地、劳动力资源压力的新背景下，应对全球气候变化、农业面源污染及工业外源性污染的威胁（何可和宋洪远，2021），有效保障我国超14亿人口基数的口粮安全，仍然任重道远。农产品作为食品的战略性原料，其质量安全直接关系着食品的质量安全（陈梅和茅宁，2015），食品质量安全问题在很多情况下表现为农产品质量安全问题（钟真和孔祥智，2012）。而农产品供给弹性较小，加上生产的周期性及易腐的生物学特点，加剧了农产品的市场风险。作为基本民生问题，农产品安全引发的

---

① 联合国粮农组织. 2020年世界粮食安全和营养状况报告[EB/OL].（2020-7-26）[2021-11-19]. http://www.eshian.com/article/75389375.html.

社会问题愈发严重，强化监管越来越受到政府层面的认可和重视，也越来越成为国际社会的普遍共识（李太平，2017；Khan et al.，2015）。农产品安全存在信息不对称会导致市场失灵，而政府通过干预农产品安全信息的市场配置，通过降低交易成本和减少市场逆向选择及败德行为，完成对市场失灵的弥补。然而，农产品安全问题并未因监管的强化而消失，反而呈反复频发态势，以至于被称为"久治不愈的顽疾"（钟真和孔祥智，2012；周开国等，2016；Van den Berg et al.，2020）。学界也将政府监管不力、信息不对称以及社会对政府监管不信任列为食品安全问题的三大引发机制（谢康等，2019）。尽管政府对食品安全的控制是对市场的有益补充，但监管本身的有效性是决定控制效果好坏的关键（王俊豪和周小梅，2014）。因此，我国农产品安全要实现从管理向治理的跨越，现行的监管体制仍需完善（周洁红等，2018）。

农药是衔接农业经济发展和农产品安全的重要桥梁，农药残留水平是影响农产品安全风险度的重要指标。研究表明，我国食品安全风险度与经济增长之间存在"倒U形"曲线关系，即拐点前安全风险度与经济增长正相关，拐点后食品安全度与经济增长正相关（张红凤等，2019）。在我国当前农业经济水平下，农产品安全风险度仍处于较高水平，我国蔬菜、水果等农产品农药残留问题仍比较严重（庞国芳等，2019）。农药投入仍有利于提高农产品产量及节约劳动力（孔祥智等，2018），研究显示，全球范围内1%的农产品产量增长伴随着1.8%的农药用量增加（Schreinemachers and Tipraqsa，2012），农药增加进一步提高了害虫和有害微生物的抗药性，从而不断增加农药使用量（于法稳，2016；Hallmann et al.，2017）。20世纪以来，农业生产领域对农药等技术的滥用日益严重（李包庚，2020；Lykogianni et al.，2021），农药滥用带来的农产品安全风险等负外部性备受全社会广泛关注。然而，由于我国食品领域存在供需缺口，在目前生产水平下，供需缺口在很大程度上仍需通过农药等技术来解决（张红凤等，2019）。

为有效应对农产品安全风险，我国出台多种监管政策，意在降低农药使用强度，农药监管亦成为现代农业政策的重要抓手。作为农药生产和使用大国，我国化学农药使用强度却比发达国家高2.5~5倍，年遭受农药残留污染作物面积超10亿亩（王常伟和顾海英，2013），农药残留等因素导致的农产品质量安全及食源性疾病问题逐渐凸显。因此，妥善的农药治理是保障我国农产品质量安全的重要内容，而当前对于农药治理的研究重点在于从政府介入角度考察相关政策的效果（王常伟和顾海英，2013）。根据近年来中央一号文件精神，我国不断加强农产品质量安全建设和农药使用监管，加大农业面源污染防治力度，持续推进农药减量化等。那么，近年来我国农产品整体安全状况到底有没有得到实质性改善？如何从农产品产量安全和质量安全两个角度看待我国农产品安全状况？政府采取的一系列农药监管措施是否促进了我国农产品安全？政府通过调节农药使用强度能否促进农业可持续发展？这些问题都有待进一步检验。基于农产品"质"与"量"安全的农药减量化监管逻辑框架如图7-1所示。

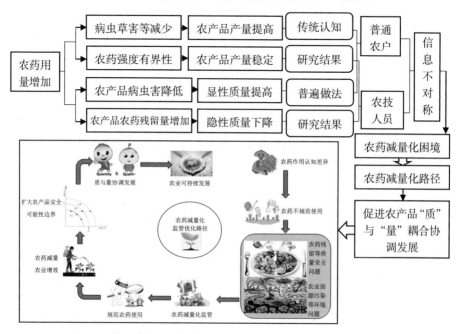

图7-1　基于农产品"质"与"量"安全的农药减量化监管逻辑框架

第二节　基于农药用量对农产品产量影响分析的农药减量化监管路径

本节利用近23年全国农药等农业投入品及农业产值的相关数据，实证分析我国各省市农药对农产品产量（以产值表示）的影响，明确农药传统意识与实证研究结果存在认知偏差，即普通农户与农技人员在农药对农产品产量作用认知上存在信息不对称，以期探索我国农药减量化监管路径。

一、研究的理论框架

在对农药用量进行理论分析时，已有研究常借鉴Damage-Abatement生产函数（Hall and Norgaard，1973），本书也基于该生产函数搭建理论分析框架。基本模型如下：

$$Y_0 = F(x_1, x_2, x_3, \cdots) \tag{7.1}$$

$$Y = (1-\omega)Y_0 + \omega Y_0 [1 - D(Z)] \tag{7.2}$$

$$Z = Z_0 [1 - C(Q)] \tag{7.3}$$

$$I = P_y Y - P_x X - P_q Q, \ Px = (P_1, P_2, P_3, \cdots), \ X = (x_1, x_2, x_3, \cdots) \tag{7.4}$$

其中，Y_0 为不同农业生产要素组合后理论上可获得的作物总产量，即没有任何病虫害及杂草等干扰因素；x_1、x_2、x_3 等分别代表不同的农业生产投入要素，例如农药、化肥、农膜、机械等；$D(Z)$ 代表损害函数，即病虫害、杂草等外生因素导致农作物产量的损失，其中，Z 代表病虫害、杂草等的数量，一般情况下，$D'(Z) > 0$，表示病虫害、杂草等数量越多，产量受损越严重；ω 表示农作物产量受病虫害、杂草等发生的概率或表示农作物产量受病虫害、杂草影响的比例；Y 表示农作物的实际产量；Z_0 表示农作物病虫害、杂草等自然初始数量；$C(Q)$ 指控制函数，代表农药对病虫害、杂草等的控制程度，其中，Q 为农药的使用数量；I 表示农户可获得的收益，P_y 表示农产品的单价，P_x 表示除农药之外农业生产要素的单价，P_q 表示农药的单价。

研究中常设：$G(Q) = 1 - D\{Z_0[1 - C(Q)]\}$，Fox和Weersink（1995）给出了不同形式下 $G(Q)$ 具体解析式，一致认为 $G'(Q) > 0$，$G''(Q) < 0$。

将（2）、（3）式代入（4）式得：

$$I = P_y[(1-\omega)Y_0 + \omega Y_0 G(Q)] - P_x X - P_q Q \tag{7.5}$$

（5）式两边对T一阶求导可得生产利润最大化下农药用量的最优决策条件：

$$I'_Q = P_y \omega Y_0 G'(Q) - P_q = 0, \ 即：$$

$$P_y \omega Y_0 G'(Q) = P_q \tag{7.6}$$

由（6）式可以得出，在农药价格等外界因素保持稳定情况下，农药的使用强度应与理想条件下作物产量 Y_0 正相关。而 Y_0 是很难观测的，除非在完全控制病虫害、杂草等实验室条件下，但是可以肯定的是，Y_0 与农业投入要素的组合密切相关。此外，市场价格（P_y、P_q），病虫害、杂草等特征[ω、$D(Z)$、Z_0]以及农药控制程度[$C(Q)$]都对农药使用量有影响。

经济学中投入和产出常用的经典函数是Cobb-Douglas生产函数，简称C-D函数，即：

$$Y = AL^{\alpha}K^{\beta} \tag{7.7}$$

其中，Y为总产出，K为资本投入，L为劳动力投入，α、β分别为劳动力、资本产出弹性。该生产函数同样也适用于农业经济生产模型，考虑到技术进步水平的提升，参考Solow（1957）对C-D函数的改进，将不同时间段的技术系数及农药使用变量考虑进来，将函数写成：

$$Y_{it} = A(t)L_{it}^{\alpha}K_{it}^{\beta}P_{it}^{\gamma} \tag{7.8}$$

对（7.8）式对数化处理后，得到：

$$\ln Y_{it} = \ln A(it) + \alpha \ln L_{it} + \beta \ln K_{it} + \gamma \ln P_{it} \tag{7.9}$$

其中，$A(it)$代表不同地区t时期生产技术水平；L_{it}代表不同地区t时期劳动力投入水平；K_{it}代表不同地区t时期资本投入水平，包括农药之外其他农业投入品的投入数量；P_{it}代表不同地区t时期农药投入水平。α、β、γ是代表各解释变量的系数。

根据Damage-Abatement生产函数和Cobb-Douglas生产函数，农药对农业产出（农业产值）呈正向关系，即农药使用量越多，农业产出也越多。农药对农业产出的作用是基于对农作物病虫害、杂草等的控制，而农作物产量存在上限，即产量不可能无限上升，那么农药使用对农业产出的作用是不是也存在上限？基于此，根据我国农药使用情况及农业产值，提出农药使用强度有界性假说。

二、模型建立、变量选取及数据来源

（一）基础模型构建及变量选取

我国农业经济生产过程中，主要生产资料要素是土地、劳动力、资金等，其中资金包含农业投入品如种子、化肥、农药、兽药、农膜、农业机械等，生产技术水平可以体现在所有生产要素中。本书借鉴Cobb-Douglas生产函数，并在Bustos等（2016）、刘秉镰和林坦（2010）、叶初升和马玉婷（2020）、李晗和陆迁（2020）建模思路的基础上，构建如下基础模型：

$$\ln Y_{it} = c + \gamma \ln P_{it} + \beta_1 \ln X_{1t} + \beta_2 \ln X_{2t} + \beta_3 \ln X_{3t} + \cdots + \varepsilon_{it}$$

其中，Y表示农业产出（被解释变量），P表示农药使用量（核心变量），X表示其他农业投入品（控制变量），i和t分别表示省份和时间，c、β、γ是待估参数，ε表示独立同分布的随机扰动项且服从正态分布。

农业产出变量：因我国幅员辽阔，各省份作物呈地域性分布，且品种不一，各品类农产品市场价格差异性显著，因此不能将农作物的产量作为衡量标准。考虑价格因素，本研究中选用各省的农业产值来衡量农业产出水平。由于农业产值受不同时期价格水平影响，因此选用第一产业指数进行平减。

农业投入变量：（1）土地变量。考虑到我国特殊的农情，历年各省市耕地面积虽然有波动，但耕地总面积变动不大，且各省有效灌溉面积会随自然条件的改变而发生变化，因此选用有效灌溉面积作为土地变量。（2）劳动力变量：近年来，随着我国农业适度规模经营的发展，新型农业经营主体得到了进一步培育。相关数据显示，2019年我国家庭农场平均土地经营面积为377.84亩，其中79.09％的土地是转入地，投放在每个农场中的家庭成员人数为2.71人，占家庭总人口数的56.18％（农业农村部政策与改革司，2019）。也有研究显示，家庭劳动力对于农户农药用量的影响相对较小（Fox and Weersink，1995），人口城镇化的发展并没有造成耕地压力的增加（高延雷和王志刚，2020）。因此，本书中未将农业劳动力变量纳入核心解释变量。（3）资金变量。资金要素构成是农业投入品的单位价格和投入数量。各农业投入品的单位价格受市场和政府双重作用，全国农产品物价总水平基本维持稳定，因此不考虑价格因素。农业投入品的数量会影响农业产值和质量，因我国各省作物品种呈多样性分布，非粮食类农作物种植品种有较大的选择空间，很难进行量化，故暂不考虑种子因素。而农药、化肥、农膜、农业机械（以农用柴油量）等直接关系农业产值水平，因此将这些投入品作为模型的选取变量。有效灌溉耕地面积、农药、化肥、农膜、农用柴油使用量都是定量单位指标，可直接作为有效变量。

（二）数据来源及主要变量描述性统计

本书数据主要来源于历年《中国农村统计年鉴》、《中国统计年鉴》、《中国卫生健康统计年鉴》、《中国农药工业年鉴》、《中国农业产业发展报告》、《中国家庭农场发展报告》、《中国生态环境公报》、农业农村部、FAO数据库、浙大卡特-企研中国涉农企业数据库（CCAD）、CCER农村经济数据库、国家统计局、中国农药信息网、中国农药工业协会、中国农药工业网等。

本研究选用全国各省（市）1996—2018年面板数据进行分析，主要变量分别为平减后农业产值（agriodef）（亿元）、农药使用量（pesti）（吨）、农业化肥投入量（fert）（万吨）、农用塑料薄膜投入量（agrip）（吨）、农用柴油投入量（agrid）（万吨）、有效灌溉耕地面积（irria）（千公顷）。数据调整方面：因重庆1997年设立直辖市，1996年空缺数据根据后22年数据进行最佳拟合预测得出，同时将四川1996年数据进行相应扣减。查看所有省市数据年度值趋势线，核对和修正离群值，其他个别空缺值数据都采用最佳拟合值进行填补，保持分析用数据的完整性。主要变量的描述性统计如表7-1所示。其中变量省份的组内标准差为0（分在同一组的数据属于同一个省），变量年度的组间标准差为0（不同组的这一变量取值完全相同）。

表7-1　主要变量描述性统计

变量	均值	标准差	最小值	最大值	样本量
平减后农业产值（亿元）	1189.25	3425.24	18.84	28207.45	736
农药使用量（吨）	95409.61	263597.10	433.00	1806919.00	736
农业化肥投入量（万吨）	321.61	868.74	2.44	6022.60	736
农用塑料薄膜投入量（吨）	119634.60	340171.50	24.00	2603561.00	736
农用柴油投入量（万吨）	112.65	315.09	0.50	2197.70	736
有效灌溉耕地面积（千公顷）	3652.98	10006.22	109.67	68271.64	736
省份总体	16.50	9.24	1.00	32.00	736
省份组内	—	0	16.50	16.50	736
年度总体	2007	6.64	1996	2018	736
年度组间	—	0	2007	2007	736

三、农药使用对农业产值的影响分析

（一）农药使用量与农业产值的变动情况

1996—2018年，我国农药使用量与农业产值的变动情况如图7-2所示。为方便直观比较，将农药使用量（吨）放大100倍，其中农业产值为平减后的农业产值（亿元），以1996为基准，按第一产业指数进行平减。由图7-2可以看出，近年我国农药使用量有下降趋势，2010—2016年间，我国农业产值整体上升趋势明显，2016年后有回落趋势。

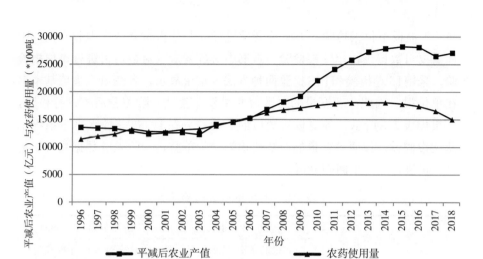

图7-2 我国农药使用量与农业产值变化趋势比较

（二）整体回归分析

1.变量相关性分析。采用皮尔森相关系数（Pearson correlation coefficient）法检验变量之间是否存在相关性。两个连续变量（X，Y）的皮尔森相关系数 P（X，Y）等于它们之间的协方差cov（X，Y）除以它们各自标准差的乘积（σX，σY）。系数的取值总是在-1至1之间，接近0的变量被称为无相关性，接近1或者-1的被称为具有强相关性。检验结果显示，各变量之间存在极强的相关性，结果如表7-2所示。

表7-2 皮尔森相关系数

指标1	指标2	皮尔森相关系数	指标1	指标2	皮尔森相关系数	指标1	指标2	皮尔森相关系数
农业产值	农药用量	0.9731	农药用量	化肥用量	0.9936	化肥用量	农膜用量	0.9821
农业产值	化肥用量	0.9788	农药用量	农膜用量	0.9794	化肥用量	柴油用量	0.9822
农业产值	农膜用量	0.9865	农药用量	柴油用量	0.9823	化肥用量	灌溉面积	0.9927
农业产值	柴油用量	0.9681	农药用量	灌溉面积	0.9895	农膜用量	柴油用量	0.9788
农业产值	灌溉面积	0.9690	柴油用量	灌溉面积	0.9813	农膜用量	灌溉面积	0.9770

由表7-2可以看出，农业产值与农业投入品之间存在显著相关性，结果符合Damage-Abatement生产函数和Cobb-Douglas生产函数的理论分析。各省市农业生产单位耕地农业投入品可能呈一定的比例关系，变量间容易产生强线性关系。因此，本书中对各变量采用取对数的形式减弱线性关系，避免出现伪回归。

2.面板单位根检验。非平稳变量进行回归分析时会产生虚假回归，因此需要对数据进行单位根检验。本书中对各变量取对数后再进行单位根检验，采用LLC检验和IPS检验两种方法。结果显示，各变量水平值基本存在单位根。因此，各变量的对数值非平稳，尝试一阶差分后再进行检验，结果如表7-3所示，各变量对数值的一阶差分在1%显著性水平下拒绝了单位根假设，说明各变量的对数值均为一阶单整，一阶差分数据具有平稳性，可进行下一步回归分析。

表7-3　面板单位根检验结果

变量（取对数）	水平值（P-value）		一阶差分值（P-value）	
	LLC检验	IPS检验	LLC检验	IPS检验
平减后农业产值	0.9999	1.000	0.0000	0.000
农药使用量	0.0468	0.916	0.0000	0.000
农业化肥投入量	0.0010	0.001	0.0000	0.000
农用塑料薄膜投入量	0.0000	0.071	0.0000	0.000
农用柴油投入量	0.9653	0.956	0.0661	0.000
有效灌溉耕地面积	0.0740	0.898	0.0000	0.000

3.回归结果。采用Stata 15.0软件对面板数据进行回归分析。面板数据的统计特性：统计显示该数据面板是平衡的面板数据，且 $n=32$，$t=23$，$n>t$，是短面板数据，主要变量对数的一阶差分描述性统计如表7-4所示。

表7-4　回归变量描述性统计

变量（对数后的一阶差分）	均值	标准差	最小值	最大值	样本量
平减后农业产值	0.0296	0.0856	-0.3574	0.4103	736
农药使用量	0.0138	0.1187	-0.9950	1.0170	736
农业化肥投入量	0.0072	0.1522	-1.3374	1.1862	736
农用塑料薄膜投入量	0.0523	0.1624	-0.5131	2.0531	736
农用柴油投入量	0.0243	0.1897	-2.3224	2.3224	736
有效灌溉耕地面积	0.0111	0.0559	-0.5712	0.3542	736

采用LSDV法发现除浙江省外其他所有个体虚拟变量均很显著（P值为0.000），因此认为存在个体效应，不应使用混合回归。豪斯曼检验进一

步发现，随机效应优于固定效应（P值＝0.1152），因此采用随机效应模型。为避免内生性问题，对各变量进行分组后再进行回归分析，比较不同变量情况下农药对农业产值的影响关系，回归结果如表7-5所示。可以看出，三种不同变量控制下，农药使用量增速对农业产值增速均具有显著性影响，说明农药是影响农业产值的一个重要因素。当将所有变量进行回归时，农药使用量增速为1％时，农业产值增速约为0.126％；当选择农药、化肥和农膜作为解释变量时，农药使用量每增加1％时，能使农业产值增加约0.128％；当选择农药、农用柴油和有效灌溉面积作为解释变量时，农药使用量每增加1％时，能使农业产值增加约0.133％。此外，农业化肥增速对农业产值增速也有显著影响，化肥投入增速为1％时，农业产值增速约为0.065％。农膜、农用柴油和有效灌溉面积的增速对农业产值增速没有显著影响。

表7-5　农业产值回归结果

变量（对数后的一阶差分）	模型（1）	模型（2）	模型（3）
农药使用量	0.1259121***	0.1275111***	0.1331624***
	-0.0211602	-0.0209918	-0.0209918
农业化肥投入量	0.0652810**	0.0653724**	—
	-0.0280579	-0.0283838	
农用塑料薄膜投入量	0.0200805	0.0220425	—
	-0.1486160	-0.0176366	
农用柴油投入量	0.0044355	—	0.0085756
	-0.0094869		-0.0079433
有效灌溉耕地面积	0.0345240	—	0.0423108
	-0.0511267		-0.0511183
常数项	0.0258293***	0.0261941***	0.0270652***
	-0.0033459	-0.0033459	-0.0032654

注：（1）括号内为稳健标准误；（2）***、**分别表示估计系数在1％、5％水平上显著。

（三）分阶段回归分析

　　近年来国家和地方越来越重视食品中重视以及农药残留情况并不断加强对农药的监管力度，如浙江实行农药实名制购买等措施规范农药的使用。因此，为了分析农药政策对农药使用量的影响，在此选取2011—2018年的全国各省区市面板数据，这些数据更能反映出农药政策的时效性。同时将1996—2010年数据回归后进行比较分析。由于样本容量较小（如$T<20$），可以不做单位根检验（陈强，2010）。因此，采用固定效应模型对$N=32$时$T=8$和$T=15$两组数据进行分阶段回归分析。为充分体现农药使用量对农业产值的影响，设定如下基本回归方程：

$$Y_{it}=c+\gamma P_{it}^2+（1-\gamma）P_{it}+\beta_1X_{1t}+\beta_2X_{2t}+\beta_3X_{3t}\cdots+\varepsilon_{it}$$

其中，Y_{it}表示i地区t时期农业产值，P_{it}^2表示i地区t时期农药使用量的平方项，X表示控制变量，i和t分别表示省份和时间，$\gamma=0$或1，c和β_i是待估参数，ε表示独立同分布的随机扰动项且服从正态分布。被解释变量选用平减后的农业产值，核心解释变量为农药使用量以及农药使用量的平方项，控制变量选择化肥投入量、农用塑料膜投入量以及农用柴油投入量。回归结果如表7-6所示。

表7-6 分阶段农业产值回归结果

变量	2011—2018	1996—2010	变量	2011—2018	1996—2010
农药使用量平方项	-8.11E-10*	4.85E-09***	农药使用量	-0.004140**	0.012418***
	(-4.83E-10)	(-1.32E-09)		(-0.001793)	(-0.003516)
农业化肥投入量	1.213473	0.754097	化肥投入量	2.797910	1.020604
	(-1.743119)	(-0.711842)		(-1.992510)	(-0.826473)
农用塑料薄膜投入量	0.008352***	0.003018*	农用塑料薄膜投入量	0.006887**	0.003698**
	(-0.002964)	(-0.001774)		(-0.002976)	(-0.001510)
农用柴油投入量	2.771237**	-4.265742	农用柴油投入量	3.07806**	-4.75441
	(-1.117913)	(-3.121421)		(-1.207219)	(-3.519161)
常数项	-354.3386	531.4069***	常数项	-379.0630*	-346.0240**
	(-261.4340)	(-191.9324)		(-208.8375)	(-150.0092)

注：(1)括号内为稳健标准误；(2)***、**、*分别表示估计系数在1%、5%和10%的显著性水平。

由表7-6可以看出，2011—2018年间，农药使用量以及农药使用量的平方项对农业产值有显著影响关系，且系数为负，说明随着农药使用的不断增加，农业产值呈下降的变化趋势。1996—2010年，农药使用量以及农药使用量的平方项对农业产值有显著正向影响关系，说明农药使用量的增加促进了农业产值的提高。从回归结果系数上看，比较两个时间段农药使用量的平方项的系数，后8年系数是前15年系数的绝对值的六分之一；比较两个时间段农药使用量的系数，后8年系数是前15年系数的绝对值的三分之一。回归结果说明，近23年我国农药对农业产值的影响呈先增强后减弱的变化过程。该结果也反映出近年来我国农药使用量存在过量的可能。

(四)稳健性检验

考虑到我国各省区市的地域差异,农业受自然资源、种植品种以及人文环境等因素的影响,农业投入和产出水平也存在差异。不同地区农户面临自然环境及生产经营条件不同,农户安全生产行为表现出差异性(Dasgupta et al.,2007),例如病虫害发生程度具有较强的地域性,导致农药使用行为在地区间差异很大(李昊,2020)。很多研究将我国各省区市按地理方位进行简单划分,虽然在一定程度上可以反映地域特征,但不能较好地体现各项特征的综合情况。因此,本研究采用各选定变量的真实数值,选用K-means聚类法,标准化方法选择为正向/极差化法,初始聚类中心点选择为最大距离法,聚类数设为4(含全国数据)。

将各省按平减后农业产值和各农业投入要素进行聚类标准化处理,标准化主要为了消除变量间的量纲关系,从而使数据具有可比性,结果如表7-7所示。根据最终聚类中心表结果,聚类1是全国数据,作为对照值;聚类2是各项指标相对较低的12个省区市,分别为北京、重庆、甘肃、贵州、海南、宁夏、青海、上海、陕西、山西、天津和西藏;聚类3是各项指标相对较高的3个省,为河北、河南和山东;聚类4是中等指标的16个省区,分别为安徽、福建、广东、广西、黑龙江、湖北、湖南、江苏、江西、吉林、辽宁、内蒙古、四川、新疆、云南和浙江。

表7-7 K-means聚类标准化数据(历年平均)

聚类主体	平减后农业产值(亿元)	农药使用量(吨)	农业化肥投入量(万吨)	农用塑料薄膜投入量(吨)	农用柴油投入量(万吨)	有效灌溉耕地面积(千公顷)
安徽	0.0406	0.0617	0.0582	0.0396	0.0313	0.0586
北京	0.0028	0.0024	0.0020	0.0055	0.0014	0.0006
全国	1.0000	1.0000	1.0000	1.0000	1.0000	1.0000
...	...	...	...	...	...	...
浙江	0.0283	0.0398	0.0173	0.0252	0.0985	0.0213

注:限于篇幅,省略部分数据。

为进一步检验实证结果的稳定性,本书通过对各省区市进行聚类后再进行回归分析,再对结果进行比较分析。对聚类后各省区市面板数据进行稳健性检验,采用LSDV法和豪斯曼检验,确定面板随机效应模型,结果如表7-8所示。各聚类回归结果显示,农药使用量的增速对农业产值的增速具有显著性影响，农药对数值的一阶差分系数处于0.122—0.156之间，与全国面板数据中系数趋于一致。稳健性检验说明不管是全国面板数据还是聚类后各省区市数据，农药对农业产值的影响都具有显著性。

表7-8　稳健性检验结果

变量(对数后的一阶差分)	聚类2	聚类3	聚类4
农药使用量	0.1218429*** (0.0266051)	0.1274828*** (0.0229291)	0.1558375*** (0.0326554)
农业化肥投入量	0.0775986** (0.036856)	1.489706*** (0.4886735)	0.0410362 (0.0320021)
农用塑料薄膜投入量	0.0085376 (0.0148731)	0.2331809*** (0.0713087)	0.0728289 (0.0554005)
农用柴油投入量	0.0036686 (0.0094771)	0.0727244*** (0.0136552)	-0.0077498 (0.0352104)
有效灌溉耕地面积	0.047499 (0.0579991)	-1.223715*** (0.1465831)	0.0251977 (0.0790273)
常数项	0.0275509*** (0.0068493)	0.0200532 (0.0139656)	0.0231023*** (0.0039426)

注:(1)括号内为聚类稳健标准误;(2)***、**分别表示估计系数在1%、5%水平上显著。

四、基于农药用量与农产品产量实证分析的农药减量化监管路径探析

传统观点认为，农药投入量与农产品产量呈正相关；而实证分析显示，近年来我国农药投入量与农产品产量呈脱钩关系。因此，在普通农户与农技人员存在信息不对称前提下，农药减量化监管的总体路径为：明确农药使用强度对农产品产量促进作用存在有界性，即在我国农药存在过量使用可能的背景下，适当降低农药使用量不会造成农产品产量急剧下降；及时转变过度依靠农药投入实现农业增产的传统动能，形成农药用量与农业产量之间的正确认知。具体路径表述如下。

(1) 明确我国当前存在农药过量使用现状，及时转变农药用量与产量正相关的传统认知。根据实证分析可知，整体而言，农产品产量随着农药使用量的增加而增加。因此，在制定农药减量化监管政策时一定要充分认清农药对农产品产量安全的正向促进作用，在充分保证农产品产量安全的基础上实施农药减量化监管政策，逐步推进农业供给侧结构性改革和农业健康可持续发展。

(2) 农药在一定使用量范围内具有可替代性，即在我国当前农药使用

背景下，适度降低农药使用量不会影响农产品产量安全。根据实证分析可知，近年来农药使用量的降低对农产品产量安全没有产生显著影响，农产品产量反而趋于稳定。由此可见，农药在一定使用范围内是一种可替代投入要素，适度降低农药使用量不仅不会减少农产品产出，而且可以降低农药使用成本和相应的劳动力成本，从成本收益角度上看有利于我国农业可持续发展。

（3）根据各地区资源禀赋，制定差异化农药减量化监管政策。根据实证分析可知，区域化农业资源禀赋差异下农药使用量对农产品产量的影响也不尽相同，而我国幅员辽阔，自然环境属性决定了各地区农业具有明显区域特色。因此，我国农药减量化监管应根据中央总体布局和政策导向，结合地方农业具体情况，拓展有区域特色的农药减量化监管路径，发挥区域比较优势以及推进区域农业协同发展。

第三节　基于农药用量对农产品质量影响分析的农药减量化监管路径

本节以我国主要城市果蔬农药残留检测数据为质量安全指标，分析农药使用量与农药残留各指标之间的关系，从农药使用对农产品质量安全影响视角明确农药使用普遍做法与实证研究结果之间存在认知偏差，即普通农户与农技人员在农药对农产品质量作用认知上存在信息不对称，以期探索我国农药减量化监管路径。

一、理论模型及数据来源

（一）农药减量化理论模型构建

农药残留的影响因素是多方面的，主要涉及农药的属性、使用的规范（包括使用的量和方式）以及有无遵守农药安全间隔期等。其中农药的属性包括是否为剧毒、高毒、禁用农药，是否符合质量安全生产标准，是否为假劣农药，以及农药在自然界中的自然降解周期等；农药使用的规范包括使用的量是否符合要求，使用的频次是否得当，使用的对象是否为农药禁用的特定农产品，使用的时间是否符合农作物生长周期等；农药安全间隔期是指农产品最后一次施药至收获前的时期，该段时间内农药可自行分解至含量达到食用安全水平，农药使用必须严格遵守安全间隔期，以防人畜中毒。

农药减量化理论模型与本书第四章保持一致，为方便阅读，重新描述如下：农药使用后一部分在安全间隔期内会被自然降解，另一部分则残留在农作物以及自然环境中。农药残留超标与否是衡量农药是否规范使用的重要依据，农药减量化的核心是有效降低残留水平，而残留水平主要受农药使用强度、安全间隔期、药品自身属性以及使用环境等的影响。农药在自然环境中受外部光照、氧化、高温和刮风降雨等物理化学反应以及微生物作用实现自然降解。因此，在满足合理的剂量及规定的安全间隔期条件下，农药会自然降解到国家标准规定的最大残留限量水平。规范使用农药既能保护农作物免遭病虫草害，又不会对人体和自然环境造成损害。为进一步分析农药减量化的影响因素，本书对农药残留关键影响因子进行深入分析，尝试借鉴原子核衰变规律，构建以农药残留为核心指标的农药减量化理论基础模型。其中核衰变是指原子核自发射出某种粒子而变为另一种核的过程，放射性原子衰变至原来数量的一半所需的时间被称为半衰期，半衰期越短则说明其原子越不稳定。化学农药自然降解过程类似于核衰变，化学农药的半衰期指农药使用后农药残留降解一半所需要的时间，农药使用后降解到最大残留限量标准为农药安全间隔期，化学结构越稳定的农药安全间隔期越长。其基础模型表达式如下：

$$Q = K \left(\frac{1}{z} \right)^{\frac{t}{T}} \lambda / \theta$$

上式中，Q 表示农药残留水平；K 表示农药使用强度；T 表示农药安全间隔期；t 表示农药实际间隔期；z 表示规范配制的农药经 z 倍稀释后达到农药最大残留限量国家标准（$z>1$）；λ 表示农业生产环境如光照、温度、降雨、风力、微生物等自然条件对农药的降解系数，在恶劣自然环境下 $\lambda<1$，在良好自然环境下 $\lambda>1$，在测定农药安全间隔期条件下 $\lambda=1$；θ 表示农药喷洒均匀系数（$\theta \leqslant 1$），$\theta=1$ 表示理想喷洒状态，此时均匀喷洒形成的农药雾滴有效包裹农作物。考虑到降解系数主要受自然环境影响，为不可控因素，而喷洒均匀系数受农业机械技术水平影响，默认为目前最理想技术水平。因此，本书为简化模型，假定农药的降解系数和喷洒均匀系数均保持不变，令 $\lambda=\theta=1$。

（二）主要数据来源

随着收入提高和膳食偏好发生改变，消费者会减少主食和甜食的摄入，转而食用更多高价值食品，主要是水果和蔬菜[①]，因此，本书以果蔬农药残留为研究对象。果蔬农药残留数据来自《中国市售水果蔬菜农药残

---

① 详见FAO：《经合组织-粮农组织2021—2030年农业展望》。

留报告（2012～2015）》（庞国芳等，2018）和《中国市售水果蔬菜农药残留报告（2015～2019）》（庞国芳等，2019）；农药使用量、果蔬产量、粮食产量数据来自各城市统计年鉴；乡村人口密度数据来自统计年鉴和行政区域土地面积折算；家庭农场主受教育程度、家庭农场面积、农场转入土地租金、农场平均农机价值、农场主平均年龄等数据来自《中国家庭农场发展报告（2018年）》；水果、蔬菜、粮食农药使用强度数据来自作者的测算。

二、事实数据分析

（一）各城市两阶段农药使用量比较

各城市农药使用量按2012—2015年和2015—2018年（2019年数据缺失较多）均值由高到低排序，如图7-3所示。可见，两阶段数据具有比较一致的走势，2012—2015年均农药使用量略高于2015—2018年均值，说明我国各主要城市农药使用量整体有所降低。另外，《中国农村统计年鉴》数据显示，2019年全国农药使用制剂量139.2万吨，2015年为178.3万吨，降幅近22%。

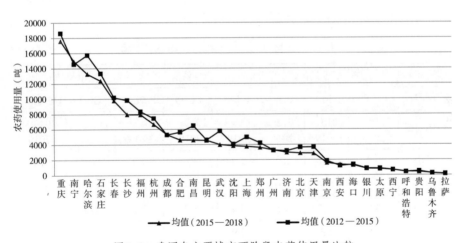

图7-3　我国各主要城市两阶段农药使用量比较

为进一步衡量两阶段农药使用量的情况，对两阶段农药使用量进行双样本 t 检验，结果如表7-9所示。检验结果显示 Ha: mean（diff）＞0，Pr（$T＞t$）＝0.0001，表明我国各城市农药使用量确实有显著降低。

表7-9 平均农药使用量双样本 t 检验结果

指标	检测时间	Obs	Mean	Std. Err.	Std. Dev.	[95% Conf. Interval]		Ha: mean（diff）> 0
农药用量	2012—2015	30	5361.643	908.1329	4974.049	3504.303	7218.983	Pr（$T>t$）=0.0001
	2015—2018	30	4820.928	847.6292	4642.656	3087.332	6554.525	
	diff	30	540.715	129.611	709.909	275.631	805.799	

（二）我国主要城市果蔬农药残留数据

果蔬农药残留指标有两个，一是超标农药残留检出率，二是剧毒、高毒和禁用农药残留检出率。检测方法分两种，分别是液相色谱-四级杆飞行时间质谱检测法（LC-Q-TOF/MS）（简写为LC）和气相色谱-四级杆飞行时间质谱检测法（GC-Q-TOF/MS）（简写为GC）。检测时间分两个阶段，以2015年农业部发布《农药使用量零增长行动方案》为时间节点，比较2012—2015年和2015—2019年两个时间段内农药残留的数据。采样点遍及我国各省区市（不含港澳台），本书选取30个主要城市农药残留指标进行数据分析，果蔬农药残留数据如表7-10所示。

表7-10 我国主要城市果蔬农药残留情况

残留指标	超标农药残留检出率(%)				剧毒、高毒和禁用农药残留检出率(%)			
检测方法	LC-Q-TOF/MS		GC-Q-TOF/MS		LC-Q-TOF/MS		GC-Q-TOF/MS	
检测时间	2012—2015	2015—2019	2012—2015	2015—2019	2012—2015	2015—2019	2012—2015	2015—2019
重庆	0.7	0.9	0.7	1.7	1.6	2.4	20.7	3.7
南宁	1.1	0.5	5.0	0.8	7.3	0.5	15.3	0.5
哈尔滨	3.8	4.7	1.8	4.4	8.3	8.1	12.5	18.3
石家庄	1.8	2.3	4.5	2.9	7.9	5.5	25.2	10.8
长春	3.4	4.1	2.2	2.0	9.0	7.2	13.3	10.9
长沙	0.7	1.2	1.7	1.0	5.9	3.7	19.8	13.6
福州	2.0	0.4	0.4	1.0	9.6	2.7	14.5	12.2
杭州	4.3	3.0	0	0.8	8.6	6.7	10.0	6.4
成都	1.1	2.5	2.1	1.8	3.7	2.9	6.6	4.7
合肥	4.7	1.5	4.4	4.0	12.4	3.8	12.2	12.9

残留指标	超标农药残留检出率(%)				剧毒、高毒和禁用农药残留检出率(%)			
检测方法	LC-Q-TOF/MS		GC-Q-TOF/MS		LC-Q-TOF/MS		GC-Q-TOF/MS	
检测时间	2012—2015	2015—2019	2012—2015	2015—2019	2012—2015	2015—2019	2012—2015	2015—2019
南昌	3.7	1.5	1.6	3.6	9.0	8.2	12.7	13.7
昆明	1.2	1.5	1.4	1.0	4.1	3.5	5.5	3.5
武汉	1.0	0.8	3.5	3.2	5.3	3.6	19.3	12.1
沈阳	2.0	1.5	1.6	2.0	8.1	5.1	11.5	12.0
上海	2.7	3.3	1.4	0.6	3.5	7.4	14.7	6.4
郑州	5.8	0.8	6.7	1.1	11.3	3.1	17.1	8.4
广州	4.8	1.8	3.8	0.7	8.2	6.8	22.3	1.0
济南	3.1	1.0	5.6	1.5	7.9	6.0	22.0	18.4
北京	2.2	2.2	4.8	2.6	6.5	4.8	31.8	8.1
天津	1.3	2.2	3.0	2.1	5.4	4.9	23.6	7.1
南京	4.9	5.1	4.6	5.2	10.3	6.1	9.8	9.8
西安	1.4	3.2	2.9	2.9	7.4	10.8	7.4	8.0
海口	1.3	1.9	11.8	1.7	5.9	2.4	24.7	2.2
银川	1.0	6.1	3.5	4.2	3.0	16.1	15.8	17.4
太原	4.7	0	0	0.3	10.7	2.4	2.7	8.8
西宁	5.8	3.1	1.6	4.0	13.5	15.5	3.1	7.9
呼和浩特	1.5	1.3	2.3	1.3	8.1	7.2	19.2	19.3
贵阳	1.7	2.7	2.3	0.4	4.3	3.9	6.7	1.9
乌鲁木齐	2.9	1.1	0.4	0	5.4	6.5	18.4	3.3
拉萨	1.8	2.0	3.1	2.0	3.7	4.9	41.7	3.9

由表 7-10 中数据可粗略看出，我国各城市农药残留存在明显的差异性。从超标农药残留检出率结果来看，我国各城市普遍存在农药残留超标情况，两种检测方法得到的数值没有显著差别。从剧毒、高毒和禁用农药残留检出率数据来看，各城市果蔬中普遍存在剧毒、高毒和禁用农药残留，其中 GC 检测法的检测结果显示，2012—2015 年剧毒高毒和禁用农药残留检出率平均值超过 16%，2015—2019 年平均值超过 8.9%。

为进一步反映近年来我国果蔬农产品农药残留的改善情况，本书采用

Stata 15.0软件，对两个时间段农药残留数据进行双样本 t 检验，结果如表7-11所示。

表7-11　农药残留双样本 t 检验结果

残留指标	方法	检测时间	Obs	Mean	Std. Err.	Std. Dev.	[95% Conf. Interval]		Ha: mean (diff) > 0
超标农药残留检出率	LC	2012—2015年	30	2.6133	0.2912	1.5948	2.0178	3.2088	Pr($T>t$) =0.1064
		2015—2019年	30	2.1400	0.2641	1.4464	1.5999	2.6801	
	GC	2012—2015年	30	2.9567	0.4373	2.3952	2.0623	3.8511	Pr($T>t$) =0.0271
		2015—2019年	30	2.0267	0.2527	1.3841	1.5098	2.5435	
剧毒、高毒和禁用农药残留检出率	LC	2012—2015年	30	7.1967	0.5292	2.8985	6.1144	8.2790	Pr($T>t$) =0.0361
		2015—2019年	30	5.7567	0.6419	3.5160	4.4438	7.0696	
	GC	2012—2015年	30	16.0033	1.5592	8.5398	12.8145	19.1922	Pr($T>t$) =0.0004
		2015—2019年	30	8.9067	0.9796	5.3653	6.9032	10.9101	

从表7-11中可以比较清楚地看出，2015—2019年农药残留的平均值较2012—2015年有了明显降低，除了LC检测法下超标农药残留检出率结果不显著之外[Pr（$T>t$）=0.1064]，其他均比较显著[Pr（$T>t$）<0.05]，检验结果说明各城市果蔬农药残留整体情况得到明显改善。

三、计量模型与实证分析

从果蔬农药残留和农药使用量变化情况可以看出，两者都有显著改善。从农药减量化模型可以看出，降低农药使用强度和延长农药实际间隔期都可以实现农药减量化并降低农药残留水平。为验证模型的假设，本书尝试通过对农药残留的主要影响因素进行回归分析，判断农药使用量是否能显著影响农药残留水平。

（一）变量选取及基础模型构建

本书选取各城市超标农药残留检出率和剧毒、高毒和禁用农药残留检出率作为被解释变量，将各城市年均农药使用量作为核心解释变量，同时将各城市所在省区市的乡村人口密度、家庭农场主受教育程度、农场平均面积、农场土地租金、平均农机价值、农场主平均年龄、水果产量、蔬菜产量、粮食产量、果蔬及粮食农药使用强度等可能影响果蔬农药残留的因素作为其他解释变量。采用横截面数据进行单方程线性回归分析，借鉴曹建民等（2019）模型设定构建如下基础计量模型：

$$y = \beta_0 + \beta_i x_i + \varepsilon_i$$

其中，y为被解释变量，β_0为截距项，β_i为待估参数，$i=1$，2，$\cdots$；x_i等为影响因素，ε_i为残差项。由于北京和拉萨缺乏家庭农场相关信息，因此实证分析仅涉及28个城市数据；此外，2019年农药使用量数据不全，年均农药使用量以2015—2018年数据均值表示；家庭农场平均面积等数据取中间年份2017年数据；农业农村部数据显示，2019年我国蔬菜（72102.6万吨）、粮食（66384.34万吨）、水果（27400.84万吨）是产量最高的三类农产品，因此本书将蔬菜、水果、粮食的农药使用强度作为解释变量，该部分数据根据作者计算所得，限于文章篇幅，省略计算过程。主要变量设置及描述性统计结果如表7-12所示。

表7-12　主要变量设置及描述性统计

变量名	变量简写	变量解释	均值	标准差
农药残留超标LC	prlc	液相色谱-四级杆飞行时间质谱检测法(%)，2015—2019年均	2.142857	1.498747
农药残留超标GC	prgc	气相色谱-四级杆飞行时间质谱检测法(%)，2015—2019年均	2.007143	1.430081
剧毒、禁用农药LC	bplc	液相色谱-四级杆飞行时间质谱检测法(%)，2015—2019年均	5.821429	3.634949
剧毒、禁用农药GC	bpgc	气相色谱-四级杆飞行时间质谱检测法(%)，2015—2019年均	9.114286	5.470101
年均农药使用量	pq	各城市平均农药使用量(吨)，2015—2018年（2019年数据不全）	5057.533000	4705.471000
乡村人口密度	pd	乡村人口数/行政区域土地面积（人/平方千米），2015—2019年均	228.939200	146.769200
家庭农场主受教育程度	fe	不同教育程度进行赋值后综合得分，2017年度	267.252500	30.051890
家庭农场平均面积	fs	种植类家庭农场的经营土地面积（亩），2017年度	410.111800	354.084800
农场土地租金	fr	种植类家庭农场转入土地租金（元/亩），2017年度	523.086100	174.696800
平均农机价值	fm	平均每个家庭农场拥有农机价值（千元），2017年度	276.628600	162.590200

续表

变量名	变量简写	变量解释	均值	标准差
平均年龄	fa	家庭农场主的平均年龄（岁），2017年度	46.426070	1.579879
水果产量	fq	各城市平均水果产量（万吨），2015—2019年均	64.636250	92.937650
蔬菜产量	vq	各城市平均蔬菜产量（万吨），2015—2019年均	374.697300	360.618000
粮食产量	gq	各城市平均粮食产量（万吨），2015—2019年均	256.883900	332.226700
水果农药强度	fpd	折算水果农药使用强度近似值（吨/万吨），2015—2019年均	23.011190	11.769580
蔬菜农药强度	vpd	折算蔬菜农药使用强度近似值（吨/万吨），2015—2019年均	5.359190	2.741076
粮食农药强度	gpd	折算粮食农药使用强度近似值（吨/万吨），2015—2019年均	6.575211	3.363037

由表7-12中的数据可知，不同检测方法下果蔬超标农药残留检出率数值相近，超过2%；剧毒、高毒和禁用农药检测数据显示，GC检测值明显高于LC检测值，剧毒、高毒和禁用农药检出率为5.8%—9.1%，说明我国剧毒、高毒及禁用农药使用问题较为明显。农产品产量和农药使用强度数据显示，我国水果总产量明显低于蔬菜和粮食，但水果农药使用强度最高；蔬菜总产量最高，但农药使用强度反而最低；粮食产量以干重计，总产量和农药使用强度均均介于蔬菜和水果之间。该结果与张露和罗必良（2020）的研究结论类似，即经营规模扩大对农药减施具有促进作用。

（二）农药残留的影响因素分析

变量描述性统计显示，超标农药残留检出率（LC）和剧毒、高毒和禁用农药残留检出率（GC）检测数值相对较高，具有一定代表性，本文选用这两组变量作为被解释变量进行多元线性回归分析。

以年均农药使用量为核心解释变量，家庭农场主受教育程度、农场土地租金、平均农机价值等为其他解释变量。考虑到回归方程可能存在多重共线性、内生性及异方差问题，对回归方程分别进行多重共线性等检验，结果如表7-13和表7-14所示。表7-13回归分析和稳健性检验结果显示，年均农药使用量，剧毒、高毒和禁用农药残留检出率（LC）两个解释变量均与超标农药残留检出率（LC）在1%水平上显著正相关，且回归方程不存在多重共线性[vif（max）<10]、内生性检验（ovtest P 值>0.05）可排除内生性的可能；异方差检验（hettest P 值＞0.05）可排除异方差的可能。

表7-13　超标农药残留检出率（LC）回归分析及稳健性检验结果

回归分析			稳健性检验		
解释 变量	参数及标准误	多重共线性检验 方差膨胀因子 （vif）	解释 变量	参数及标准误	多重共线性检验 方差膨胀因子 （vif）
bplc	0.28228574*** 0.0515851	1.42	bplc	0.33524097*** 0.0681567	2.16
pq	0.01214283** 0.0000619	5.45	pq	0.0002803*** 0.0000821	5.50
fe	0.01214283** 0.0053868	1.52	fs	-0.00034568 0.0006579	2.01
fr	0.00290448** 0.0012664	1.50	fe	0.0124377 0.0082223	1.86
fm	-0.00255089 0.0015087	1.94	fr	0.00229642 0.0016281	1.78
fq	-0.00717646 0.0043598	6.18	fm	-0.00241916 0.0024122	3.08
vq	-0.00194546* 0.000931	4.30	fq	-0.01225104** 0.0043188	5.22
fpd	-0.06507084*** 0.0196083	2.44	fa	0.11750208 0.1610033	1.75
			fpd	-0.05634134* 0.0295928	2.34
常数项	-2.4084151 1.466541	Mean vif=3.09	常数项	-8.3074482 8.619303	Mean vif=2.86
回归 方程	R^2	0.6790	回归 方程	R^2	0.6422
	Prob > F	0.0000		Prob > F	0.0001
内生性 检验	Prob > F	0.7680	内生性 检验	Prob > F	0.7109
异方差 检验	Prob > F	0.4221	异方差 检验	Prob > F	0.1176

注：***、**、*分别代表1%、5%、10%的显著性水平，下同。

表7-14　剧毒、高毒和禁用农药残留检出率（GC）回归分析及稳健性检验结果

回归分析			稳健性检验		
解释变量	参数及标准误	多重共线性检验方差膨胀因子（vif）	解释变量	参数及标准误	多重共线性检验方差膨胀因子（vif）
prgc	0.99990507*	1.13	pq	0.00039634*	2.25
	0.5267629			0.0001945	
pq	0.00036302*	2.26	prgc	1.1248824**	1.17
	0.00018			0.5409065	
pd	0.0059861	1.22	fr	0.00372972	1.09
	0.0052976			0.0054471	
fs	0.00818897***	1.33	fs	0.00712966***	1.21
	0.0016619			0.0020233	
fq	-0.04601225**	4.84	fq	-0.02513113***	2.42
	0.0171801			0.0083805	
vq	0.00714612	3.92	fa	0.04954262	1.03
	0.0044408			0.448655	
常数项	0.83894481	Mean vif=2.45	常数项	-0.69864936	Mean vif=1.53
	2.479458			20.80503	
回归方程	R^2	0.6368	回归方程	R^2	0.5532
	Prob > F	0.0000		Prob > F	0.0000
内生性检验	Prob > F	0.4663	内生性检验	Prob > F	0.8521
异方差检验	Prob > F	0.9496	异方差检验	Prob > F	0.3781

　　表7-14回归分析和稳健性检验结果显示，年均农药使用量、农药残留超标检出测（GC）两个解释变量均与剧毒、高毒和禁用农药残留检出率（GC）在10％水平上显著正相关；与家庭农场平均面积解释变量在1％水平上显著正相关，该结果与张露和罗必良（2020）的研究结论一致，即地块规模越大，农药减施越多；与水果产量解释变量在1％水平上显著负相关。该回归方程同样可排除存在多重共线性、内生性、异方差的可能。

　　综上，回归分析结果显示，超标农药残留检出率与剧毒、高毒及禁用农药残留检出率显著正相关，而农药使用量与超标农药残留检出率以及剧

毒、高毒及禁用农药残留检出率都显著正相关。说明在投入使用的农药中剧毒、高毒及禁用农药占一定比例，且随着农药使用量的增加而增加。该实证结果印证了农药减量化模型，说明降低农药使用量和延长农药实际间隔期是降低农药残留的有效途径，也是农药减量化监管的重要手段。

四、基于农药用量与农产品质量实证分析的农药减量化监管路径探析

农业生产普遍做法是，通过增加农药投入量降低农作物病虫草害，进而提高农产品显性质量，如避免出现农产品病虫害、降低农产品腐烂变质的概率、提高农产品外观品质等。然而，实证分析显示，农药大量使用导致了农产品农药残留超标等负外部性问题，造成了农产品隐性质量安全。因此，在普通农户与农技人员存在信息不对称前提下，农药减量化监管的总体路径为：明确农药使用强度对促进农产品质量安全作用具有一定的局限性，在我国农药存在过量使用可能的背景下，适当降低农药使用量可以减少农产品农药残留，进而提高农产品质量安全水平。因此，转变农业生产过度重视显性质量而忽视隐性质量的普遍做法，建立农药用量与农业质量安全之间的正确认知是我国农药减量化监管的重要路径。具体路径表述如下。

（1）监管部门应及时发布农产品农药残留等质量安全信息，实现农产品市场质量安全信息对称。当前我国农产品还普遍存在农药残留超标等问题，未来一段时间应完善农产品农药残留等质量安全标准体系，不断提升农产品质量安全水平。经过实证分析，可知近年来我国果蔬农药残留情况虽有所好转，但仍不容乐观，而农产品农药残留检测相对复杂，农产品农药残留等质量安全标准体系无法有效落实。因此，加强农产品农药残留监管，并及时发布农产品农药残留检测信息是从市场端反向促进生产端规范农药使用以实现农药减量化目标的重要途径，未来农药减量化监管不仅要从源头上管控农药使用，也要注重市场端检测，以期构建完善的农产品质量安全保障体系。

（2）持续推进和落实农药减量化监管政策，逐步降低农药使用强度，有利于提高农产品质量安全水平。实证研究表明，降低农药使用强度是确保农药残留达标的直接措施，针对目前我国农产品农药残留超标等问题普遍存在的客观情况，持续推进农药减量化监管政策、适当降低农药使用强度是我国未来很长一段时间内实现农产品质量安全水平提升的重要保障措施，也是实现农产品农药"低残留"甚至"零残留"的有效途径。

（3）转变农药使用种类，注重引入新型绿色农药，并逐步取代剧毒、

高毒、高残留农药，降低农药残留对人体健康的影响。传统化学农药因其化学结构相对稳定、不易分解、见效快等特点而广泛应用于农业生产领域，然而大量的化学农药使用产生了诸多负外部性问题。相对而言，生物农药等新型绿色农药更加安全、对环境更加友好，部分新型农药具有明确的靶向性，不会对人体健康以及环境造成较大破坏。因此，发展新型绿色农药是提升农产品质量安全的重要保障，亦是我国农药减量化监管路径之一。

第四节　基于农产品"质"与"量"安全耦合分析的农药减量化监管优化路径

在普通农户对农药传统认知与农技人员实证研究结果信息不对称基础上，本节测度了2005—2019年我国政府监管指标，农产品质量和产量安全指标，以及农药使用强度指标；利用耦合模型测算农产品"质"与"量"安全的综合评价指数、耦合度及协调度；分析农药减量化监管对耦合度等指标的影响机制，并从农药使用对农产品"质"与"量"安全耦合影响视角明确我国农药减量化监管的优化路径。

一、数据指标及理论模型

（一）数据来源与说明

本研究将指标数据时间跨度统一为2005—2019年。其中，蔬菜、水果单位面积产量数据来源于国家统计局，粮食单位面积产量数据来自《中国统计年鉴》，平均膳食能量供应充足度、谷物进口依赖比率、单位面积农药使用量数据来自FAO数据库，蔬菜、水果监测合格率数据来自农业农村部网站及期刊，农药监督抽查结果合格率数据来自国家统计局和农业农村部网站，食源性疾病患者比例数据来自《中国卫生健康统计年鉴》，食品类商品的质量和安全消费申诉率数据来自《中国工商行政管理年鉴》，生物化学农药及微生物农药制造与化学农药制造固定资产投资比数据来自《中国固定资产投资统计年鉴》，农产品质量安全支出数据来自《农业农村部年度部门决算报告》，人均农作物总播种面积数据来自《中国农村统计年鉴》及《中国统计年鉴》。个别年份缺失数据采用拟合值（高拟合度）和插值法（低拟合度）补齐。

1.农产品产量安全评价指数测度。农产品是指农业中生产的物品，包括谷物、水果、蔬菜等。农产品产量安全是指在总量和结构上满足食用、饲用、工业用和国民经济等其他用途需求的保障程度。本书基于农药视角，指标选取上主要集中于种植业（狭义的农业），设定了由粮食、蔬菜、水果单位面积产量，平均膳食能量供应充足度以及谷物进口依赖比率5个二级指标构成的多维度评价体系，对2005—2019年全国农产品产量安全进行测度，得到产量安全评价指数，记为y_1。

2.农产品质量安全评价指数测度。根据我国《农产品质量安全法》，农产品质量安全是指农产品符合保障人的健康安全的要求。具体指农产品质量安全水平和卫生条件达到保障人的健康、安全的技术规范和要求。农产品质量安全问题不仅关系到居民的消费与健康，更关系到农业发展和农民增收、区域经济发展、政府形象和社会稳定，已引起政府、业界和消费者的高度关注（张蓓等，2014）。本书设定了由蔬菜、水果监测合格率，农药监督抽查结果合格率，食源性疾病患者比例，食品类商品的质量和安全消费申诉率5个二级指标构成的多维度评价体系，对2005—2019年全国农产品质量安全进行测度，得到质量安全评价指数，记为y_2。

3.农产品安全政府监管指数测度。政府监管是中国市场经济体制下的一个重要政府职能，加强政府监管是加快完善社会主义市场经济体制，实现国家治理体系和治理能力现代化的重要内容（王俊豪，2021）。利用政府监管手段可对市场不规范的经济行为进行必要的约束，监管是法律性质下的市场"红线"，是一种正式制度下的规则运行（周耀东和余晖，2008）。我国食品安全监管工作起步晚，财政投入力度不够，致使监管效果有待提升（张红凤等，2019），因此经济导向是政府监管的重要手段。本书设定了由生物化学农药及微生物农药制造与化学农药制造固定资产投资比（科技导向）、农产品质量安全支出（经济导向）、人均农作物总播种面积（耕地红线及人口计划）3个二级指标构成的评价体系，鉴于科技导向兼具市场和政府双重属性，耕地的相对固定属性及人口计划的不可控因素，设置科技导向、经济导向及人均耕地面积权重为1：2：1，对2005—2019年政府农产品安全监管进行测度，得到政府监管指数，记为x。

4.农药使用强度中介变量。农药是把"双刃剑"，规范使用农药可以保障农产品的产量安全和质量安全，不规范使用农药则会造成农产品质量安全隐患。2015年，农业部印发《到2020年农药使用量零增长行动方案》，将农药作为控制农产品质量安全的重要手段。本书将2005—2019年全国平均农药使用强度设定为中介变量，记为z。

（二）耦合理论模型

耦合源于物理学界概念，指多个电路元件或电网络的输入与输出之间存在紧密配合与相互影响，常用于通信、软件及机械工程。后来耦合理论逐渐被借鉴用于测度高质量发展指标体系（简新华和聂长飞，2020）、普惠金融对精准扶贫的效果评价指标体系（赵丙奇和李露丹，2020）等社会体系协调研究，而社会体系中的耦合区别于物理学理论中的"输入"与"输出"，只存在子系统之间的结构耦合，并且需要存在某种结构中介（吕付华，2020）。那么，农产品产量安全与质量安全之间是否存在结构耦合？其是否通过政府实施农药监管这一中介联系起来？接下来将参考类似研究设计（Miyazaki and Kinoshita，2006； Van et al.，2009），对这两个问题进行模型分析。设定农产品安全的内部耦合度测量模型为：

$$y_3 = \left[\frac{\prod_{i=1}^{k} E_i}{\left(\sum_{i=1}^{k} E_i / k \right)^k} \right]^{\frac{1}{k}} \tag{7.10}$$

式中，y_3 为农产品安全耦合度，$y_3 \in [0, 1]$，y_3 值大小由农产品产量安全和质量安全的评价指数决定，y_3 值越大说明农产品安全子系统间的耦合度越高，表明子系统间的相互作用越强，即农产品的产量安全与质量安全之间相互影响越强烈。i 表示农产品安全子系统，本书包含农产品产量安全和质量安全两个子系统，即 $k = 2$。E_i 表示质量安全子系统的评价指数，计算 E_i 时首先要对各子系统内正、负向指标进行甄别，然后用标准化消除量纲影响，计算公式为：

$$E_i = \sum_{j=1}^{n} \lambda_{ij} w_{ij} (i = 1, 2; j = 1, 2, \cdots, n) \tag{7.11}$$

（7.11）式中，λ_{ij} 表示第 i 个子系统的第 j 个变量的正向指标，$\lambda_{ij} = (x_{ij} - \min x_{ij}) / (\max x_{ij} - \min x_{ij})$。$w_{ij}$ 表示第 i 个子系统的第 j 个变量的权重，本书权重利用 SPSSAU 熵值法计算。

耦合度虽然可以表征子系统间的相互作用程度，但不能表征农产品安全系统的协调发展状况，即不能表征子系统之间是高水平相互促进还是低水平相互制约。因此，本书继续引入耦合协调度以构建农产品安全耦合协调模型，表达式如下：

$$y_4 = \left[y_3 \times (\alpha E_1 + \beta E_2) \right]^{\frac{1}{2}} \tag{7.12}$$

（7.12）式中，y_4 为农产品安全耦合协调度，$y_4 \in [0, 1]$，y_4 值越高说

明农产品的产量安全与质量安全的关系越和谐；反之，则说明子系统间不够和谐。令 $y_5 = \alpha E_1 + \beta E_2$，$y_5$ 表示农产品安全综合指数，其中 α、β 代表 E_i 的待定系数，$\alpha = 1 - \beta$。从历年中央一号文件来看，政府对农产品安全的关注度已从重视产量安全（粮食自给自足）逐步向重视质量安全（营养和健康）和产量安全并重的方向转变，当前我国农业发展任务是在"确保国家粮食安全，把中国人的饭碗牢牢端在自己手中"的同时提高农业质量效益和竞争力[①]，即稳步提升农产品质量安全水平。因此，当前产量安全和质量安全可视为同等重要水平，即 $\alpha = \beta = 0.5$。为了进一步验证 α、β 取值，本书利用 Granger 因果检验测量子系统内变量对另一子系统的扰动情况。通过比较各 AIC 准则和 BIC 准则最佳滞后期来确定系数取值，一般认为 AIC 和 BIC 真实值最小的模型为最佳模型。

（三）传导机制模型

为明确政府监管对农产品安全指数的传导机制，首先针对直接传导机制构建如下基本模型：

$$y = \alpha_0 + \alpha_1 x + \varepsilon \tag{7.13}$$

（7.13）式中，y 代表农产品安全评价指数及耦合情况，包括产量安全指数 y_1、质量安全指数 y_2、耦合度 y_3、耦合协调度 y_4 及安全综合指数 y_5。x 代表政府监管指数，ε 表示随机扰动项，α_0 表示截距项，α_1 表示回归系数。

除了直接传导效应外，为讨论农药使用强度对于耦合度、耦合协调度、农产品安全综合指数的作用机制，根据耦合模型中介理论，对农药使用强度是否为两者之间的中介变量进行间接传导机制验证。参考相关研究方法（赵涛等，2020），设置具体检验步骤为：在直接传导机制（即政府监管指数 x 对农产品安全评价指数及耦合度 y）的线性回归模型（7.13）的系数 α_1 显著性通过检验基础上，分别构建政府监管指数 x 对于中介变量农药使用强度 z 的线性回归方程，以及 x 与 z 对 y 的回归方程，通过 β_1、γ_1 及 γ_2 3个回归系数的显著性判断中介效应是否存在。以上回归模型的表达式设定如下：

$$z = \beta_0 + \beta_1 x + \varepsilon \tag{7.14}$$

$$y = \gamma_0 + \gamma_1 x + \gamma_2 z + \varepsilon \tag{7.15}$$

（四）农产品安全可能性边界、农产品生产及农药残留模型

1. 农产品安全可能性边界模型。为直观反映农产品生产可能性边界，参考类似研究（Devadoss and Song, 2003；Wu et al., 2021），本书构建如

---

① 人民网. 把中国人的饭碗牢牢端在自己手中[EB/OL]. (2020-12-4)[2021-05-16]. http://theory.people.com.cn/big5/n1/2020/1204/c40531-31954654.html.

下农产品产量安全和质量安全生产可能性边界简化模型：

$$N = \frac{R}{C_1} - \frac{C_2}{C_1}Q \qquad (7.16)$$

（7.16）式中，N 表示对农产品产量安全的量化指数，Q 表示对农产品质量安全的量化指数，R 表示在现有农业自然资源和生产技术水平下可实现的最大化农业生产资料，C_1 表示提高单位农产品产量安全的成本，C_2 表示提高单位农产品质量安全的成本。由于土地等生产要素边际报酬递减导致边际转换率递增，即 $\mathrm{Mrt} = \frac{\Delta N}{\Delta Q} < 0$，生产可能性曲线凹向原点表示随着农产品产量安全和质量安全比例的变化，机会成本也在发生改变。

2. 农产品生产模型。参考索洛（Solow）函数（Durlauf et al., 2001），农产品生产模型可表示为：

$$Y = A_t L^\alpha K^\beta \qquad (7.17)$$

（7.17）式中 Y 为农产品总产出；L 表示农产品生产劳动力投入；K 为农产品生产资本投入；α、β 分别为劳动力和资本参数；A_t 为 t 时期农产品生产技术水平。A_t 行为主体包括政府、农民、企业、农业科研机构及高校等。

3. 农药残留模型。借鉴原子核衰变规律，构建如下农药残留基础模型：

$$Q = Q_0 \left(\frac{1}{z}\right)^{\frac{t}{T}} \frac{\lambda}{\theta} \qquad (7.18)$$

（7.18）式中 Q 为农药残留度；Q_0 为农药使用强度；T 为农药安全间隔期；t 为农药实际间隔期；z 为规范使用农药稀释达到国标农药最大残留限量值的倍数（$z > 1$）；λ 为农业生产环境对农药的降解系数，在测定农药安全间隔期条件下 $\lambda = 1$；θ 为农药喷洒均匀系数（$\theta \leqslant 1$）。

二、农产品安全耦合及政府监管传导机制的实证检验

（一）指标数据描述性分析

1. 农产品产量安全评价指数体系。2005—2019 年农产品产量安全指标体系如图7-4所示。从数据趋势来看，我国粮食、蔬菜、水果单位面积产量均保持稳定提升态势，其中提升速度水果最快，蔬菜居中，粮食最慢，三类农产品单位产量均有略微波动，这可能与农业生产天然弱质性有关，即明显受制于自然环境因素。平均膳食能量供应充足度呈上升趋势，说明我国膳食能量供应水平稳步提高，农产品产量安全得到有效保障。谷

物进口依赖比率整体处于较低水平,但近年来谷物对进口依赖度有缓慢上升趋势。

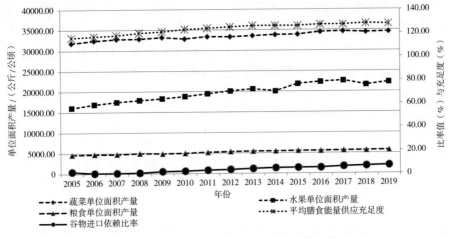

图7-4 2005—2019年农产品产量安全指标体系

2.农产品质量安全评价指数体系。2005—2019年农产品质量安全指标体系如图7-5所示。可见,蔬菜、水果检测合格率均保持在较高水平(平均在0.96以上);农药监管抽查结果合格率于2005—2011年基本保持稳定,2011—2019年波动比较明显,但总体合格率保持在0.85以上;食品类商品的质量和安全消费申诉率于2005—2008年逐年上升,2008年后呈整体下降趋势,整体处于0.3%~0.7%水平;2005—2011年食源性患者比例保持较低稳定水平,2011—2019年呈逐年上升趋势,整体处于0.3%以内水平。

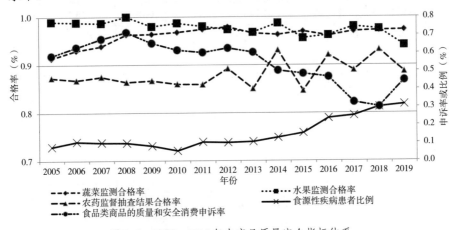

图7-5 2005—2019年农产品质量安全指标体系

3. 主要指标数据的描述性统计。 为进一步反映主要统计指标情况，将主要变量做描述性统计，结果如表7-15所示。从各指标均值可以看出我国农业发展的整体情况，如农产品单位面积产量及质量安全等情况均较为理想。此外，蔬菜单位面积产量、平均膳食能量供应充足度、蔬菜监测合格率、水果监测合格率以及人均农作物总播种面积的最大值和最小值差值较小，数据趋向与平稳。水果和粮食单位面积产量、谷物进口依赖比率、食源性疾病患者比例、食品类商品的质量和安全消费申诉率、生物化学农药及微生物农药制造与化学农药制造固定资产投资比、农产品质量安全支出的数值波动较为明显，说明近15年这些指标由于外界环境或内在因素的影响正发生着巨大的变化，该部分可变指标也可作为政府采取监管等干预途径以提升农业发展水平的重要抓手。

表7-15　变量描述性统计结果

指标	均值	方差	标准差	最大值	最小值
蔬菜单位面积产量	33462.328	699161.289	836.159	34629.110	31856.230
水果单位面积产量	19761.197	4602352.372	2145.309	22641.278	16064.187
粮食单位面积产量	5233.152	134257.071	366.411	5719.700	4641.630
平均膳食能量供应充足度	123.440	16.447	4.056	128.000	116.000
谷物进口依赖比率	3.446	4.893	2.212	7.029	0.400
蔬菜监测合格率	0.960	0.0003	0.018	0.979	0.914
水果监测合格率	0.977	0.0002	0.015	1.000	0.941
农药监督抽查结果合格率	0.881	0.0008	0.028	0.932	0.846
食源性疾病患者比例	0.148	0.007	0.084	0.314	0.056
食品类商品的质量和安全消费申诉率	0.549	0.015	0.124	0.715	0.300
单位面积农药使用量	12.707	0.499	0.706	13.360	10.980
固定资产投资比,生物化学农药及微生物农药制造/化学农药制造	48.761	199.088	14.110	82.379	31.499
农产品质量安全支出2005年可比价格	5.113	2.388	1.545	7.032	1.500
人均农作物播种面积	0.119	0.000	0.002	0.121	0.114

（二）农产品安全耦合度及耦合协调度分析

1. 农产品安全评价指数测算。首先，由于农产品产量安全及质量安全指标量纲不一致易造成不同指标的数据大小不一，从而影响计算结果。为消除量纲的影响，对指标数据进行极差标准化处理，本书按正向指标处理，取值范围[0，1]。其次，利用SPSSAU软件熵值法计算各指标的权重系数，结果如表7-16所示。最后，利用公式（7.11）计算产量安全和质量安全子系统评价指数，结果如图7-6所示。

表7-16　农产品安全指标评价体系

一级指标	二级指标	信息熵值e	信息效用值d	权重系数w
产量安全	蔬菜单位面积产量	0.9453	0.0547	0.1466
	水果单位面积产量	0.9321	0.0679	0.1820
	粮食单位面积产量	0.9205	0.0795	0.2131
	平均膳食能量供应充足度	0.9338	0.0662	0.1774
	谷物进口依赖比率	0.8952	0.1048	0.2809
质量安全	蔬菜监测合格率	0.9615	0.0385	0.1135
	水果监测合格率	0.9596	0.0404	0.1193
	农药监督抽查结果合格率	0.8947	0.1053	0.3105
	食源性疾病患者比例	0.9386	0.0614	0.1811
	食品类商品的质量和安全消费申诉率	0.9066	0.0934	0.2756

2. 子系统耦合度及耦合协调度测算。将子系统评价指数代入公式（7.10）可计算农产品产量安全和质量安全耦合度，结果如图7-6所示。计算耦合协调度时需要确定产量安全和质量安全评价指数的待定系数，本书利用Granger因果检验测量子系统内变量对另一子系统的扰动情况，进一步确定待定系数取值，最佳滞后期结果如表7-17所示。可见，内部扰动中最佳滞后期均为滞后一期，除平均膳食能量供应充足度指标显著性为5%之外，产量安全指数体系中的变量均在显著性为1%条件下是质量安全指数的Granger原因。因此，可近似将两个子系统待定系数都设为0.5，这与中央一号文件中对产量安全和质量安全的重视程度保持一致。此时，根据待定系数和子系统评价指数可计算农产品安全综合指数y_3，结果如图7-6所示。

表7-17 农产品产量安全和质量安全的内部扰动

各安全指标		最佳滞后期	F值	P值	AIC	BIC
产量安全指标体系对质量安全指数的扰动	蔬菜单位面积产量	滞后一期	12.80	0.0013	-28.6885	-26.7714
	水果单位面积产量	滞后一期	11.93	0.0018	-28.0116	-26.0944
	粮食单位面积产量	滞后一期	7.81	0.0077	-24.231	-22.3138
	平均膳食能量供应充足度	滞后一期	6.38	0.0145	-22.6353	-20.7182
	谷物进口依赖比率	滞后一期	10.36	0.0030	-26.6859	-24.7687
	产量安全	滞后一期	11.30	0.0022	-27.4914	-25.5742
质量安全指标体系对产量安全指数的扰动	蔬菜监测合格率	滞后一期	750.45	0.0000	-57.6723	-55.7551
	水果监测合格率	滞后一期	540.38	0.0000	-53.1144	-51.1972
	农药监督抽查结果合格率	滞后一期	559.21	0.0000	-53.5891	-51.672
	食源性疾病患者比例	滞后一期	609.88	0.0000	-54.792	-52.8749
	食品类商品的质量和安全消费申诉率	滞后一期	636.22	0.0000	-55.379	-53.4618
	质量安全	滞后一期	564.39	0.0000	-53.7168	-51.7997

将两个子系统待定系数及耦合度代入（7.12）式，可计算耦合协调度，结果如图7-6所示。参考相关文献（王成和唐宁，2018）及计算值，根据耦合度大小将耦合类型分为磨合期 $C\in[0.5, 0.8]$ 和协调耦合期 $C\in[0.8, 1.0]$，根据耦合协调度大小将耦合协调类型分为中度失调 $D\in[0.2, 0.4]$、基本协调 $D\in[0.4, 0.5]$、中度协调 $D\in[0.5, 0.8]$、高度协调 $D\in[0.8, 1.0]$ 四类。由图7-6可见，2005—2012年耦合度持续上升，2013—2018年稳定在高度耦合状态。其中，2005—2006年为我国农产品安全磨合期，2007—2019年为协调耦合期，该期内平均耦合度近0.97，耦合度数据反映我国农产品产量安全指数和质量安全指数处于高度耦合状态且趋势向好。此外，耦合协调度数据显示，2005年我国农产品产量安全指数和质量安全指数处于中度失调状态，2006—2007年处于基本协调状态，2008—2013年及2015年处于中度协调状态，2014年及2016—2019年处于高度协调状态。从耦合协调度整体变化趋势来看，我国农产品产量安全指数和质量安全指数协调度走势向好，说明我国农产品市场处于健康发展态

势，安全形势总体稳定向好，这与周洁红研究表述一致（周洁红等，2018），同时也反映出我国农产品安全监管具有一定成效。但从2019年数据来看，我国农产品安全综合指数、耦合度及耦合协调度均有回落，说明我国农产品市场仍需不断完善政府监管，农产品安全也仍有提升空间。

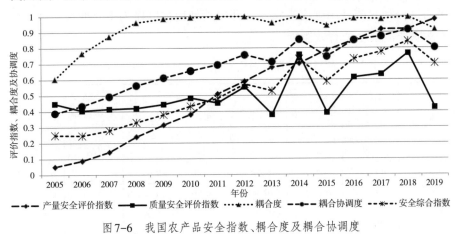

图7-6　我国农产品安全指数、耦合度及耦合协调度

（三）政府监管传导机制检验

首先，根据基本模型（7.13）检验直接传导机制，结果如表7-18所示。可见，质量安全评价指数与政府监管指数之间没有显著性关系，产量安全及综合指数在5%显著性范围，耦合度和耦合协调度在1%显著性范围，说明政府监管指数对农产品安全综合指数、耦合度、耦合协调度具有积极的影响。

表7-18　政府监管对安全指数及耦合指数的检验结果

变量	产量安全评价指数 y_1	质量安全评价指数 y_2	耦合度 y_3	耦合协调度 y_4	农产品安全综合指数 y_5
政府监管指数 x	（1）	（2）	（3）	（4）	（5）
	0.2181280**	0.0372947	0.0980318***	0.1270508***	0.1277114**
R^2	(0.0823995)	(0.0395599)	(0.0219264)	(0.0382079)	(0.0533047)
	0.3502	0.0640	0.6059	0.4596	0.3063

注：表中括号内报告的是稳健标准误，***和**分别表示回归结果在1%和5%置信水平下通过显著性检验，表7-19同。

其次，根据耦合模型中介理论，讨论农药使用强度对于农产品安全综合指数、耦合度及耦合协调度的作用机制。根据模型（7.14）检验政府监管指数对中介变量的显著性，结果如表7-19所示。可见，政府监管指数与农药使用强度在1%水平下显著。根据模型（7.15）进一步检验间接传导机制，结果如表7-19所示，可见，加入中介变量后，政府监管指数与耦合度、耦合协调度、农产品安全综合指数均不显著，且政府监管指数的系数远小于农药使用强度的系数。回归结果说明，我国政府对农产品安全监管可通过控制农药使用强度来实现，即农药使用强度作为中介变量实现了政府对农产品安全的有效监管。

表7-19　农药使用强度对安全指数及耦合指数的检验结果

变量	农药使用强度 z	耦合度 y_3	耦合度 y_3	耦合协调度 y_4	耦合协调度 y_4	农产品安全综合指数 y_5	农产品安全综合指数 y_5
	(1)	(2)	(3)	(4)	(5)	(6)	(7)
政府监管指数 x	0.3015189***	0.0980318***	-0.0261076	0.1270508***	-0.0606052	0.1277114**	-0.0934202
	(0.0432442)	(0.0219264)	(0.0289986)	(0.0382079)	(0.0614527)	(0.0533047)	(0.0970815)
农药使用强度 z			0.4117134***		0.6223690***		0.7333920**
			(0.0854290)		(0.1810375)		(0.2859988)
年度数	15	15	15	15	15	15	15
R^2	0.7890	0.6059	0.8658	0.4596	0.7278	0.3063	0.5519

三、"质"与"量"安全耦合视角下我国农药减量化监管趋势

蕾切尔·卡逊在《寂静的春天》中描绘了滥用化学农药的严重后果，而人类却傲慢地企图"控制大自然"（Carson，1962）。农药像一把"双刃剑"，在农业生产中起着重要的作用。如果没有农药，农业产量将大大减少并导致全球饥饿问题，而滥用农药则将增加环境和人类健康风险。本书试图以我国农药使用和监管为例，从经济学视角探索农药减量化监管的趋势。

（一）农产品安全可能性边界

根据模型（7.16），农产品产量安全和质量安全生产可能性边界如图7-7所示。其中，最内侧扇形表示我国过去农产品安全的生产可能性边界，中间扇形表示我国当前的生产可能性边界，最外侧扇形表示我国将来的生产可能性边界。为简化分析，借鉴学者宁夏（2019）的研究成果，将我国农产品安全分为3个主要阶段，第一阶段以A点为代表，即以种粮食为主的农业1.0版，表示过去我国为解决粮食自给自足问题而大力发展农业生产，重视产量安全的生产可能性边界点；第二阶段以B、D点为代表，即

以农产品供给为主的农业2.0版，表示当前我国产量安全与质量安全并重的生产可能性边界点；第三阶段以C、E点为代表，即供给农业多功能性的3.0版"大农业"，表示农业高度发展下，重视质量安全的生产可能性边界点。第三阶段也是我国农业可持续发展的长远目标，即农业基础更加稳固，粮食和重要农产品供应保障更加有力，农业生产结构明显优化，农药使用量持续减少，农业质量效益和竞争力明显提升。

3个阶段过渡的主要指标是农产品质量安全比重的不断提高，可简化为两条实现途径：一是从A→B→C的转变，此时都在同一个农产品安全可能性边界上移动，移动过程伴随着农产品产量安全比重的降低及质量安全比重的提高，即通过牺牲产量安全来换取质量安全。二是从A→D→E的转变，此时要求在现有农业资源（如耕地面积、灌溉条件、气候环境等自然资源）基本保持不变的情况下提高农业生产技术水平（如种子、农药化肥、农业机械等农业投入要素）以实现农业生产资料扩大化，使农产品安全可能性边界向外围扩展，即在充分保障农产品产量安全的基础上不断提高质量安全比重。

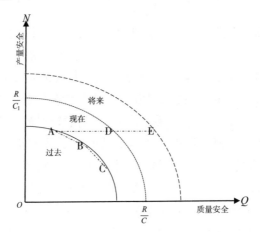

图7-7　农产品安全可能性边界及政府监管优化路径

相关研究表明，农药的使用不仅可以增加农业产量，还可以提高农产品的质量，如降低农产品的微生物含量，防止某些敏感细菌引起的食品腐败（Kumar et al.，2012）。然而，我国农药使用强度远远超过许多发达国家，农产品农药残留问题依然突出（庞国芳，2019）。FAO数据显示，中、日、英、美四国农药使用强度存在较大差别，如图7-8所示。可以看出，近年来我国农药使用强度远高于美国和英国，略高于日本。虽然农药使用强度受区域农业环境、作物种植结构、农业机械化水平等多重因素影响，但比较而言，我国农药减量化仍有巨大空间，即我国实现A→D→E优化路径具有较大可能。

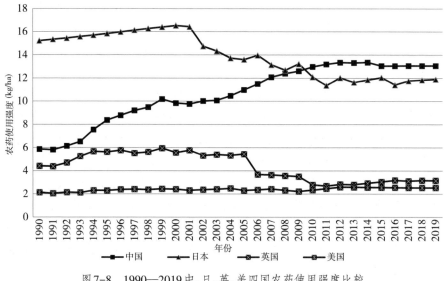

图7-8　1990—2019中、日、英、美四国农药使用强度比较

（二）农产品"质"与"量"安全视角下农药减量化监管趋势

根据农产品安全可能性边界模型，在保证农产品产量安全的基础上，提高农产品质量安全是实现我国农业可持续发展的主要路径。根据模型（7.17），政府是农产品生产技术创新的主导者和参与者，扮演制度供给者（制定农业大政方针，落实农产品生产补助等扶持政策）、主要投资者（解决农业比较收益较低而导致市场资本主动流入不足等问题）、环境营造者（提供新型绿色农药研发等农业技术创新环境、对农药等投入要素监管环境等）的重要角色。此外，对政府监管传导机制进行实证分析可知，农药使用强度是政府实现农产品安全监管的一个中介变量，而农药残留是造成我国农产品质量安全的一个重要因素。再根据模型（7.18），农药残留与农药使用强度呈正向关系，即在其他变量固定条件下，降低农药使用强度可以减少农药残留，进而提高农产品质量安全。那么，降低农药使用量会不会影响农产品产量安全？借鉴已有研究结论，当前我国农药等化学品投入与农业经济增长呈一定的脱钩关系（杨建辉，2017；于伟和张鹏，2018；邵宜添，2021b），即农产品产量可以在控制农药等化学品投入背景下得到持续增长。为更直观反映我国农药使用量与农产品产量安全的变化关系，根据国家统计局统计数据绘制2001—2019年农药使用量和粮食产量走势，如图7-9所示。可见，我国农药使用量自2015年以来显著降低，但粮食产

量趋于稳定。数据图反映出在保证我国粮食产量稳定的前提下，以降低农药使用量来实现农产品质量安全的提升是扩大农产品安全可能性边界的可行路径，也说明2015年国家实施的《到2020年农药使用量零增长行动方案》取得明显成效。

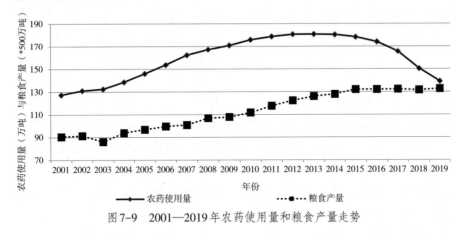

图7-9　2001—2019年农药使用量和粮食产量走势

农药等现代要素投入实现农产品高产增产是我国农业发展的传统模式（李国祥，2017），而农业生产具有的天然弱质性决定了其需要政府的支持和保护（许庆等，2020），调节农药使用强度又是政府农产品安全监管的重要手段。那么，政府如何精准实施农药监管以协调农产品的产量安全和质量安全及扩大农产品安全可能性边界是我国农业可持续发展的关键。在当前我国"三孩"政策入法及人均农业生产资料非常有限的背景下，保障农产品产量安全和质量安全都十分重要。因此，我国粮食（食用农产品）安全应加快构建国内大循环为主、国内国际双循环相互促进的新发展格局（黄祖辉，2021），强化高质量绿色发展导向。同时也要清醒认识到，实现我国农业绿色发展转型需要稳步推进，不可能一蹴而就，要给实现农业可持续发展预留一个适度的缓冲期，而对于农药等化学投入品应实施包容审慎监管，在适当降低农药使用量的同时应加快新型农药的研发、加大科技力度、提高政府农药知识普及教育水平，强化对农药生产、使用监管等的经济扶持、政策支持和监管保障，而未来政府监管政策趋向将有待于实践的进一步检验。

四、基于农产品质与量安全耦合分析的农药减量化监管路径探析

为深入分析农药减量化监管路径，本节利用耦合模型测算了2005—2019年我国农产品安全的综合评价指数、耦合度及协调度，实证分析政府监管对农产品安全指数、耦合度及协调度的影响情况，并基于农产品安全

可能性边界理论探索农药减量化监管优化路径。整体路径可概括为：农药减量化监管政策应充分重视农药对农产品产量和质量的正向作用，但绝不能忽视农药过量等不规范使用对农产品安全的负面影响。当前农情下，我国农药减量化监管应兼顾农产品"质"与"量"的协调发展，把稳定产量和提高质量作为农业可持续发展的出发点，不断推进监管体系变革和监管方式创新。具体监管路径表述如下：（1）农药减量化监管政策应以促进农产品"质"与"量"协调发展为中心，不断提升农产品"质"与"量"综合指数。2005—2019年，我国农产品产量安全和质量安全综合指数、耦合度及协调度呈现稳中向好趋势，但仍有提升空间，说明我国农产品市场处于健康发展轨道，农产品安全能够得到有效保障，也从侧面反映出农产品安全监管政策行之有效。（2）调节农药使用强度是政府监管促进农业可持续发展的重要作用机制，制定适当农药使用计划也是政府实现农产品安全治理的重要内容。农药过量使用导致的农药残留问题是影响农产品质量安全的重要因素，而农药使用强度作为中介变量是政府监管实现农产品产量安全和质量安全协调发展的重要抓手。（3）适当降低农药使用强度以提升农产品质量安全是优化我国农产品"质"与"量"供给结构的可行路径。扩大农产品安全可能性边界是保证"确保谷物基本自给、口粮绝对安全"的根本路径，而在目前我国农药过量使用的背景下，实行农药减量化不仅不会减少农业产出，而且会提升农产品质量安全水平。此外，政府应在有限耕地和人口增长压力下，不断优化农业结构，提升农业科技化水平，实现政府监管，赋能农业高质量发展。

第五节　本章小结

一、研究结论

本章研究结论有三点：（1）农药用量与农业产量之间存在显著相关性，总体表现为农药使用对农业产值整体具有稳定且显著的正向影响；具体表现为前15年为较强正相关性，近8年为较弱的负相关性，说明我国农药使用存在过量的可能。（2）我国各主要城市2015年后农药使用量、超标农药残留检出率以及剧毒、高毒和禁用农药残留检出率有了显著降低；年均农药使用量与我国超标农药残留检出率以及剧毒、高毒和禁用农药残留检出率都呈显著正相关，且超标农药残留检出率以及剧毒、高毒和禁用农药残留检出率之间也存在显著正相关。（3）近年来我国农产品产量安全和质量安全综合指数、耦合度及协调度呈现稳中向好趋势，但仍有提升空间；农药过量使用导致的农药残留问题是影响农产品质量安全的重要因素，而农药使用强度作为中介变量是政府监管实现农产品产量安全和质量安全协调发展的重要抓手；扩大农产品安全可能性边界是保证"确保谷物基本自给、口粮绝对安全"的根本路径，而在目前我国农药过量使用的背景下，适当降低农药使用强度以提升农产品质量安全是优化我国农产品"质"与"量"供给结构的可行路径。

二、农药减量化监管优化路径

在普通农户与农技人员存在信息不对称前提下，农药减量化监管的总体路径为：一是明确农药使用强度对促进农产品产量作用存在有界性，应转变过度依靠农药投入以促进农业增产的传统模式；二是明确农药使用强度对促进农产品质量作用具有一定的局限性，应转变农业生产过度重视显性质量而忽视隐性质量的普遍做法，建立农药用量与农业质量安全之间的正确认知。具体路径包括：（1）明确我国当前存在农药过量使用现状，转变农药用量与产量正相关的传统认知；（2）根据各地区资源禀赋，制定差异化农药减量化监管政策；（3）监管部门应及时发布农产品农药残留等质量安全信息，实现农产品市场质量安全信息对称；（4）调整农药使用种类，注重引入新型绿色农药，并逐步取代剧毒、高毒、高残留农药，降低农药残留对人体健康的影响。

此外，通过农产品"质"与"量"的耦合分析，农药减量化监管的总体优化路径为：充分重视农药对农产品产量和质量的正向作用和负面影响。当前农情下，我国农药减量化监管应兼顾农产品"质"与"量"的协调发展，把稳定产量和提高质量作为农药减量化监管的出发点，不断推进监管体系变革和监管方式创新。具体优化路径包括：（1）以促进农产品"质"与"量"协调发展为中心，不断提升农产品"质"与"量"综合指数；（2）根据我国具体农情动态调节农药使用强度并制定适当农药使用计划，加快农产品安全治理体系建设；（3）适当降低农药使用强度以提高农产品安全可能性边界。

三、政策启示

本章得到以下3个方面的政策启示：（1）制定农药减量化政策时要注重农药对农业产量的正向作用，规范使用农药，保障农业产量稳定；提高农药使用效率和新型农药研发水平，利用宣传、教育、激励等多种途径规范农药使用行为，把握农药使用的"度"；各地区要转变农药使用越多农产品产量越高的传统观念，要根据自身农业发展特色，因地制宜实施特色化农业增长计划，合理配置农药投入量，充分发挥农药在提高农业产值中的作用。(2)监管政策必须高度重视农产品质量安全，强化农药生产、销售、使用等环节的监管，实现市场农产品农药残留信息对称，保障人民生命健康安全；继续落实农药减量化政策，降低农产品中超标农药残留检出率以及剧毒、高毒和禁用农药残留检出率，充分保证农产品的质量安全；鼓励和支持新型绿色农药的研发，不仅从"量"上减少传统农药的使用，更要在"质"上提升新型农药的利用率和药效。(3)在制定和落实农业指导性政策时必须兼顾"质"与"量"的安全，注重两者的有机协调以实现高水平相互促进式正向耦合发展；以农业高质量绿色发展为导向，充分重视农药对农业生产的正负向双重作用，并对目前农药使用现状实施包容审慎监管政策；应注重研发新型绿色农药，不断创新政府监管方式，完善农药减量化监管体系，在充分确保农产品产量的同时努力提升农产品质量水平，拓宽中国特色粮食安全之路。

第八章　结论、建议及展望

农药作为农业生产不可或缺的生产资料，对于实现农产品"质"与"量"的安全至关重要，而农药不规范使用严重制约了我国农业绿色可持续发展。为有效控制农药使用量，保障农产品"质"与"量"安全，国家多次强调要推进农药减量化及加强农产品安全监管、推进农业供给侧结构性改革以及推动农产品品质提升。在此背景下，需要进一步明确农药减量化监管需求，探知农药减量化监管困境，厘清农药用量对农产品产量和质量安全的影响，以及寻找适合我国特殊农情的农药减量化监管路径。因此，本书以农药信息不对称为研究主线，从完善农药信息对称视角探索农药减量化监管路径。本书对于创新农药监管方式、促进生态农业发展以及实现政府农业治理体系创新都具有一定的参考意义。

第一节　主要结论

1. 我国应加快实施和推进针对性的农药减量化监管政策，突破使用端、销售端、监管端农药信息不对称引致的监管困境。 主要结论有：（1）基于农产品安全视角分析，农药减量化监管具备理论和现实需求，当前我国农药减量化具备一定的可行空间。（2）基于消费者效用分析，政府监管有利于提高农药残留达标农产品的均衡数量以及促进农药减量化，监管政策应注重消费者效用权重、消费者风险感知度、农药超标农产品最低需求量等因素。（3）农药使用端、销售端、监管端信息不对称是制约农药减量化监管困境的根本原因。其中农药使用端表现为农药安全认知有限、经济利益导向、农药对劳动力的替代效应以及土地碎片化经营等；销售端表现为假劣农药市场渗透、商家逐利行为以及"口碑"效应等；政府端主要存在"内动力不足"和"外阻力不断"等监管困境。

2. 政府农药减量化监管策略的重点不仅在于对农药使用的具体监管，更在于营造信息对称的市场环境。 基于生产端和消费端农药信息不对称视角，主要研究结论为：（1）实现农产品农药信息对称，利用市场价格机制，从农产品消费端反向促进生产经营端规范农药使用或扩大低毒低残留农药的使用比例，理论上具备实现农药减量化农业增效的可行性。（2）政府农药减量化监管策略的重点在于保证农药市场信息的顺畅。"丽水山耕"以"政府主导＋市场主体"完善农药信息对称的运行模式有助于实现农药减量化以及政府有效监管。（3）案例研究表明，依托大数据平台和多主体参与实现农药信息可追溯，依据权威认证和政府监管保障农产品质量安全，依靠制度创新和监管创新实现农药减量化可持续，实践上具备一定的可操作性。因此，本书探索了"政府监管＋市场机制"农药减量化监管路径，总体表现为：通过政府监管的有效干预，实现监管端和生产端、监管端和消费端之间的农药信息对称，从而以间接实现生产端和消费端农药信息对称的方式促进农药减量化监管。

3. 发挥新型农业经营主体等共同监管作用有助于实现生产端和监管端农药信息对称进而强化农药减量化监管。基于生产端和监管端农药信息不对称视角，通过博弈分析后可得主要研究结论为：（1）利用奖惩机制约束农业生产行为。提高农场生产农药残留超标农产品的罚金以增加农场生产成本，形成有力的惩罚约束，抑制农场机会主义倾向；降低农场规范生产的成本，引导农场规范施药和提高农药残留达标农产品的占比。（2）增加政府行政激励提高监管积极性。以增加行政激励方式加大对农药残留超标农产品的监管力度，降低监管成本，提高监管效能，以强化监管方式促使农场生产农药残留达标农产品。（3）提高监管部门的公信力。推动农药残留监管过程实现公开化、透明化，加大因农药残留超标农产品检出而对监管部门做出的行政处罚，迫使其面临更大的监管压力，从而加速实现农药减量化。因此，本书探索了"政府＋新型农业经营主体"农药减量化监管路径，总体表现为：充分发挥新型农业经营主体的自身优势，建立多元化合作监管体系，以实现生产端和监管端农药信息对称的方式促进农药减量化监管。

4. 提高我国农药MRL标准及限制外来非标准内农药使用有助于实现生产端和监管端农药标准信息对称进而促进农药减量化监管。基于生产端和监管端农药信息不对称视角，通过标准分析后可得出主要研究结论为：（1）农药残留具有显著的负外部性。主要表现为对人体健康造成损害、破坏人类赖以生存的自然生态环境、造成农产品技术性贸易壁垒等。（2）农药MRL标准信息不对称导致我国农产品的安全隐患。我国农药MRL标准相较日本、欧盟等发达国家更宽泛且覆盖面更窄，间接导致了农药残留测量值与真实值的偏差。（3）制定符合我国农情的农药MRL标准是农药减量化监管的有效途径之一。在国内外农药贸易常态化下，农药残留真实水平应该综合考虑多个MRL标准。因此，本书探索了"内提标＋外控源"农药减量化监管路径，总体表现为：强化农药标准建设，制定标准时既考虑我国具体农情，又兼顾世界农药发展大环境，并加强国内外标准的融合，以实现生产端和监管端农药标准信息对称的方式促进农药减量化监管。

5. 消费信心对农产品供需均衡及政府监管效力有动态影响，提振消费信心有助于实现消费端和监管端农药信息对称进而促进农药减量化监管。 基于消费端和监管端农药信息不对称视角，分析和调查消费信心对不同农药残留农产品市场供需均衡变化以及对政府监管效力的影响。理论分析表明：（1）提高消费信心有助于农产品市场向价格适中的农药残留达标农产品靠拢，减少社会总福利的损失；（2）消费信心会动态影响政府市场监管效力，在不同情况下会对政府市场监管效力具有部分抵消作用、完全抵消作用甚至产生负面效应。田野调查发现：（1）消费者对当前政府农产品监管和农产品质量安全有一定的信心，但仍有进一步的提升空间；（2）消费信心受多种因素共同影响，不同年龄段和城乡居民之间的信心程度存在差异。因此，本书探索了"监管外部赋能＋信心内生驱动"农药减量化监管路径，总体表现为：充分重视消费信心在影响农产品供需均衡结构以及政府市场监管效力中的作用，把提振消费信心作为农药减量化监管的重要内容，以实现监管端和消费端农药信息对称的方式促进农药减量化监管。

6. 近年来我国农药使用量与农业产量呈脱钩关系，与市售果蔬农药残留水平呈显著性正相关。 基于农药用量与农产品产量和质量安全的实证分析，主要结论为：（1）从近23年整体数据来看，农药使用对农业产值具有稳定且显著的正向影响关系，其中，前15年为较强正相关，近8年却为较弱负相关；（2）不同地区各农业投入品对农业产值的影响效果不尽相同，但农药变量对农业产值的影响基本保持一致；（3）我国各主要城市2015年后农药使用量、超标农药残留检出率以及剧毒、高毒和禁用农药残留检出率有了显著降低，但农药残留指标仍有提升空间；（4）年均农药使用量与我国超标农药残留检出率以及剧毒、高毒和禁用农药残留检出率都呈显著正相关。因此，本书探索了转变农药传统认知实现普通农户和农技人员信息对称的农药减量化监管路径，总体表现为：一是明确农药使用强度对促进农产品产量作用存在有界性，应转变过度依靠农药投入以促进农业增产的传统模式；二是明确农药使用强度对促进农产品质量提升作用具有一定的局限性，应转变农业生产过度重视显性质量而忽视隐性质量的普遍做法。

7. 调节农药使用强度是政府监管促进农产品"质"与"量"耦合协调发展的重要机制。主要结论为：（1）2005—2019年，我国农产品产量安全和质量安全综合指数、耦合度及协调度呈现稳中向好趋势，但仍有提升空间；（2）农药使用强度作为中介变量是政府监管实现农产品产量安全和质量安全协调发展的重要抓手，调节农药使用强度也是政府监管促进农业绿色可持续发展的重要作用机制；（3）扩大农产品安全可能性边界是保证"确保谷物基本自给、口粮绝对安全"的根本路径，而在目前我国农药过量使用的背景下，适当降低农药使用强度以提升农产品质量安全是优化我国农产品"质"与"量"供给结构的可行路径。此外，政府应在有限耕地和人口增长压力下，不断优化农业产业结构，提升农业科技化水平，实现政府监管赋能农业高质量发展。因此，本书探索了以提高农产品"质"与"量"安全耦合协调指标为中心的农药减量化监管优化路径，总体表现为：充分重视农药对农产品产量和质量的正向作用和负面影响。当前农情下，我国农药减量化监管应兼顾农产品"质"与"量"的协调发展，把稳定产量和提高质量作为农药减量化监管的出发点，不断推进监管体系变革和监管方式创新。

第二节　政策建议

为规范农药使用，降低当前农药残留引致的农产品质量安全问题、环境污染问题以及维护公众健康，我国政府制定和完善了《农药管理条例》《农产品质量安全法》《食品安全国家标准 食品中农药最大残留限量》等系列法规，各地方政府也先后制定和实施农药减量化实施方案，共同致力于农药减量化目标。尽管我国农药减量化取得了显著成效，但我国特殊的国情、农情决定了农药减量化监管的复杂性，以至于我国农药利用率仍相对不高、农药因素造成的负外部性问题仍普遍存在、农药减量化监管仍任重道远。基于本书研究结论，提出以下对应的农药减量化监管政策建议：

1. 将实现农药信息对称作为农药减量化监管政策的重要内容，监管政策应充分重视农药使用端、销售端和监管端的信息不对称因素，推动政策落地落实。推进农药减量化的战略重心应是以实现农药信息对称为抓手，构建农产品质量安全信息共享机制，具体而言：（1）制定和实施农药减量化监管政策时，应多渠道提升农户对农药安全认知水平和风险防范意识，重视对农药知识的宣传和教育，避免农户"无意识"过量施药行为，引导农户规范化农药使用，实现使用端农药信息对称；（2）制定农药减量化监管政策时，应强化农药经营销售监管，打通农药流通关键环节，严格农药经营许可审批及强化对"人证"不符、挂牌式经营等不规范售药行为的监管力度，实现销售端农药信息对称；（3）制定农药减量化监管政策时，也要充分重视监管主体建设，如强化农药专业监管队伍建设、建立高效农药检测机制、加大假劣农药查处力度以及普及上市农产品合格证制度等，实现监管端农药信息对称。

2. 充分重视农药对农业生产的正向作用和负面影响，兼顾农产品产量稳定和质量提升，并根据地区农业资源禀赋，细化和推进针对性的农药减量化监管政策。 具体而言：（1）从农业发展历史沿革来看，农药的产生和使用极大保障了粮食产量的安全，积极促进了世界农业的发展。虽然农药在使用中尚存在不合理、不规范等情况，但不能因为部分"弊端"而全盘否定了大局的"利好"。农药监管政策应严格规范农药使用，发挥农药对农业生产的正向推动作用。（2）我国稳定的粮食产量保证了中国人的饭碗牢牢地端在自己手中，但在注重保障农业产量的同时，更要兼顾提升农业质量，防止农药过量使用造成的农药残留超标等问题。农药减量化监管政策应注重农业高质量发展，努力实现农业绿色可持续发展。（3）国家农药政策为农药监管提供了方向，但针对我国复杂的地域环境和农业结构，各地区要根据当地农业产业特色，充分考虑区域农业差异性，制定更加具体化的配套政策，因地制宜实施差异化农药减量化措施。对不同种类和属性的农产品，应实施有差别的农药减量化执行标准，如适当控制生长周期短、上市快的果蔬农药使用强度，严格执行农药安全间隔期规定等，实现政府对农药的有效监管。

3. 制定和落实农药减量化政策时应明确区分农药减量化各影响因素的作用机制，完善"政府+"农药减量化监管政策，注重政策制度创新和监管方式创新。 政策制度创新和监管方式创新是保障农药减量化稳定性和可持续性的核心动力，具体而言：（1）农药减量化受市场和政府的双重影响，在制定政策时应加以区别，市场因素交由市场决定，政府因素则应作为政策实施的重要抓手；（2）农药减量化监管政策应注重监管制度创新，积极探索"政府+"监管方式，如"政府监管+市场机制"方式可利用市场机制从消费端反向促进生产端实现农药减量化目标；（3）积极推进农药监管机制改革，提升政府监管公信力，如尝试建立"政府+新型农业经营主体"多元监管方式，将多元化主体纳入监管体制，营造多主体共同监管的可持续性体系。

4. 农药减量化监管政策应将完善农药MRL标准、提振消费信心以及研发新型绿色农药等作为重要内容。 具体而言：（1）建立和完善适合我国具体农情的农药MRL标准体系，应充分考虑我国具体农情，实施适当提高MRL标准、拓宽标准涵盖范围、控制进口农药符合国标要求等"内提标＋外控源"监管措施；（2）监管部门在制定和实施农药减量化监管政策时应充分重视消费信心的树立和提高，提高消费者对农药残留超标农产品的风险防范水平，推进农产品市场步入健康发展轨道以及扩大社会总福利水平；（3）政府制定农药减量化监管政策时应鼓励和支持新型绿色农药研发，不仅从"量"上减少传统化学农药的使用，更要在"质"上提升新型农药的利用率和药效水平。

5. 农药减量化监管政策要注重农产品产量安全和质量安全的耦合协调发展，对当前农药减量化应实施包容审慎监管，并逐步推进农药监管体系变革。 具体而言：（1）协调农产品产量安全和质量安全是我国实现农业绿色可持续发展以及国家粮食安全战略的重要内容。政府在制定和落实农药减量化政策时必须兼顾"质"与"量"的安全，注重两者的有机协调以实现高水平相互促进式正向耦合发展。（2）政府监管是弥补农产品市场失灵的有效手段，而农药使用强度是政府农产品安全监管的重要抓手。未来一个时期政府应继续强化和落实农药减量化政策，积极探索现有化学农药的可替代方案，以农业高质量绿色发展为导向，充分重视农药对农业生产的正负向双重作用，并对目前农药使用现状实施包容审慎监管政策。（3）扩大农产品安全可能性边界是实现我国农业绿色可持续发展的重要途径。在我国有限的农业生产资料条件下，应注重研发低毒高效绿色农药，不断创新监管方式，完善农药减量化监管体系，在确保农产品产量的同时努力提升农产品质量安全水平，拓宽中国特色粮食安全之路。

第三节　研究展望

民以食为天，食以安为先。农产品安全关于国运民生，也是国家安全的重要基础。当今世界正经历百年未有之大变局，我国粮食供求也长期处于紧平衡，实现农产品"质"与"量"的安全至关重要。国家农药产业的快速崛起从根本上改变了我国农业基础薄弱、农民"靠天吃饭"的局面，加速了我国从"农民苦、农村穷、农业险"向全面推进乡村振兴战略的重大转变。然而,我国特殊农情决定了农药减量化监管的复杂性,尤其在国际贸易壁垒增高、环境污染以及耕地、水资源、农业劳动力短缺等新背景下,如何在保证农产品产量安全的基础上提升质量安全水平是我国农业绿色可持续发展和政府农药减量化监管面临的重大挑战。本书基于农药信息不对称视角,在现有农药减量化监管方式基础上探索了若干优化路径,但仍有诸多问题需要深入研究,主要有以下3个方面。

1. 在我国现有农药减量化监管模式下,如何建立农药信息可追溯机制以实现农药信息对称,充分发挥市场机制在农药减量化监管中的作用。本书研究表明,农药信息不对称普遍存在于农药流通和政府监管环节,是导致农产品市场失灵和政府失灵的主要因素,也是政府实施农药减量化监管的重要原因。当前,我国实行家庭联产承包责任制,保持土地承包关系稳定且长久不变,并在坚持农村土地集体所有的前提下,形成所有权、承包权、经营权三权分置。因此,形成了较为复杂的农产品市场结构,农业发展短板制约依然较为突出,主要表现为集约化水平偏低、经营规模偏小、基础设施落后、经营理念不够先进、产业链条不完整以及农业发展区域性不平衡等。在此背景下,应形成比较完善的农药信息可追溯机制以实现农药信息的充分对称,并加强区块链、大数据等信息技术在农药减量化监管中的应用。本书研究还表明,农药减量化受市场机制和政府监管的双重作用,而政府监管力量往往有限,如何发挥市场机制在农药减量化监管中的巨大作用是今后研究的一个重要方向,这也是后续应深入研究的内容。

2. 农药减量化监管如何有效应对现有农业发展方式向新型农业经营模式的转变趋势。发展多种形式适度规模经营,培育新型农业经营主体,是建设现代农业的前进方向和必由之路。当前,我国经济已由高速增长阶段转向高质量发展阶段,守住"三农"战略后院,发挥好压舱石和稳定器的作用,必须大力推动农业高质量发展,而规范农药使用是农业高质量发展的重要保障。然而,我国家庭农场、农民合作社、农业社会化服务组织等新型农业经营主体依旧存在发展不平衡、不充分、实力不强等问题,在大力培育发展新型农业经营主体过程中,改革现有农药流通模式,增强新型农业经营主体的发展带动能力,从生产源头就开始构建规范的农药使用监管体系,杜绝传统农业生产中存在的农药使用弊端,对于推进农业现代化、实现农药减量化意义重大。因此,农药减量化监管不仅要立足当下,更要着眼未来,构建前瞻性的农药监管体系以赋能农业绿色可持续发展战略。这是农药减量化监管研究的未来方向,也是后续将深入探讨的内容。

　　3. 如何以农药为衡量指标进一步明确我国农产品产量安全和质量安全之间的权重，以及如何在兼顾农产品"质"与"量"耦合协调指数前提下，确定各区域农药减量化最优区间。本书研究表明，农药对农产品"质"与"量"都有显著影响，农药的充足供给保障了农产品产量安全，但农药的过量使用导致了农产品的质量安全隐患。如何确定农产品产量安全和质量安全之间的权重是我国农业绿色可持续发展面临的重大问题，而农药使用强度是确定权重的关键指标之一。为衡量农产品产量和质量综合指标，本书借鉴耦合理论，简单测算农产品"质"与"量"耦合协调指数，但受限于农药相关农产品质量安全数据的匮乏，缺乏对各区域农药减量化最优动态区间的深入分析。因此，在后续研究中，将尝试收集更微观的数据以构建区域农药减量化综合指标体系，明确各区域农药减量化最佳区间，并努力探索一条适合我国农情的区域特色农药减量化监管路径。

参考文献

[1]白丽, 巩顺龙. 农民专业合作组织采纳食品安全标准的动机及效益研究[J]. 社会科学战线, 2011(12): 249—250.

[2]白雪洁, 孟辉. 新兴产业、政策支持与激励约束缺失——以新能源汽车产业为例[J]. 经济学家, 2018(1): 50—60.

[3]蔡键. 风险偏好、外部信息失效与农药暴露行为[J]. 中国人口·资源与环境, 2014, 24(9): 135—140.

[4]蔡荣. "合作社＋农户"模式: 交易费用节约与农户增收效应——基于山东省苹果种植农户问卷调查的实证分析[J]. 中国农村经济, 2011(1): 58—65.

[5]蔡荣, 汪紫钰, 钱龙, 等. 加入合作社促进了家庭农场选择环境友好型生产方式吗?——以化肥、农药减量施用为例[J]. 中国农村观察, 2019(1): 51—65.

[6]蔡颖萍, 杜志雄. 家庭农场生产行为的生态自觉性及其影响因素分析——基于全国家庭农场监测数据的实证检验[J]. 中国农村经济, 2016(12): 33—45.

[7]曹建民, 赵立夫, 刘森挥, 等. 农牧业生产方式转变及其影响因素研究——利用有限混合模型对中国肉牛养殖方式转变的实证分析[J]. 中国农村经济, 2019(11): 69—82.

[8]曹玲, 刘沁雨, 郑豪杰, 等. 农药对两栖动物的生态风险评估研究进展[J]. 农药学学报, 2021, 23(3): 456—468.

[9]陈超, 王莹, 翟乾乾. 风险偏好、风险感知与桃农化肥农药施用行为[J]. 农林经济管理学报, 2019, 18(4): 472—480.

[10]陈迪迪, 张妍, 施蓉, 等. 室内杀虫剂暴露与儿童急性白血病发病的关系[J]. 上海交通大学学报(医学版), 2014, 34(2): 201—205.

[11]陈欢, 周宏, 孙顶强. 信息传递对农户施药行为及水稻产量的影响——江西省水稻种植户的实证分析[J]. 农业技术经济, 2017(12): 23—31.

[12]陈汇才. 基于信息不对称视角的农产品质量安全探析[J]. 生态经济, 2011(11): 130—133.

[13]陈梅, 茅宁. 不确定性、质量安全与食用农产品战略性原料投资治理模式选择——基于中国乳制品企业的调查研究[J]. 管理世界, 2015(6): 125—140.

[14]陈强. 高级计量经济学及Stata应用[M]. 北京: 高等教育出版社, 2010.

[15]陈新建, 谭砚文. 基于食品安全的农民专业合作社服务功能及其影响因

素——以广东省水果生产合作社为例[J].农业技术经济，2013(1)：
120—128.

[16]陈振明.非市场缺陷的政治经济学分析——公共选择和政策分析学者的政府失败论[J].中国社会科学，1998(6)：89—105.

[17]程红，汪贤裕，郭红梅，等.道德风险和逆向选择共存下的双向激励契约[J].管理科学学报，2016，19(12)：36—45.

[18]程旭，睢党臣.人工智能时代就业信息不对称分析及规避策略[J].宁夏社会科学，2021(1)：120—127.

[19]丛晓男，单菁菁.化肥农药减量与农用地土壤污染治理研究[J].江淮论坛，2019(2)：17—23.

[20]崔晓芳.如何避免农村公共物品供给中的"搭便车"行为[J].人民论坛，2016(35)：58—59.

[21]崔亚飞，周荣.基于Meta的农户农药使用行为影响因素综合效应量评估[J].中国农业资源与区划，2019，40(8)：29—37.

[22]崔艳智，高阳，赵桂慎.农田面源污染差别化生态补偿研究进展[J].农业环境科学学报，2017，36(7)：1232—1241.

[23]杜江，王锐，王新华.环境全要素生产率与农业增长:基于DEA—GML指数与面板Tobit模型的两阶段分析[J].中国农村经济，2016(3)：65—81.

[24]杜三峡，罗小锋，黄炎忠，等.风险感知、农业社会化服务与稻农生物农药技术采纳行为[J].长江流域资源与环境，2021，30(7)：1768—1779.

[25]范存会，黄季焜.生物技术经济影响的分析方法与应用[J].中国农村观察，2004(1)：28—34+80.

[26]冯朝睿.我国食品安全监管体制的多维度解析研究——基于整体性治理视角[J].管理世界，2016(4)：174—175.

[27]高晶晶，史清华.农户生产性特征对农药施用的影响:机制与证据[J].中国农村经济，2019(11)：83—99.

[28]高延雷，王志刚.城镇化是否带来了耕地压力的增加？——来自中国的经验证据[J].中国农村经济，2020(9)：65—85.

[29]高杨，牛子恒.风险厌恶、信息获取能力与农户绿色防控技术采纳行为分析[J].中国农村经济，2019(8)：109—127.

[30]耿安静，赵晓丽，陈岩，等.草莓的农药使用现状及对策研究[J].中国食品卫生杂志，2016，28(5)：628—633.

[31]龚强，张一林，余建宇.激励、信息与食品安全规制[J].经济研究，2013，48(3)：135—147.

[32]巩顺龙，白丽，杨印生.农民专业合作组织的食品安全标准扩散功能研究[J].经济纵横，2012(1)：88—91.

[33]郭利京,王颖.农户生物农药施用为何"说一套,做一套"?[J].华中农业大学学报(社会科学版),2018(4):71—80+169.

[34]郭利京,赵瑾.认知冲突视角下农户生物农药施用意愿研究——基于江苏639户稻农的实证[J].南京农业大学学报(社会科学版),2017,17(2):123—133+154.

[35]郭清卉,李世平,南灵.社会学习、社会网络与农药减量化——来自农户微观数据的实证[J].干旱区资源与环境,2020,34(9):39—45.

[36]郝旭光.证券市场监管理论——公共利益论、部门利益论的比较与评述[J].国际商务(对外经济贸易大学学报),2011(4):46—54.

[37]何安华,楼栋,孔祥智.中国农业发展的资源环境约束研究[J].农村经济,2012(2):3—9.

[38]何可,宋洪远.资源环境约束下的中国粮食安全:内涵、挑战与政策取向[J].南京农业大学学报(社会科学版),2021,21(3):45—57.

[39]何立华,杨淑华.食品安全问题的成因及其解决——基于政府与市场失灵的角度[J].山东经济,2011,27(2):40—45.

[40]何秀荣.国家粮食安全治理体系和治理能力现代化[J].中国农村经济,2020(6):12—15.

[41]胡琴,何蒲明.基于农业供给侧改革的绿色农业发展问题研究[J].农业经济,2018(2):45—47.

[42]胡卫中,华淑芳.杭州消费者食品安全风险认知研究[J].西北农林科技大学学报(社会科学版),2008(4):43—47.

[43]黄季焜.农业供给侧结构性改革的关键问题:政府职能和市场作用[J].中国农村经济,2018(2):2—14.

[44]黄季焜.乡村振兴:农村转型、结构转型和政府职能[J].农业经济问题,2020(1):4—16.

[45]黄季焜.对近期与中长期中国粮食安全的再认识[J].农业经济问题,2021(1):19—26.

[46]黄季焜,邓衡山,徐志刚.中国农民专业合作经济组织的服务功能及其影响因素[J].管理世界,2010(5):75—81.

[47]黄季焜,齐亮,陈瑞剑.技术信息知识、风险偏好与农民施用农药[J].管理世界,2008(5):71—76.

[48]黄季焜,王济民,解伟,等.现代农业转型发展与食物安全供求趋势研究[J].中国工程科学,2019,21(5):1—9.

[49]黄炎忠,罗小锋.既吃又卖:稻农的生物农药施用行为差异分析[J].中国农村经济,2018(7):63—78.

[50]黄炎忠,罗小锋,唐林,等.绿色防控技术的节本增收效应——基于长江流

域水稻种植户的调查[J]. 中国人口·资源与环境, 2020, 30(10): 174－184.

[51]黄祖辉. 探寻双循环新格局下应对气候变化与农业高质量转型发展之路[J]. 西北农林科技大学学报(社会科学版), 2021, 21(2): 161.

[52]黄祖辉, 姜霞. 以"两山"重要思想引领丘陵山区减贫与发展[J]. 农业经济问题, 2017, 38(8): 4－10＋110.

[53]黄祖辉, 钱峰燕, 李皇照. 茶叶安全性消费特性分析[J]. 浙江大学学报(人文社会科学版), 2004(3): 22－27.

[54]黄祖辉, 钟颖琦, 王晓莉. 不同政策对农户农药施用行为的影响[J]. 中国人口·资源与环境, 2016, 26(8): 148－155.

[55]华民. 西方混合经济体制研究[M]. 上海: 复旦大学出版社, 1995.

[56]贾鹏飞, 范从来, 褚剑. 过度借贷的负外部性与最优宏观审慎政策设计[J]. 经济研究, 2021, 56(3): 32－47.

[57]简新华, 聂长飞. 中国高质量发展的测度: 1978—2018[J]. 经济学家, 2020 (6): 49－58.

[58]江东坡, 姚清仿. 农药最大残留限量标准对农产品质量提升的影响——基于欧盟生鲜水果进口的实证分析[J]. 农业技术经济, 2019 (3): 132－144.

[59]姜付秀, 石贝贝, 马云飙. 信息发布者的财务经历与企业融资约束[J]. 经济研究, 2016, 51(6): 83－97.

[60]姜健, 周静, 孙若愚. 菜农过量施用农药行为分析——以辽宁省蔬菜种植户为例[J]. 农业技术经济, 2017 (11): 16－25.

[61]姜利娜, 赵霞. 农户绿色农药购买意愿与行为的悖离研究——基于5省863个分散农户的调研数据[J]. 中国农业大学学报, 2017, 22(5): 163－173.

[62]姜长云, 王一杰. 新中国成立70年来我国推进粮食安全的成就、经验与思考[J]. 农业经济问题, 2019 (10): 10－23.

[63]焦少俊, 单正军, 蔡道基, 等. 警惕"农田上的垃圾"——农药包装废弃物污染防治管理建议[J]. 环境保护, 2012(18): 42－44.

[64]金书秦, 方菁. 农药的环境影响和健康危害:科学证据和减量控害建议[J]. 环境保护, 2016, 44(24): 34－38.

[65]孔祥智, 张琛, 张效榕. 要素禀赋变化与农业资本有机构成提高——对1978年以来中国农业发展路径的解释[J]. 管理世界, 2018, 34(10): 147－160.

[66]奎国秀, 祁春节, 方国柱. 中国主要粮食产品进口贸易的资源效应和环境效应研究[J]. 世界农业, 2021(5): 16－25＋126.

[67]蓝虹, 穆争社. 投资者搜寻信息行为的非对称信息范式分析[J]. 中南财经政法大学学报, 2004 (6): 81－86＋144.

[68]李包庚. 世界普遍交往中的人类命运共同体[J]. 中国社会科学, 2020(4): 4－26＋204.

[69]李功奎，应瑞瑶."柠檬市场"与制度安排——一个关于农产品质量安全保障的分析框架[J].农业技术经济，2004(3):15—20.

[70]李国祥.论中国农业发展动能转换[J].中国农村经济，2017(7):2—14.

[71]李晗，陆迁.产品质量认证能否提高农户技术效率——基于山东、河北典型蔬菜种植区的证据[J].中国农村经济，2020(5):128—144.

[72]李昊.农业环境污染跨学科治理:冲突与化解[J].农业经济问题，2020(11):108—119.

[73]李昊.新中国70年:农业环境保护研究进展与展望[J].干旱区资源与环境，2020，34(7):46—53.

[74]李昊，李世平，南灵.农药施用技术培训减少农药过量施用了吗?[J].中国农村经济，2017(10):80—96.

[75]李昊，李世平，南灵.农户农业环境保护为何高意愿低行为?——公平性感知视角新解[J].华中农业大学学报(社会科学版)，2018(2):18—27+155.

[76]李昊，李世平，南灵，等.中国农户环境友好型农药施用行为影响因素的Meta分析[J].资源科学，2018，40(1):74—88.

[77]李红梅，傅新红，吴秀敏.农户安全施用农药的意愿及其影响因素研究——对四川省广汉市214户农户的调查与分析[J].农业技术经济，2007(5):99—104.

[78]李俊生，姚东旻.互联网搜索服务的性质与其市场供给方式初探——基于新市场财政学的分析[J].管理世界，2016(8):1—15.

[79]李俊生，姚东旻.财政学需要什么样的理论基础?——兼评市场失灵理论的"失灵"[J].经济研究，2018，53(9):20—36.

[80]李柯瑶.基于粮食安全视角的食品和生态安全问题研究[J].中国农业资源与区划，2016，37(5):120—124.

[81]李莉，闫斌，顾春霞.知识产权保护、信息不对称与高科技企业资本结构[J].管理世界，2014(11):1—9.

[82]李立朋，李桦.农户施药量选择的邻里效应——基于外部技术获得、经验资本的调节作用分析[J].长江流域资源与环境，2020，29(11):2508—2518.

[83]李南洁，肖新成，曹国勇，等.面源污染下三峡库区农业生态环境效率及影子价格测算[J].农业工程学报，2017，33(11):203—210.

[84]李琴英，陈康，陈力朋.种植业保险参保行为对农户化学要素投入倾向的影响——基于不同政策认知情景的比较研究[J].农林经济管理学报，2020，19(3):280—287.

[85]李士梅，高维龙.要素集聚下我国粮食生产经营制约因素分析[J].农业技术经济，2019(6):38—45.

[86]李树飞，刘英华，张大龙，等.有机磷与拟除虫菊酯类混配农药对小鼠自然

杀伤细胞的免疫毒性[J]. 环境与健康杂志, 2015, 32(10): 877−880.

[87]李太平. 我国食品安全指数的编制理论与应用研究——以国家食品抽检数据为例[J]. 农业经济问题, 2017, 38(7): 80−87+111−112.

[88]李想, 石磊. 行业信任危机的一个经济学解释: 以食品安全为例[J]. 经济研究, 2014, 49(1): 169−181.

[89]李晓静, 陈哲, 刘斐, 等. 参与电商会促进猕猴桃种植户绿色生产技术采纳吗？——基于倾向得分匹配的反事实估计[J]. 中国农村经济, 2020 (3): 118−135.

[90]李英, 张越杰. 发达国家稻米质量安全管理政策对中国的启示[J]. 社会科学战线, 2013 (12): 67−72.

[91]梁晓晖, 解启来, 郑芊, 等. 雷州半岛南部典型农用地土壤−作物的有机氯农药残留特征和健康风险评价[J]. 环境科学, 2022, 43(1): 500−509.

[92]林毅夫. 有为政府参与的中国市场发育之路[J]. 广东社会科学, 2020(1): 5−7+254.

[93]刘秉镰, 林坦. 制造业物流外包与生产率的关系研究[J]. 中国工业经济, 2010(9): 67−77.

[94]刘成, 郑晓冬, 李姣媛, 等. 农产品质量安全监管信息化的经济分析和经验借鉴——基于信息化监管平台建设的视角[J]. 农林经济管理学报, 2017, 16(3): 362−368.

[95]刘厚金. 公共服务型政府在法治与市场中的理论内涵与职能定位[J]. 求实, 2009 (2): 63−67.

[96]刘霁瑶, 倪琪, 姚柳杨, 等. 农药包装废弃物回收差别化补偿标准测算——基于陕西省 1060 个果蔬种植户的分析[J]. 中国农村经济, 2021 (6): 94−110.

[97]刘家富, 余志刚, 崔宁波. 新型职业农民的职业能力探析[J]. 农业经济问题, 2019 (2): 16−23.

[98]刘景政, 傅新红, 刘宇荧, 等. 合作社社员规范使用农药的增收效应研究——来自四川省的证据[J]. 中国农业资源与区划, 2022, 43(1): 174−183.

[99]刘鹏, 王力. 回应性监管理论及其本土适用性分析[J]. 中国人民大学学报, 2016, 30(1): 91−101.

[100]刘庆丽. 构建基层食品安全三级监管网络研究[D]. 天津大学, 2012.

[101]刘英华, 张大龙, 张静姝, 等. 4 种常见残留农药联合作用对小鼠免疫毒性研究[J]. 毒理学杂志, 2016, 30(1): 35−39.

[102]卢允照, 刘树林. 信息不对称下可分公共物品的拍卖研究[J]. 中国管理科学, 2016, 24(3): 141−148.

[103]鲁柏祥, 蒋文华, 史清华. 浙江农户农药施用效率的调查与分析[J]. 中国农

村观察, 2000 (5): 62—69.

[104]陆军, 毛文峰. 城市网络外部性的崛起:区域经济高质量一体化发展的新机制[J]. 经济学家, 2020(12): 62—70.

[105]鲁篪, 马力路遥. 食品安全治理行业自律失范的检视与改革进路[J]. 财经科学, 2017 (3): 123—132.

[106]罗小锋, 杜三峡, 黄炎忠, 等. 种植规模、市场规制与稻农生物农药施用行为[J]. 农业技术经济, 2020 (6): 71—80.

[107]吕付华. 精准扶贫诸系统及其组织的封闭运作与耦合共振——对扶贫困境及其超越的一个自我指涉社会系统论解释[J]. 华东理工大学学报(社会科学版), 2020, 35(2): 32—46.

[108]吕新业, 李丹, 周宏. 农产品质量安全刍议:农户兼业与农药施用行为——来自湘赣苏三省的经验证据[J]. 中国农业大学学报(社会科学版), 2018, 35(4): 69—78.

[109]麻丽平, 霍学喜. 农户农药认知与农药施用行为调查研究[J]. 西北农林科技大学学报(社会科学版), 2015, 15(5): 65—71＋76.

[110]马费成, 龙鹫. 信息经济学(七) 第七讲 不完全信息与非对称信息[J]. 情报理论与实践, 2003 (1): 93—96.

[111]马歇尔. 经济学原理[M]. 朱志泰译. 北京: 商务印书馆, 1964

[112]马玉申, 龚继红, 孙剑. 农民农药属性认知、安全责任意识与农药配比行为[J]. 中国农业大学学报, 2016, 21(3): 141—150.

[113]茅铭晨. 政府管制理论研究综述[J]. 管理世界, 2007 (2): 137—150.

[114]莫欣莹. 中国农药安全规制体制与影响[D]. 东北财经大学, 2018.

[115]倪国华, 郑风田. 媒体监管的交易成本对食品安全监管效率的影响——一个制度体系模型及其均衡分析[J]. 经济学(季刊), 2014, 13(2): 559—582.

[116]宁国良, 黄侣蕾, 廖靖军. 交易成本的视角: 大数据时代政府治理成本的控制[J]. 湘潭大学学报(哲学社会科学版), 2015, 39(5): 18—21.

[117]宁夏. 大农业:乡村振兴背景下的农业转型[J]. 中国农业大学学报(社会科学版), 2019, 36(6): 5—12.

[118]农业农村部政策与改革司 中国社会科学院农村发展研究所. 中国家庭农场发展报告[M]. 北京: 中国社会科学出版社, 2019.

[119]农一鑫, 钱小平, 尹昌斌, 等. 果园生草复合种养循环模式效应分析——基于云南泸西县果园比较研究[J]. 中国农业资源与区划, 2021, 42(11): 7—14.

[120]庞国芳, 范春林, 常巧英. 加强检测技术标准化研究 促进食品安全水平不断提升[J]. 北京工商大学学报(自然科学版), 2011, 29(3): 1—7.

[121]庞国芳, 庞小平, 范春林. 中国市售水果蔬菜农药残留水平地图集[D]. 湖南: 湖南地图出版社, 2019.

[122]庞国芳, 等. 中国市售水果蔬菜农药残留报告(2012~2015)[M]. 北京: 科学出版社, 2018.

[123]庞国芳, 等. 中国市售水果蔬菜农药残留报告(2015~2019)[M]. 北京: 科学出版社, 2019.

[124]彭军, 乔慧, 郑风田. Gresham法则与柠檬市场理论对我国农产品适用性的讨论——基于演化博弈的分析[J]. 农林经济管理学报, 2017, 16(5): 573−587.

[125]齐琦, 周静, 王绪龙. 农户风险感知与施药行为的响应关系研究——基于辽宁省菜农数据的实证检验[J]. 农业技术经济, 2020(2): 72−82.

[126]钱贵霞, 郭晓川, 邬建国, 等. 中国奶业危机产生的根源及对策分析[J]. 农业经济问题, 2010, 31(3): 30−36+110.

[127]钱加荣, 赵芝俊. 现行模式下我国农业补贴政策的作用机制及其对粮食生产的影响[J]. 农业技术经济, 2015(10): 41−47.

[128]秦诗乐, 吕新业. 市场主体参与能否减少稻农的农药过量施用?[J]. 华中农业大学学报(社会科学版), 2020(4): 61−70+176−177.

[129]曲延英. 分工与证券市场信息披露[J]. 中央财经大学学报, 2003(6): 42−45.

[130]饶静, 纪晓婷. 微观视角下的我国农业面源污染治理困境分析[J]. 农业技术经济, 2011(12): 11−16.

[131]任国元, 葛永元. 农村合作经济组织在农产品质量安全中的作用机制分析——以浙江省嘉兴市为例[J]. 农业经济问题, 2008(9): 61−64.

[132]任韬. 基于消费者信心指数的消费行为特征分析[J]. 统计与决策, 2013, (13): 81−84.

[133]萨缪尔森, 诺德豪斯. 微观经济学: 第19版[M]. 萧琛译. 北京: 人民邮电出版社, 2012.

[134]萨缪尔森, 诺德豪德. 经济学[M]. 胡代光等译. 北京: 北京经济学院出版社, 1996.

[135]桑秀丽, 肖汉杰, 王华. 食品市场诚信缺失问题探究——基于政府、企业和消费者三方博弈关系[J]. 社会科学家, 2012(6): 51−54.

[136]邵宜添a. 近四十年来我国农产品质量安全研究的知识图谱——基于Citespace软件的可视化分析[J]. 农业科学研究, 2020, 41(3): 35−40.

[137]邵宜添b. 我国农业经济研究的知识图谱——基于CiteSpace的可视化计量分析[J]. 新疆农垦经济, 2020(7): 77−85.

[138]邵宜添, 陈刚, 杨建辉. 农村地区初级农产品的质量安全隐患及其监管均衡[J]. 财经论丛, 2020(9): 104−112.

[139]邵宜添a. 食品安全视角下我国农药监管政策的需求分析[J]. 江西农业学

报，2021，33(8)：134—144.

[140]邵宜添 b. 农药施用对农业产值的影响：机制与证据[J]. 新疆农垦经济，2021(11)：50—59.

[141]邵宜添 c. 消费信心对农产品供需结构及政府监管的影响机制与调查[J]. 云南农业大学学报(社会科学)，2021，15(6)：113—119.

[142]邵宜添 d. 农药最大残留限量视角下农药减量化政府监管路径[J]. 科技管理研究，2021，41(22)：213—222.

[143]邵宜添，王依平. 我国果蔬农药残留和政府监管研究（英文）[J]. *Agricultural Science & Technology*，2021，22(1)：42—49.

[144]邵宜添. 信息对称促进农药减量化——理论模型、典型案例与监管策略选择[J]. 浙江农业学报，2022，34(6)：1326—1337.

[145]盛洪. 外部性问题和制度创新[J]. 管理世界，1995(2)：195—201.

[146]石宝明，刘洋，白广栋，等. 饲料中农药残留对动物的毒性作用及其消除技术研究进展[J]. 动物营养学报，2020，32(10)：4785—4792.

[147]石凯含，尚杰，杨果. 农户视角下的面源污染防治政策梳理及完善策略[J]. 农业经济问题，2020 (3)：136—142.

[148]史普博. 管制与市场[M]. 余晖等译. 上海：上海人民出版社，1999.

[149]斯蒂格利茨. 经济学[M]. 姚开建等译. 北京：中国人民大学出版社，1997.

[150]宋洪远，金书秦，张灿强. 强化农业资源环境保护 推进农村生态文明建设[J]. 湖南农业大学学报(社会科学版)，2016，17(5)：33—41.

[151]宋新乐，朱启臻. 新型职业农民的职业精神及其构建[J]. 西安交通大学学报(社会科学版)，2016，36(4)：111—116.

[152]孙克进. 社会团体监管政策研究——基于现行政策文本的内容分析[D]. 华东师范大学，2016.

[153]孙亚忠. 政府规制、寻租与政府信用的缺失[J]. 理论探讨，2007 (1)：23—26.

[154]孙艳香. 中国农产品安全生产的技术进步方向 [D]. 浙江大学，2014.

[155]汤敏. 中国农业补贴政策调整优化问题研究[J]. 农业经济问题，2017，38(12)：17—21＋110.

[156]陶善信，周应恒. 食品安全的信任机制研究[J]. 农业经济问题，2012，33(10)：93—99.

[157]田永胜. 合作社何以供给安全食品——基于集体行动理论的视角[J]. 中国农业大学学报(社会科学版)，2018，35(4)：117—126.

[158]田云，张俊飚，何可，等. 农户农业低碳生产行为及其影响因素分析——以化肥施用和农药使用为例[J]. 中国农村观察，2015 (4)：61—70.

[159]童霞，高申荣，吴林海. 农户对农药残留的认知与农药施用行为研究——基于江苏、浙江473个农户的调研[J]. 农业经济问题，2014，35(1)：79—85＋

111—112.

[160]童霞, 吴林海, 山丽杰. 影响农药施用行为的农户特征研究[J]. 农业技术经济, 2011(11): 71—83.

[161]汪鸿昌, 肖静华, 谢康, 等. 食品安全治理——基于信息技术与制度安排相结合的研究[J]. 中国工业经济, 2013(3): 98—110.

[162]汪普庆, 熊航, 瞿翔, 等. 供应链的组织结构演化与农产品质量安全——基于NetLogo的计算机仿真[J]. 农业技术经济, 2015(8): 64—72.

[163]汪霞, 郜兴利, 何炳楠, 等. 拟除虫菊酯类农药的免疫毒性研究进展[J]. 农药学学报, 2017, 19(1): 1—8.

[164]王常伟, 顾海英. 逆向选择、信号发送与我国绿色食品认证机制的效果分析[J]. 软科学, 2012, 26(10): 54—58.

[165]王常伟, 顾海英. 市场VS政府, 什么力量影响了我国菜农农药用量的选择?[J]. 管理世界, 2013 (11): 50—66+187—188.

[166]王成, 唐宁. 重庆市乡村三生空间功能耦合协调的时空特征与格局演化[J]. 地理研究, 2018, 37(6): 1100—1114.

[167]王岱, 程灵沛, 祝伟. 我国消费者信心的影响因素分析[J]. 宏观经济研究, 2016 (4): 48—61.

[168]王汉宇. 吡虫啉废水中2—氯—5—氯甲基吡啶对生物硝化抑制的研究[D]. 南京农业大学, 2016.

[169]王洪丽, 杨印生. 农产品质量与小农户生产行为——基于吉林省293户稻农的实证分析[J]. 社会科学战线, 2016(6): 64—69.

[170]王建华, 邓远远, 朱淀. 生猪养殖中兽药投入效率测度——基于损害控制模型的分析[J]. 中国农村经济, 2018(1): 63—77.

[171]王建华, 刘苗, 李俏. 农产品安全风险治理中政府行为选择及其路径优化——以农产品生产过程中的农药施用为例[J]. 中国农村经济, 2015(11): 54—62+76.

[172]王建华, 马玉婷, 刘苗. 农户农产品安全生产意愿的主要影响因素分析[J]. 西北农林科技大学学报(社会科学版), 2015, 15(1): 78—85.

[173]王建华, 马玉婷, 王晓莉. 农产品安全生产: 农户农药施用知识与技能培训[J]. 中国人口•资源与环境, 2014, 24(4): 54—63.

[174]王俊豪. 政府管制经济学导论[M]. 北京: 商务印书馆, 2001.

[175]王俊豪. 政府管制经济学导论: 基本理论及其在政府管制实践中的应用[M]. 北京: 商务印书馆, 2017.

[176]王俊豪. 中国特色政府监管理论体系: 需求分析、构建导向与整体框架[J]. 管理世界, 2021, 37(2): 148—164+84+11.

[177]王俊豪, 单芬霞, 张宇力. 电商平台声誉机制的有效性与信用监管研

究——来自"淘宝"和"京东"的证据[J]. 财经论丛, 2021c (2): 103−112.

[178]王俊豪, 胡飞. 核电的经济特性及其安全性管制的有效性分析[J]. 经济理论与经济管理, 2021, 41(5): 100−112.

[179]王俊豪, 贾婉文. 中国医疗卫生资源配置与利用效率分析[J]. 财贸经济, 2021, 42(2): 20−35.

[180]王俊豪, 金暄暄, 刘相锋. 电网企业纵向一体化、成本效率与主辅分离改革[J]. 中国工业经济, 2021b (3): 42−60.

[181]王俊豪, 孙元昊, 曹学泸. 中国天然气消费市场的交叉补贴效应分析[J]. 经济与管理研究, 2021a, 42(4): 46−57.

[182]王俊豪, 周晟佳. 中国数字产业发展的现状、特征及其溢出效应[J]. 数量经济技术经济研究, 2021, 38(3): 103−119.

[183]王俊豪, 周小梅. 跨学科视野下的食品安全治理研究与展望[J]. 管理世界, 2014, (10): 176−177.

[184]王可山. 食品安全管理研究: 现状述评、关键问题与逻辑框架[J]. 管理世界, 2012 (10): 176−177.

[185]王林, 彭蔷, 曾怡, 等. 农药百草枯的急性毒性评价[J]. 预防医学情报杂志, 2014, 30(11): 898−903.

[186]王娜娜, 张倩, 孙若梅. 农户农药施用中的"土壤制约"——以山东省孟村为例[J]. 南京工业大学学报(社会科学版), 2019, 18(6): 43−51+111.

[187]王奇, 姜明栋, 黄雨萌. 生态正外部性内部化的实现途径与机制创新[J]. 中国环境管理, 2020, 12(6): 21−28.

[188]王全忠, 彭长生, 吕新业. 农药购买追溯研究——基于农户实名制的态度与执行障碍[J]. 农业技术经济, 2018 (9): 54−66.

[189]王秀丽, 陈萌山. 马铃薯发展历程的回溯与展望[J]. 农业经济问题, 2020 (5): 123−130.

[190]王秀清, 孙云峰. 我国食品市场上的质量信号问题[J]. 中国农村经济, 2002, (5): 27−32.

[191]王绪龙, 周静. 信息能力、认知与菜农使用农药行为转变——基于山东省菜农数据的实证检验[J]. 农业技术经济, 2016 (5): 22−31.

[192]王永强, 朱玉春. 启发式偏向、认知与农民不安全农药购买决策——以苹果种植户为例[J]. 农业技术经济, 2012 (7): 48−55.

[193]王永钦, 刘思远, 杜巨澜. 信任品市场的竞争效应与传染效应: 理论和基于中国食品行业的事件研究[J]. 经济研究, 2014, 49(2): 141−154.

[194]王雨濛, 于彬, 李寒冬, 等. 产业链组织模式对农户农药使用行为的影响分析——以福建省茶农为例[J]. 农林经济管理学报, 2020, 19(3): 271−279.

[195]王雨昕. 六种中低毒农药对小鼠脾淋巴细胞免疫毒性研究 [D]. 北京林业大

学, 2019.

[196]魏后凯. 中国农业发展的结构性矛盾及其政策转型[J]. 中国农村经济, 2017(5): 2—17.

[197]魏佳容. 减量化与资源化:农业废弃物法律调整路径研究[J]. 华中农业大学学报(社会科学版), 2019 (1): 116—122+168.

[198]魏珣, 杜志雄. 农户参与农药包装废弃物回收工作的意愿及其影响因素——基于 Logistic 和半对数模型的实证分析[J]. 世界农业, 2018(1): 109—116.

[199]温铁军, 郎晓娟, 郑风田. 中国农村社会稳定状况及其特征: 基于100村1765户的调查分析[J]. 管理世界, 2011 (3): 66—76+187—188.

[200]吴林海, 侯博, 高申荣. 基于结构方程模型的分散农户农药残留认知与主要影响因素分析[J]. 中国农村经济, 2011 (3): 35—48.

[201]吴林海, 吕煜昕, 山丽杰, 等. 基于现实情境的村民委员会参与农村食品安全风险治理的行为研究[J]. 中国人口•资源与环境, 2016, 26(9): 82—91.

[202]吴林海, 钟颖琦, 山丽杰. 公众食品添加剂风险感知的影响因素分析[J]. 中国农村经济, 2013 (5): 45—57.

[203]吴修立, 李树超, 郑国生, 等. 农产品质量安全问题中的信息不对称及其对策研究[J]. 当代经济管理, 2008 (4): 31—33.

[204]夏缘青, 赵克娜, 李生慧. 母亲孕期农药暴露对子代心脏发育影响的研究现状[J]. 中华围产医学杂志, 2018, 21(12): 840—845.

[205]相晨曦, 陈占明, 郑新业. 环境外部性对出口结构和贸易政策选择的影响——基于中国高耗能产业的证据[J]. 中国人口•资源与环境, 2021, 31(6): 45—56.

[206]肖星, 陈晓, 王永胜. 政府与市场为什么失灵——蓝田股份引发的思考[J]. 管理世界, 2004 (8): 137—138.

[207]谢康, 赖金天, 肖静华, 等. 食品安全、监管有界性与制度安排[J]. 经济研究, 2016, 51(4): 174—187.

[208]徐金海. 农产品市场中的"柠檬问题"及其解决思路[J]. 当代经济研究, 2002(8): 42—45.

[209]徐金海. 政府监管与食品质量安全[J]. 农业经济问题, 2007 (11): 85—90+112.

[210]许惠娇, 贺聪志, 叶敬忠. "去小农化"与"再小农化"? ——重思食品安全问题[J]. 农业经济问题, 2017, 38(8): 66—75+111.

[211]许庆, 陆钰凤, 张恒春. 农业支持保护补贴促进规模农户种粮了吗? ——基于全国农村固定观察点调查数据的分析[J]. 中国农村经济, 2020 (4): 15—33.

[212]闫长会, 檀德宏, 彭双清. 有机磷农药长期低剂量暴露致认知功能损伤的研究进展[J]. 中国药理学与毒理学杂志, 2011, 25(04): 397−401.

[213]杨东. 互联网金融的法律规制——基于信息工具的视角[J]. 中国社会科学, 2015 (4): 107−126＋206.

[214]杨高第, 张露, 岳梦, 等. 农业社会化服务可否促进农业减量化生产? ——基于江汉平原水稻种植农户微观调查数据的实证分析[J]. 世界农业, 2020 (5): 85−95.

[215]杨建辉. 农业化学投入与农业经济增长脱钩关系研究——基于华东6省1市数据[J]. 自然资源学报, 2017, 32(9): 1517−1527.

[216]杨丽, 杨欢, 樊玉娟, 等. 新疆农村部分地区农户农药使用及其健康现况调查[J]. 中华疾病控制杂志, 2018, 22(8): 862−863＋870.

[217]杨明. 我国互联网食品安全监管的现状、困境与优化对策[J]. 中国食品学报, 2017, 17(11): 187−197.

[218]杨志武, 钟甫宁. 农户种植业决策中的外部性研究[J]. 农业技术经济, 2010 (1): 27−33.

[219]叶初升, 马玉婷. 人力资本及其与技术进步的适配性何以影响了农业种植结构? [J]. 中国农村经济, 2020 (4): 34−55.

[220]叶静怡, 林佳, 张鹏飞, 等. 中国国有企业的独特作用: 基于知识溢出的视角[J]. 经济研究, 2019, 54(6): 40−54.

[221]叶兴庆. 加入WTO以来中国农业的发展态势与战略性调整[J]. 改革, 2020 (5): 5−24.

[222]叶兴庆. 迈向2035年的中国乡村: 愿景、挑战与策略[J]. 管理世界, 2021, 37(4): 98−112.

[223]叶兴庆. 演进轨迹、困境摆脱与转变我国农业发展方式的政策选择[J]. 改革, 2016 (6): 22−39.

[224]尹志洁, 钱永忠. 农产品质量安全信息不对称问题研究评述[J]. 农业质量标准, 2008 (1): 44−47.

[225]于法稳. 习近平绿色发展新思想与农业的绿色转型发展[J]. 中国农村观察, 2016 (5): 2−9＋94.

[226]于法稳. 新时代农业绿色发展动因、核心及对策研究[J]. 中国农村经济, 2018 (5): 19−34.

[227]于华江, 杨成. 论我国农产品损害赔偿责任的归责原则——以利益衡量为视角[J]. 经济与管理研究, 2010 (7): 123−128.

[228]于伟, 张鹏. 中国农药施用与农业经济增长脱钩状态: 时空特征与影响因素[J]. 中国农业资源与区划, 2018, 39(12): 88−95.

[229]于伟咏. 资产专用性、需求驱动与农药安全施用行为研究——基于四川种

植户的理论与实证 [D]. 四川农业大学, 2018.

[230]于艳丽, 李桦. 社区监督、风险认知与农户绿色生产行为——来自茶农施药环节的实证分析[J]. 农业技术经济, 2020 (12): 109－121.

[231]于艳丽, 李桦, 薛彩霞. 政府规制与社区治理对茶农减量施药行为的影响[J]. 资源科学, 2019, 41(12): 2227－2236.

[232]岳彩申. 民间借贷的激励性法律规制[J]. 中国社会科学, 2013(10): 121－139＋207.

[233]臧文斌, 赵绍阳, 刘国恩. 城镇基本医疗保险中逆向选择的检验[J]. 经济学(季刊), 2013, 12(1): 47－70.

[234]展进涛, 张慧仪, 陈超. 果农施用农药的效率测度与减少错配的驱动力量——基于中国桃主产县524个种植户的实证分析[J]. 南京农业大学学报(社会科学版), 2020, 20(6): 148－156.

[235]张蓓, 黄志平, 杨炳成. 农产品供应链核心企业质量安全控制意愿实证分析——基于广东省214家农产品生产企业的调查数据[J]. 中国农村经济, 2014(1): 62－75.

[236]张超, 孙艺夺, 李钟华, 等. 农药暴露对人体健康损害研究的文献计量分析[J]. 农药学学报, 2016, 18(1): 1－11.

[237]张超, 孙艺夺, 孙生阳, 等. 城乡收入差距是否提高了农业化学品投入?——以农药施用为例[J]. 中国农村经济, 2019 (1): 96－111.

[238]张红凤, 姜琪, 吕杰. 经济增长与食品安全——食品安全库兹涅茨曲线假说检验与政策启示[J]. 经济研究, 2019, 54(11): 180－194.

[239]张慧鹏. 大国小农:结构性矛盾与治理的困境——以农业生态环境治理为例[J]. 中国农业大学学报(社会科学版), 2020, 37(1): 15－24.

[240]祝文峰, 李太平. 基于文献数据的我国蔬菜农药残留现状研究[J]. 经济问题, 2018(11): 92－98.

[241]张军伟, 张锦华, 吴方卫. 中国粮食生产中农药高强度施用行为之经济学分析[J]. 财经理论与实践, 2018, 39(3): 140－146.

[242]张利国, 鲍丙飞, 杨胜苏. 我国农业可持续发展空间探索性分析[J]. 经济地理, 2019, 39(11): 159－164.

[243]张利国, 刘辰, 陈苏. 要素价格诱导稻谷生产技术进步与要素替代——以南方稻作区为例[J]. 农业经济与管理, 2020 (3): 16－29.

[244]张露. 小农分化、行为差异与农业减量化[J]. 农业经济问题, 2020(6): 131－142.

[245]张露, 罗必良. 农业减量化: 农户经营的规模逻辑及其证据[J]. 中国农村经济, 2020 (2): 81－99.

[246]张露, 罗必良. 农业减量化的困境及其治理:从要素合约到合约匹配[J]. 江

海学刊, 2020(3): 77—83.

[247]张梅, 郭翔宇. 食品质量安全中农业合作社的作用分析[J]. 东北农业大学学报(社会科学版), 2011, 9(2): 1—4.

[248]张蒙, 苏昕, 刘希玉. 信息视角下我国食品质量安全均衡演化路径研究[J]. 宏观经济研究, 2017(9): 152—163.

[249]张乃明. 环境污染与食品安全[M]. 北京: 化学工业出版社, 2007.

[250]张倩, 朱思柱, 孙洪武, 等. 引致成本视角下不同规模农户施药行为差异的再思考[J]. 农业技术经济, 2019(9): 48—57.

[251]张千友, 蒋和胜. 专业合作、重复博弈与农产品质量安全水平提升的新机制——基于四川省西昌市鑫源养猪合作社品牌打造的案例分析[J]. 农村经济, 2011(10): 125—129.

[252]张新宁. 有效市场和有为政府有机结合——破解"市场失灵"的中国方案[J]. 上海经济研究, 2021(1): 5—14.

[253]张秀玲. 中国农产品农药残留成因与影响研究[D]. 江南大学, 2013.

[254]张一宾, 张怿, 伍贤英. 世界农药新进展(三)[M]. 北京: 化学工业出版社, 2014.

[255]赵丙奇, 李露丹. 中西部地区20省份普惠金融对精准扶贫的效果评价[J]. 农业经济问题, 2020(1): 104—113.

[256]赵丹丹, 周宏. 禀赋特征、外部性与农业生产集聚: 基于全国31省的证据[J]. 长江流域资源与环境, 2019, 28(9): 2130—2140.

[257]赵佳佳, 刘天军, 魏娟. 风险态度影响苹果安全生产行为吗——基于苹果主产区的农户实验数据[J]. 农业技术经济, 2017(4): 95—105.

[258]赵敏, 陈良宏, 张志刚, 等. 有机磷农药中毒机制和治疗新进展[J]. 中国实用内科杂志, 2014, 34(11): 1064—1068.

[259]赵秋倩, 夏显力. 社会规范何以影响农户农药减量化施用——基于道德责任感中介效应与社会经济地位差异的调节效应分析[J]. 农业技术经济, 2020(10): 61—73.

[260]赵涛, 张智, 梁上坤. 数字经济、创业活跃度与高质量发展——来自中国城市的经验证据[J]. 管理世界, 2020, 36(10): 65—76.

[261]赵祥云. 土地托管中的关系治理结构与小农户的组织化——基于西安市C区土地托管的分析[J]. 南京农业大学学报(社会科学版), 2020, 20(3): 44—52.

[262]赵艺华, 周宏. 社会信任、奖惩政策能促进农户参与农药包装废弃物回收吗?[J]. 干旱区资源与环境, 2021, 35(4): 17—23.

[263]郑淋议, 钱文荣, 刘琦, 等. 新一轮农地确权对耕地生态保护的影响——以化肥、农药施用为例[J]. 中国农村经济, 2021(6): 76—93.

[264]郑鹏. 质量信息不对称与农产品市场整肃[J]. 农村经济, 2009 (2): 83－86.

[265]郑少锋. 农产品质量安全: 成因、治理途径和研究趋势[J]. 社会科学家, 2016 (5): 8－14.

[266]植草益. 微观规制经济学[M]. 北京: 中国发展出版社, 1992.

[267]钟真, 孔祥智. 产业组织模式对农产品质量安全的影响:来自奶业的例证[J]. 管理世界, 2012 (1): 79－92.

[268]周德翼, 杨海娟. 食物质量安全管理中的信息不对称与政府监管机制[J]. 中国农村经济, 2002 (6): 29－35＋52.

[269]周洁红, 金宇, 王煜, 等. 质量信息公示、信号传递与农产品认证——基于肉类与蔬菜产业的比较分析[J]. 农业经济问题, 2020 (9): 76－87.

[270]周洁红, 武宗励, 李凯. 食品质量安全监管的成就与展望[J]. 农业技术经济, 2018 (2): 4－14.

[271]周洁红, 杨之颖, 梁巧. 合作社内部管理模式与质量安全实施绩效:基于农户农药安全间隔期执行视角[J]. 浙江大学学报(人文社会科学版), 2019, 49 (1): 37－50.

[272]周京花. 典型有机氯、苯并咪唑类和三唑类农药的生殖内分泌毒性研究[D]. 浙江大学, 2016.

[273]周开国, 杨海生, 伍颖华. 食品安全监督机制研究——媒体、资本市场与政府协同治理[J]. 经济研究, 2016, 51(9): 58－72.

[274]周立, 方平. 多元理性:"一家两制"与食品安全社会自我保护的行为动因[J]. 中国农业大学学报(社会科学版), 2015, 32(3): 76－84.

[275]周耀东, 余晖. 市场失灵、管理失灵与建设行政管理体制的重建[J]. 管理世界, 2008 (2): 44－56＋188.

[276]朱淀, 孔霞, 顾建平. 农户过量施用农药的非理性均衡: 来自中国苏南地区农户的证据[J]. 中国农村经济, 2014 (8): 17－29＋41.

[277]祝伟, 祁丽霞, 王瑞梅. 城镇化对农药、化肥施用强度的影响——基于中介效应的分析[J]. 中国农业资源与区划, 2022, 43(5): 21－30.

[278]庄天慧, 刘成, 张海霞. 农业补贴抑制了农药施用行为吗?[J]. 农村经济, 2021(7): 120－128.

[279]Akerlof G A. The market for "lemons": quality uncertainty and the market mechanism－sciencedirect[J]. *The Quarterly Journal of Economics*, 1970, 84 (3): 488－500.

[280]Antle J M. Efficient food safety regulation in the food manufacturing sector [J]. *American Journal of Agricultural Economics*, 1996, 78(5): 1242－1247.

[281]Azandjeme C S, Bouchard M, Fayomi B, et al. Growing burden of diabetes in sub－saharan Africa: contribution of pesticides? [J]. *Current diabetes re-*

views, 2013, 9(6): 437−449.

[282]Babu S C, Huang J K, Venkatesh P, et al. A comparative analysis of agricultural research and extension reforms in China and India[J]. *China Agricultural Economic Review*, 2015, 7(4): 541−572.

[283]Bailey A P, Garforth C. An industry viewpoint on the role of farm assurance in delivering food safety to the consumer: the case of the dairy sector of England and Wales[J]. *Food Policy*, 2014(45): 14−24.

[284]Bavorova M, Hirschauer N, Martino G. Food safety and network governance structure of the agri−food system[J]. *European Journal of Law and Economics*, 2014(37): 1−11.

[285]Böcker A. Consumer response to a food safety incident: exploring the role of supplier differentiation in an experimental study[J]. *European Review of Agricultural Economics*, 2002, 29(1): 29−50.

[286]Bonvoisin T, Utyasheva L, Knipe D, et al. Suicide by pesticide poisoning in India: a review of pesticide regulations and their impact on suicide trends[J]. *BMC public health*, 2020, 20(1): 1−16.

[287]Buchanan J M, Stubblebine W C. Externality[J]. *Economica*, 1962, 29(116): 371−384.

[288]Burton M P, Metcalfe J S, Smith V H. Innovation and the demand for food and drug labeling regulation in an evolutionary model of industry dynamics[J]. *Structural Change & Economic Dynamics*, 2004, 12(4): 457−477.

[289]Bustos P, Caprettini B, Ponticelli J. Agricultural productivity and structural transformation: evidence from Brazil[J]. *American Economic Review*, 2016, 106(6): 1320−1365.

[290]Shapiro C. Premiums for high quality products as returns to reputations[J]. *Quarterly Journal of Economics*, 1983, 98(4): 659−679.

[291]Carson R. *Silent Spring* [M]. Boston: Houghton Mifflin Company, 1962.

[292]Caswell J A, Hooker B N H. How quality management metasystems are affecting the food industry[J]. *Applied Economic Perspectives and Policy*, 1998, 20(2):547−557.

[293]Chang H S, Zepeda L. Consumer perceptions and demand for organic food in Australia: Focus group discussions[J]. *Renewable Agriculture and Food Systems*, 2005, 20(3): 155−167.

[294]Chatzimichael K, Genius M, Tzouvelekas V. Informational cascades and technology adoption: Evidence from Greek and German organic growers[J]. *Food Policy*, 2014(49): 186−195.

[295]Chen R J, Huang J K, Qiao F B. Farmers' knowledge on pest management and pesticide use in Bt cotton production in China[J]. *China Economic Review*, 2013(27): 15—24.

[296]Cohen J L, Arato A. Civil Society and Political Theory[J]. *American Political Science Review*, 1992, 87(1):198—199.

[297]Dasgupta S, Meisner C, Huq M. A pinch or a pint? Evidence of pesticide overuse in Bangladesh[J]. *Journal of Agricultural Economics*, 2007, 58(1): 91—114.

[298]Devadoss S, Song W. Factor market oligopsony and the production possibility frontier[J]. *Review of International Economics*, 2003, 11(4): 729—744.

[299]Dharmaratna D, Harris E. Estimating residential water demand using the Stone—Geary functional form: the case of Sri Lanka[J]. *Water Resources Management*, 2012, 26(8): 2283—2299.

[300]Dhouib I, Jallouli M, Annabi A, et al. From immunotoxicity to carcinogenicity: the effects of carbamate pesticides on the immune system[J]. *Environmental Science and Pollution Research*, 2016, 23(10): 9448—9458.

[301]Diaconu A, Ṭenu I, Roșca R, et al. Researches regarding the reduction of pesticide soil pollution in vineyards[J]. *Process Safety and Environmental Protection*, 2017(18): 135—143.

[302]Durlauf S N, Kourtellos A, Minkin A. The local Solow growth model[J]. *European Economic Review*, 2001, 45(4—6): 928—940.

[303]Fine J D, Cox—Foster D L, Mullin C A. An inert pesticide adjuvant synergizes viral pathogenicity and mortality in honey bee larvae[J]. Scientific reports, 2017, 7(1): 40499.

[304]Fisher M C, Henk D A, Briggs C J, et al. Emerging fungal threats to animal, plant and ecosystem health[J]. *Nature*, 2012, 484(7393): 186—194.

[305]Gil J M, Gracia A, Sanchez M. Market segmentation and willingness to pay for organic products in Spain[J]. *The International Food and Agribusiness Management Review*, 2000, 3(2): 207—226.

[306]Gómez—Ramírez P, Pérez—García J M, León—Ortega M, et al. Spatiotemporal variations of organochlorine pesticides in an apex predator: influence of government regulations and farming practices[J]. *Environmental research*, 2019(176): 108543.

[307]Gong Y Z, Baylis K, Kozak R, et al. Farmers' risk preferences and pesticide use decisions: evidence from field experiments in China[J]. *Agricultural Economics*, 2016, 47(4): 411—421.

[308]Hall D C, Norgaard R B. On the timing and application of pesticides[J]. *American Journal of Agricultural Economics*, 1973, 55(2): 198—201.

[309]Hansen M R, Jors E, Lander F, et al. Is cumulated pyrethroid exposure associated with prediabetes? A cross—sectional study[J]. *Journal of Agromedicine*, 2014, 19(4): 417—426.

[310]Hallmann C A., Sorg M, Jongejans E, et al. More than 75 percent decline over 27 years in total flying insect biomass in protected areas[J]. *PLoS One*, 2017, 12(10):e0185809.

[311]Hao J H, Bijman J, Gardebroek C, et al. Cooperative membership and farmers' choice of marketing channels - Evidence from apple farmers in Shaanxi and Shandong Provinces, China[J]. *Food Policy*, 2018(74): 53—64.

[312]Hart N. Marshall's theory of value: the role of external economies[J]. *Cambridge Journal of Economics*, 1996, 20(3): 353—369.

[313]Hu R F, Yang Z J, Kelly P, et al. Agricultural extension system reform and agent time allocation in China[J]. *China Economic Review*, 2009, 20(2): 303—315.

[314]Huang J K, Qiao F B, Zhang L X, et al. Farm Pesticide, Rice Production, and Human Health[J]. *CCAP's Project Report*, 2000(11): 1—54.

[315]Huang J K, Wang X B, Rozelle S. The subsidization of farming households in China's agriculture[J]. *Food Policy*, 2013(41): 124—132.

[316]Huang Y Z, Luo X F, Tang L, et al. The power of habit: does production experience lead to pesticide overuse?[J]. *Environmental Science and Pollution Research*, 2020, 27(20): 25287—25296.

[317]Jacquet F, Butault J P, Guichard L. An economic analysis of the possibility of reducing pesticides in French field crops[J]. *Ecological Economics*, 2011, 70(9): 1638—1648.

[318]James K A, Hall D A. Groundwater pesticide levels and the association with Parkinson disease[J]. *International Journal of Toxicology*, 2015, 34(3): 266—273.

[319]Jamshidi B, Mohajerani E, Jamshidi J. Developing a Vis/NIR spectroscopic system for fast and non—destructive pesticide residue monitoring in agricultural product[J]. *Measurement*, 2016(89): 1—6.

[320]Jin J J, Wang W Y, He R, et al. Pesticide use and risk perceptions among small—scale farmers in Anqiu County, China[J]. *International Journal of Environmental Research and Public Health*, 2017, 14(29):1—10.

[321]Jin S Q, Bluemling B, Mol A P J. Information, trust and pesticide overuse:

interactions between retailers and cotton farmers in China[J]. *NJAS— Wageningen Journal of Life Sciences*, 2015(72—73): 23—32.

[322]Jokanovic M. Neurotoxic effects of organophosphorus pesticides and possible association with neurodegenerative diseases in man: a review[J]. *Toxicology*, 2018(410): 125—131.

[323]Jokanovi M, Skrbi R. Neurotoxic disorders and medical management of patients poisoned with organophosphorus pesticides[J]. *Scripta Medica*, 2012, 43(2):91—98.

[324]Kaplan S N, Zingales L. Do investment—cash flow sensitivities provide useful measures of financing constraints?[J]. *Quarterly Journal of Economics*, 1997, 112(1):169—215.

[325]Karami—Mohajeri S, Ahmadipour A, Rahimi H—R, et al. Adverse effects of organophosphorus pesticides on the liver: a brief summary of four decades of research[J]. *Arhiv Za Higijenu Rada I Toksikologiju—Archives of Industrial Hygiene and Toxicology*, 2017, 68(4): 261—275.

[326]Khan M, Mahmood H Z, Damalas C A. Pesticide use and risk perceptions among farmers in the cotton belt of Punjab, Pakistan[J]. *Crop Protection*, 2015(67): 184—190.

[327]Kim E. Scientific management of hazardous substances in foods: focusing on pesticide residues[J]. *Food Science and Industry*, 2018, 51(3): 218—228.

[328]Kim S—A, Lee Y—M, Lee H—W, et al. Greater cognitive decline with aging among elders with high serum concentrations of organochlorine pesticides [J]. *Plos One*, 2015, 10(6): e0130623.

[329]King B G, Bentele K G, Soule S A. Protest and policymaking: explaining fluctuation in congressional attention to rights issues, 1960—1986[J]. *Social Forces*, 2007, 86(1): 137—163.

[330]Kudsk P, Mathiassen S K. Pesticide regulation in the European Union and the glyphosate controversy[J]. *Weed Science*, 2020, 68(3): 214—222.

[331]Kumari D, John S. Health risk assessment of pesticide residues in fruits and vegetables from farms and markets of Western Indian Himalayan region[J]. *Chemosphere*, 2019(224): 162—177.

[332]Kumar N, Pathera A K, Saini P, et al. Harmful effects of pesticides on human health[J]. *Annals of Agri—Bio Research*, 2012, 17(2): 125—127.

[333]Lagerkvist C J, Amuakwa—Mensah F, Mensah J T. How consumer confidence in food safety practices along the food supply chain determines food handling practices: Evidence from Ghana[J]. *Food Control*, 2018(93): 265—273.

[334]Lehmann E, Turrero N, Kolia M, et al. Dietary risk assessment of pesticides from vegetables and drinking water in gardening areas in Burkina Faso[J]. *Science of the Total Environment*, 2017(601−602): 1208−1216.

[335]Lerro C C, Freeman L E B, DellaValle C T, et al. Pesticide exposure and incident thyroid cancer among male pesticide applicators in agricultural health study[J]. *Environment International*, 2021(146): 106187.

[336]Li Z J. Health risk characterization of maximum legal exposures for persistent organic pollutant (POP) pesticides in residential soil: an analysis[J]. *Journal of Environmental Management*, 2018(205): 163−173.

[337]Liu E M, Huang J K. Risk preferences and pesticide use by cotton farmers in China[J]. *Journal of Development Economics*, 2013(103): 202−215.

[338]Liu G Y, Xie H L. Simulation of regulation policies for fertilizer and pesticide reduction in arable land based on farmers' behavior—using Jiangxi province as an example[J]. *Sustainability*, 2019, 11(136): 1−22.

[339]Luqman M, Javed M M, Daud S, et al. Risk factors for lung cancer in the Pakistani population[J]. *Asian Pacific Journal of Cancer Prevention*, 2014, 15(7): 3035−3039.

[340]Lykogianni M, Bempelou E, Karamaouna F, et al. Do pesticides promote or hinder sustainability in agriculture? The challenge of sustainable use of pesticides in modern agriculture[J]. *Science of The Total Environment*, 2021(795): 148625.

[341]Ma W L, Abdulai A. IPM adoption, cooperative membership and farm economic performance[J]. *China Agricultural Economic Review*, 2019, 11(2): 218−236.

[342]Markel T A, Proctor C, Ying J, et al. Environmental pesticides increase the risk of developing hypertrophic pyloric stenosis[J]. *Journal of Pediatric Surgery*, 2015, 50(8): 1283−1288.

[343]Martinez M G, Verbruggen P, Fearne A. Risk−based approaches to food safety regulation: what role for co−regulation?[J]. *Journal of Risk Research*, 2013, 16(9): 1101−1121.

[344]Maryam Z, Sajad A, Maral N, et al. Relationship between exposure to pesticides and occurrence of acute leukemia in Iran[J]. *Asian Pacific journal of cancer prevention: APJCP*, 2015, 16(1): 239−244.

[345]Meade J E. *The Theory of Economic Externalities: The Control of Environmental Pollution and Similar Social Costs*[M]. Netherlands: Sijthoff & Noordhoff, 1973.

[346]Mehrpour O, Karrari P, Zamani N, et al. Occupational exposure to pesticides and consequences on male semen and fertility: a review[J]. *Toxicology Letters*, 2014, 230(2): 146—156.

[347]Michalakis M, Tzatzarakis M N, Kovatsi L, et al. Hypospadias in offspring is associated with chronic exposure of parents to organophosphate and organochlorine pesticides[J]. *Toxicology Letters*, 2014, 230(2): 139—145.

[348]Migheli M. Land ownership and use of pesticides: evidence from the Mekong Delta[J]. *Journal of Cleaner Production*, 2017(145): 188—198.

[349]Milan J. Neurotoxic effects of organophosphorus pesticides and possible association with neurodegenerative diseases in man: a review[J]. *Toxicology*, 2018 (410): 125—131.

[350]Miyazaki J, Kinoshita S. Determination of a coupling function in multicoupled oscillators[J]. *Physical review letters*, 2006, 96(19): 194101.

[351]Moeckel S, Sattler C, Muehlenberg H. Regulation of pesticide use in protected areas — Legal assessment and recommendations based on the legal situation at the federal level as well as in Baden—Wurttemberg, Lower Saxony, and Saxony[J]. *Naturschutz und Landschaftsplanung*, 2021, 53(6): 20—29.

[352]Moisan F, Spinosi J, Delabre L, et al. Association of Parkinson's disease and its subtypes with agricultural pesticide exposures in men: a case—control study in France[J]. *Environmental Health Perspectives*, 2015, 123(11): 1123—1129.

[353]Morgan B, Yeung K. *An Introduction to Law and Regulation: Text and Materials*[M]. Cambridge: Cambridge University Press, 2007.

[354]North D C, Thomas R P. *The Rise of the Western World: A New Economic History*[M].Cambridge: Cambridge University Press, 1973.

[355]Ortega D L, Wang H H, Wu L P, et al. Modeling heterogeneity in consumer preferences for select food safety attributes in China[J]. *Food Policy*, 2011, 36(2): 318—324.

[356]Pigou A C. *The Economics of Welfare*[M]. London: Macmillan Company, Inc., 1920.

[357]Popp J, Pető K, Nagy J. Pesticide productivity and food security: a review [J]. *Agronomy for Sustainable Development*, 2013(33): 243—255.

[358]Raanan R, Harley K G, Balmes J R, et al. Early—life exposure to organophosphate pesticides and pediatric respiratory symptoms in the CHAMACOS cohort[J]. *Environmental Health Perspectives*, 2015, 123(2): 179—185.

[359]Rajmohan K S, Chandrasekaran R, Varjani S. A review on occurrence of pesticides in environment and current technologies for their remediation and management[J]. *Indian Journal of Microbiology*, 2020, 60(2): 125—138.

[360]Ramadan M F A, Abdel—Hamid M M A, Altorgoman M M F, et al. Evaluation of pesticide residues in vegetables from the Asir Region, Saudi Arabia [J]. *Molecules*, 2020, 25(1): 205.

[361]Rembiałkowska E. Quality of plant products from organic agriculture[J]. *Journal of the Science of Food and Agriculture*, 2007, 87(15): 2757—2762.

[362]Ruifa H U, Zhijian Y, Kelly P, et al. Agricultural extension system reform and agent time allocation in China[J]. *China Economic Review*, 2009, 20(2): 303—315.

[363]Saillenfait A M, Ndiaye D, Sabate J P. Pyrethroids: exposure and health effects — an update[J]. *International Journal of Hygiene and Environmental Health*, 2015, 218(3): 281—292.

[364]Saravi S S S, Dehpour A R. Potential role of organochlorine pesticides in the pathogenesis of neurodevelopmental, neurodegenerative, and neurobehavioral disorders: a review[J]. *Life Sciences*, 2016(145): 255—264.

[365]Schreinemachers P, Tipraqsa P. Agricultural pesticides and land use intensification in high, middle and low income countries[J]. *Food Policy*, 2012, 37 (6): 616—626.

[366]Scitovsky T. Two concepts of external economies[J]. *Journal of political Economy*, 1954, 62(2): 143—151.

[367]Shao Y, Chen G, Li R, et al. Government regulation and consumer evaluation after dairy products scandal in china[J]. *Acta Alimentaria*, 2020, 49(1): 111—117.

[368]Shao Y T, Wang Y P, Yuan Y W, et al. A systematic review on antibiotics misuse in livestock and aquaculture and regulation implications in China[J]. *Science of The Total Environment*, 2021(798): 149205.

[369]Shao Y T. Rethinking food safety problems in China[J]. *Acta Alimentaria*, 2013, 42(1): 124—132.

[370]Shao Y T, Cai H J. China food safety: meeting the challenges of clenbuterol [J]. *Acta Alimentaria*, 2016, 45(3): 331—337.

[371]Shao Y T, Cai H J, Chen G. Acceptance survey of GM food in China[J]. *Journal of Food and Nutrition Research*, 2014, 2(11): 846—849.

[372]Shao Y T, Wang Y P, Yuan Y W. Food safety and government regulation in rural China[J]. *Journal of Agriculture and Food Research*, 2021(5):

100170.

[373]Sharafi K, Pirsaheb M, Maleki S, et al. Knowledge, attitude and practices of farmers about pesticide use, risks, and wastes: a cross—sectional study (Kermanshah, Iran) [J]. *Science of the Total Environment*, 2018(645): 509—517.

[374]Singh Z, Kaur J, Kaur R, et al. Toxic effects of organochlorine pesticides: a review[J]. *American Journal of BioScience*, 2016, 4(3):11—18.

[375]Skevas T, Stefanou S E, Lansink A O. Can economic incentives encourage actual reductions in pesticide use and environmental spillovers?[J]. *Agricultural Economics*, 2012, 43(3): 267—276.

[376]Soares W L, de Souza Porto M F. Estimating the social cost of pesticide use: an assessment from acute poisoning in Brazil[J]. *Ecological Economics*, 2009, 68(10): 2721—2728.

[377]Solow R M. Technical change and the aggregate production function[J]. *The review of Economics and Statistics*, 1957, 39(3): 312—320.

[378]Song Y H, Shen N Z, Liu D. Evolutionary game and intelligent simulation of food safety information disclosure oriented to traceability system[J]. *Journal of Intelligent & Fuzzy Systems*, 2018, 35(3): 2657—2665.

[379]Stiglitz J E, Weiss A. Credit Rationing in Markets with Rationing Credit Information Imperfect[J]. *American Economic review*, 1981, 71(3): 393—410.

[380]Stigler G J. The Theory of Economic Regulation[J]. *Bell Journal of Economics*, 1971, 2(1): 3—21.

[381]Sun S Y, Zhang C, Hu R F. Determinants and overuse of pesticides in grain production: a comparison of rice, maize and wheat in China[J]. *China Agricultural Economic Review*, 2020, 12(2): 367—379.

[382]Tang F H M, Lenzen M, McBratney A, et al. Risk of pesticide pollution at the global scale[J]. *Nature Geoscience*, 2021, 14(4): 206—210.

[383]Tien C J, Lin M C, Chiu W H, et al. Biodegradation of carbamate pesticides by natural river biofilms in different seasons and their effects on biofilm community structure[J]. *Environmental Pollution*, 2013(179): 95—104.

[384]Topp C F E, Stockdale E A, Watson C A, et al. Estimating resource use efficiencies in organic agriculture: a review of budgeting approaches used[J]. *Journal of the Science of Food and Agriculture*, 2007, 87(15): 2782—2790.

[385]Trampari E, Holden E R, Wickham G J, et al. Exposure of Salmonella biofilms to antibiotic concentrations rapidly selects resistance with collateral tradeoffs[J]. *Npj Biofilms and Microbiomes*, 2021, 7(3): 1—13.

[386]Van den Berg H, Gu B G, Grenier B, et al. Pesticide lifecycle management in agriculture and public health: where are the gaps?[J]. *Science of the Total Environment*, 2020(742): 140598.

[387]Van Heumen E, Muhlethaler E, Kuzmenko A B, et al. Optical determination of the relation between the electron—boson coupling function and the critical temperature in high—T c cuprates[J]. *Physical Review B*, 2009, 79 (18): 184512.

[388]Varian H R. *Microeconomic analysis*[M]. New York: Norton, 1992.

[389]Verbruggen P. Does co-regulation strengthen EU legitimacy?[J]. *European Law Journal*, 2009, 15(4): 425—441.

[390]Verger P J P, Boobis A R. Reevaluate pesticides for food security and safety [J]. *Science*, 2013, 341(6147): 717—718.

[391]Vidogbena F, Adegbidi A, Tossou R, et al. Control of vegetable pests in Benin — Farmers' preferences for eco—friendly nets as an alternative to insecticides[J]. *Journal of Environmental Management*, 2015(147): 95—107.

[392]Viscusi W K, Harrington Jr J E, Sappington D E M. *Economics of Regulation and Antitrust*[M]. Cambridg: MIT press, 2018.

[393]Wang J H, Tao J Y, Yang C C, et al. A general framework incorporating knowledge, risk perception and practices to eliminate pesticide residues in food: a structural equation modelling analysis based on survey data of 986 Chinese farmers[J]. *Food Control*, 2017(80): 143—150.

[394]Weisbrod B A, Andreano R L, Baldwin R E, et al. Disease and economic development[J]. *International Journal of Social Economics*, 1974, 1(1): 358—361.

[395]Wu J J, Jin X R, Feng Z, et al. Relationship of ecosystem services in the Beijing - Tianjin - Hebei region based on the production possibility frontier[J]. *Land*, 2021, 10(881):1—21.

[396]Wu Y Y, Xi X C, Tang X, et al. Policy distortions, farm size, and the overuse of agricultural chemicals in China[J]. *Proceedings of the National Academy of Sciences of the United States of America*, 2018, 115(27): 7010—7015.

[397]Yang M S, Zhao X, Meng T, et al. What are the driving factors of pesticide overuse in vegetable production? Evidence from Chinese farmers[J]. *China Agricultural Economic Review*, 2019, 11(4): 672—687.

[398]Yang P Y, Iles M, Yan S, et al. Farmers' knowledge, perceptions and practices in transgenic Bt cotton in small producer systems in Northern China[J]. *Crop Protection*, 2005, 24(3): 229—239.

[399]Wang Y Q, Wang Y, Huo X, et al. Why some restricted pesticides are still chosen by some farmers in China? Empirical evidence from a survey of vegetable and apple growers[J]. *Food Control*, 2015(51): 417—424.

[400]Zhang C, Shi G M, Shen J, et al. Productivity effect and overuse of pesticide in crop production in China[J]. *Journal of Integrative Agriculture*, 2015, 14 (9): 1903—1910.

[401]Zhao L, Wang C W, Gu H Y, et al. Market incentive, government regulation and the behavior of pesticide application of vegetable farmers in China[J]. *Food Control*, 2018(85): 308—317.

附　录

农户使用端农药减量化监管困境田野调查

尊敬的农民朋友，您好！感谢您参与我们的田野调查，我们是浙江财经大学研究生田野调查项目组成员，本次调查为匿名调查，主要目的是了解大家的农药使用情况。我们希望通过该项研究，能为农药减量化监管提供参考建议。我们承诺不会泄露您的个人信息，并保证不会对您产生不利影响。请您根据实际情况填写（或口述代写），衷心感谢您的支持与合作！

一、调查农户的基本信息

性别：〇男　〇女

年龄（岁）：〇30—40　〇41—50　〇51—55　〇56—60　〇61—65　〇65以上

受教育程度：〇未受过教育　〇小学　〇初中　〇高中　〇中专/职高/技校
　　　　　　〇专科　〇本科　〇研究生及以上

家庭成员数（人）：〇1　〇2　〇3　〇4　〇5　〇6　〇7　〇8及以上

家庭耕地总面积（亩）：＿＿＿＿＿＿＿＿＿＿＿＿＿＿＿＿＿

家庭主要经济收入来源：＿＿＿＿＿＿＿＿＿＿＿＿＿＿＿＿＿

家庭成员主要兼业情况：＿＿＿＿＿＿＿＿＿＿＿＿＿＿＿＿＿

兼业收入占总收入比重：＿＿＿＿＿＿＿＿＿＿＿＿＿＿＿＿＿

主要种植的农作物种类：＿＿＿＿＿＿＿＿＿＿＿＿＿＿＿＿＿

种植哪些经济类农作物：＿＿＿＿＿＿＿＿＿＿＿＿＿＿＿＿＿

二、农药相关调查内容

1.您认为不同种类杀虫剂、不同种类杀菌剂、不同种类除草剂之间是否可以替代使用？它们之间效果有明显区别吗？

2.您认为农作物应该在什么时候使用农药？您平时是怎样使用农

药的?

3.您认为农药单一使用效果好还是混合使用效果更佳?您平时经常混合使用吗?

4.您认为杀虫剂、杀菌剂、除草剂、杀鼠剂、植物生长调节剂等农药中哪些是有毒的?哪些是无毒的? 如果有毒,会不会对人体产生危害?

5.您知道生物农药吗?您能区别以下几种农药哪些是生物农药吗?(除虫菊素、鱼藤酮、枯草芽孢杆菌、小檗碱、波尔多液、三唑酮)

6.您一般通过何种方式选购农药?

7.您认为农药使用剂量高低与农药使用效果有什么关系?

8.您曾经是否买到过假农药?如果是,您有参与过维权吗?

9.种植经济类作物农户:对于用于出售的农产品和自己食用的农产品,您在使用农药时会区别对待吗?

10.种植经济类作物农户:您认为自己出售的农产品(农药残留)安全吗?

11.您认为当前农药市场存在哪些不足之处?您认为农药监管应该从哪些方面加以改进?

12.您是如何处理剩余农药的?您平时用完的农药包装有无回收?

调查小组负责人: _____

调查日期: ____ 年 ____ 月 ____ 日

农药销售端农药减量化监管困境田野调查

以下信息由调研组实地走访农药销售门店后整理而成。

一、调研农药销售点的基本信息

农药经营门店所在地址: _____

经营规模(门店面积、销售人员数): _____

是否悬挂农药经营许可证及营业执照: _____

是否混合经营(农药、化肥、种子等): _____

二、调研组实际购买过程中观察所得信息

1.农药购买实名登记情况

○不登记　　　○部分登记　　　○选择性登记　　　○全部登记

2.农药购买实名登记方式

○纸质台账登记　　　　　　　○电子系统登记

3.农药售价与网络购买比较

○低于网络价　　　　○近似网络价　　　　○高于网络价

4.销售人员和执照登记人员信息是否一致

○完全不一致　　　　○完全一致　　　　○部分一致

5.剧毒、高毒等"限制使用"农药实名登记情况

○严格登记　　　○部分登记　　　○不登记

三、与农药销售人员询问交流所得信息

6.是否有农户到门店进行假农药维权

○没有　　　　○偶尔有　　　　○普遍有

7.是否遇见过假劣农药上门推销

○没有　　　　○偶尔有　　　　○普遍有

8.农药经营者向农户推销农药情况

○严格按使用说明销售

○超过使用说明剂量销售

○多品种农药混合销售

9.包装农药无法一次性用完时的建议

○建议适当增加使用量

○妥善保存至下次使用

○用于预防其他农作物虫害

○建议自行处理

10.近年门店农药销量情况

○低于往年　　　　○近似往年　　　　○高于往年

11.影响农药销量的主要原因

○网络购买的冲击　　　　○耕地的减少　　　　○种地农民的减少

○抗虫类新品种农作物的推广　　　　○农药售价相对农民收入偏高

12.门店农药购买的主要人群

○"老客户"或"回头客"　　　　○新客户　　　○网络销售

13.监管部门到门店检查年均次数

○1次　　○2次　　○3次　　○4次　　○5次　　○6次及以上

调查小组负责人：＿＿＿＿＿＿＿

调查日期：＿＿年＿＿月＿＿日

消费者对农产品质量安全及政府监管信心的调查问卷

尊敬的居民朋友，您好！感谢您参与我们的问卷调查，我们来自浙江财经大学，正在收集省新苗项目相关资料，主要目的是了解大家对当前农产品质量安全和政府监管的信心。我们希望通过该项研究，能为政府部门制定农产品质量安全监管政策提供依据。我们承诺不会泄露您的个人信息，并保证不会对您产生不利影响。请您如实填写（在相应○里打√），衷心感谢您的支持与合作！

1.您的年龄（岁）：＿＿＿＿

2.您认为当前市场农产品质量安全情况如何？

○很不安全　　○一般安全　　○安全　　○非常安全

3.您对当前市场农产品质量安全有没有信心？

○没有信心　　○有点信心　　○很有信心　　○非常有信心

4.您对当前政府部门农产品质量安全监管有没有信心？

○没有信心　　○有点信心　　○很有信心　　○非常有信心

5.您日常购买农产品的主要渠道有哪些？（多选）

○农贸市场　　○超市　　○流动商贩　　○网络平台

○乡镇集市　　○进口农产品

6.您认为哪些渠道的农产品更加安全？（多选）

○农贸市场　　○超市　　○流动商贩　　○网络平台

○乡镇集市　　○进口农产品　　○农户生产　　○自给自足

7.您日常购买农产品时更关注哪些质量安全信息？（多选）

○农药残留是否超标　　○是否变质有异味

○是否存在微生物污染　　○包装是否完整

○是否已过期　　○是否使用化学试剂　　○其他

8.您日常购买农产品时比较在意哪些信息？（多选）

○质量安全　　○产品价格　　○产品外观（色泽、新鲜度）

○产品来源　○其他

9.您对提高当前农产品质量安全有哪些建议？

_____

_____

10.您对提高当前政府部门农产品质量安全监管有哪些建议？

_____

_____

以下信息由调查小组补充完整

11.调查对象性别：○男　　○女

12.调查对象来源：○城市居民　　○农村居民　　○城市大学生

13.调研所在地（具体到某街道某市场）：_____

调查小组负责人：_____

调查日期：____年____月____日

后　记

本书是笔者承担的浙江省哲学社会科学后期资助课题"信息不对称视角下农药减量化监管路径研究"（23HQZZ22YB）的结项成果。

党的二十大报告明确，到2035年基本实现农业现代化是我国发展的总体目标之一。报告强调要加快建设农业强国、全方位夯实粮食安全根基；强化食品药品安全监管；深入推进环境污染防治；提升生态系统多样性、稳定性、持续性；推动绿色发展，促进人与自然和谐共生等，这些内容与农药规范化使用息息相关。在当前存在农药过量使用的前提下，农药减量化监管研究契合党的二十大报告精神，也是践行粮食安全、环境安全、生物安全以及农业经济可持续发展等国家战略的重要体现。当前，我国农业生产仍高度依赖农药投入，农产品质量安全智能溯源体系仍不健全，农药在产、销、用各环节仍存在严重的信息不对称。因此，通过农药减量化监管以实现农药合理规范使用尚需一个漫长过程，对农药减量化监管仍需深入研究和广泛实践，农药减量化监管路径也需要不断拓宽和持续创新。

在项目研究过程中，感谢浙江财经大学王俊豪教授、倪建伟教授给予了诸多思想上的启发和理论上的指导；感谢浙江财经大学中国政府管制研究院李云雁、王岭、谢玉晶、张肇中、刘相锋、金暄暄、张雷、王磊、戚瀚英、贾婉文老师，经济学院陈刚、金通、王正新老师，工商学院王建明教授，公管学院郭剑鸣和杨雪峰教授，财税学院李永友教授，以及浙江农林大学钱志权和杨建辉副教授、浙江工商大学周小梅教授、浙江大学黄祖辉教授对本书提供的指导和帮助。

笔者在写作过程中引用了他人的研究成果，已经将相关材料作为主要参考文献予以说明，若有疏漏望谅解。在此对相关研究领域的专家学者深表谢忱。

本书的出版得到了浙江省新型重点专业智库"浙江农林大学生态文明研究院"和"中国政府监管与公共政策研究院"的大力支持。

邵宜添

2024年4月1日